脱硫石膏晶须
水热结晶调控技术

汪 潇 著

北 京
冶 金 工 业 出 版 社
2022

内 容 提 要

本书将矿物材料与固废资源高效开发利用紧密结合，详细阐述了脱硫石膏在酸性低盐溶液中水热制备晶须涉及的理论与技术。主要内容包括无机盐添加剂对脱硫石膏溶液组成和晶须制备的影响、晶须制备宏观参数与微观参数之间定量关系、脱硫石膏晶须水热生长动力学、无机盐阴阳离子作用机理、晶须晶体结构转化规律、脱硫石膏晶须绿色制备与应用探索等。

本书可供从事固体废弃物资源化、矿物材料、环境工程、资源循环工程、材料学及相关领域的科研人员、工程技术人员和管理人员阅读，也可供大专院校有关专业师生参考。

图书在版编目(CIP)数据

脱硫石膏晶须水热结晶调控技术/汪潇著．—北京：冶金工业出版社，2022. 8

ISBN 978-7-5024-9233-5

Ⅰ.①脱… Ⅱ.①汪… Ⅲ.①硫酸钙—晶须—制备—研究 Ⅳ.①O784

中国版本图书馆 CIP 数据核字(2022)第 144071 号

脱硫石膏晶须水热结晶调控技术

出版发行 冶金工业出版社　**电　话** (010)64027926
地　址 北京市东城区嵩祝院北巷 39 号　**邮　编** 100009
网　址 www. mip1953. com　**电子信箱** service@ mip1953. com

责任编辑 高 娜 美术编辑 燕展疆 版式设计 郑小利
责任校对 窦 唯 责任印制 禹 蕊
北京虎彩文化传播有限公司印刷
2022 年 8 月第 1 版，2022 年 8 月第 1 次印刷
710mm×1000mm 1/16；12. 25 印张；239 千字；187 页
定价 79. 00 元

投稿电话 (010)64027932 投稿信箱 tougao@cnmip. com. cn
营销中心电话 (010)64044283
冶金工业出版社天猫旗舰店 yjgycbs. tmall. com
(本书如有印装质量问题，本社营销中心负责退换)

前　言

脱硫石膏作为一种大宗工业固废，年排放量达7000余万吨，其减量化资源化迫在眉睫。目前脱硫石膏主要应用于水泥工业、建筑石膏板材、石膏砌块等传统建筑材料行业，产品技术含量和附加值相对较低。以脱硫石膏为原料，制备结晶形貌可控的半水石膏晶须是实现脱硫石膏绿色高质利用的重要途径之一，也是该领域研究的热点问题。

利用脱硫石膏为原料制备半水石膏晶须，主要有水热法、常压盐溶液法、重结晶法。尽管水热法制备半水石膏晶须时存在能耗大、水热环境对晶须品质影响敏感等问题，但水热法制备的晶须纯度高、分散性好、转化率高、品质优异；尤其是采用廉价的无机盐为添加剂时，不仅可以提高晶须的品质，还可以有效降低其制备成本。

本书针对脱硫石膏在酸性低盐溶液中水热制备半水石膏晶须这一主题，探讨无机添加剂对脱硫石膏溶解性能、溶液体系组成及解离平衡对晶须物相、结晶形貌与品质的影响，重点研究了晶须制备宏观工艺参数与微观品质参数之间的定性和定量关系，以建立酸性低盐溶液体系下脱硫石膏晶须的生长模型，并通过理论预测和验证实验，检验所建模型的有效性和可靠性，揭示酸性低盐溶液体系下晶须的生长机制和无机盐阴阳离子的作用机理，从而实现对晶须生长的定量控制，为水热法制备高品质脱硫石膏晶须奠定理论基础，并提供技术支持。

在本书撰写过程中，河南城建学院杨留栓教授、西安建筑科技大学王宇斌教授提出了宝贵的意见和建议。河南城建学院“工业副产石膏资源化创新团队”全体成员对书稿内容进行了系统梳理，并提出了修改意见。西安建筑科技大学研究生张帅、桂婉婷、赵鑫、田佳怡，河南城建学院本科生王子达、周梦洋对资料进行了整理，对部分图表进行了绘制和文字校对，原联合培养研究生曹博伦、张鲁参与了部分研究工作。在此一并表示感谢！

本书内容涉及的有关研究得到了国家自然科学基金（51674097，51974218）等课题的大力支持和资助，在此表示衷心的感谢！同时，对书中所引用文献资料的中外作者致以诚挚的谢意！

由于矿物材料是一门新兴的多学科交叉融合学科，涉及知识面极为广泛，加上作者水平有限，书中难免有不足之处，恳请读者批评指正。

作 者

2022 年 5 月

目　录

1 绪　论

1.1 脱硫石膏排放与利用状况分析

脱硫石膏（flue gas desulfurization gypsum，简称 FGD gypsum）主要是来自电力、石化、钢铁等行业烟气脱硫所形成的工业废渣。据国家环境保护部门统计，2000 年全国火电装机容量达 2.38 亿千瓦，消耗煤炭 5.8 亿吨；2005 年，火电装机容量达到 5.08 亿千瓦，消耗煤炭 11.1 亿吨；2010 年，火电装机容量已达 7.0 亿千瓦，消耗煤炭约 20 亿吨。以平均含硫量 1.0 %计算，火电生产每消耗 1 亿吨煤炭将排放约 100 万吨二氧化硫。若以当前烟气脱硫技术，每处理 1t 二氧化硫将产生脱硫石膏 2.7t 计算，2010 年火电产生的二氧化硫将达 2000 万吨，完全处理将产生 5400 万吨脱硫石膏。近年我国电力、热力行业脱硫石膏排放情况具体如图 1.1 所示。可以预见，随着我国经济和社会发展，脱硫石膏的排放量还将进一步增加。

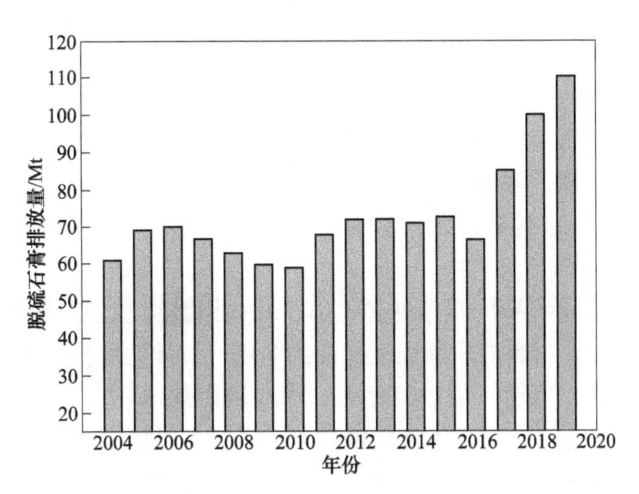

图 1.1　我国脱硫石膏排放状况

（注：2013 年以来数据来源于中华人民共和国生态环境部大中城市固体废物污染环境防治年报）

在欧美等发达国家，通常排放的脱硫石膏中二水石膏（dihydrate calcium sulfate，简称 DH）的含量不低于 95%，但我国通常约为 90%，甚至更低。与国外相比，我国脱硫石膏排放量巨大，且品质稳定性差，利用率较低，仅约 70%，导致其大量堆积，严重污染环境。

随着环境保护的加强和石膏矿开采成本的上升，各国都将脱硫石膏作为重要的石膏资源之一加以利用，但由于我国目前排放的脱硫石膏品质较差，导致其应用受限，主要用于水泥工业、建筑石膏板材、石膏砌块等建筑材料。总体而言，产品附加值和技术含量相对较低。

近年来，一些科研人员开始探索脱硫石膏新的应用领域，制备硫酸钙晶须（calcium sulfate whisker，CSW）就是其一种新的应用形式。CSW 具有耐高温、抗拉强度高、高弹性模量等优异的性能，被广泛应用于塑料、橡胶、沥青、摩擦材料、密封材料、废水处理等工业中。目前 CSW 的制备主要以高品质天然石膏为原料，采用水热法合成。由于脱硫石膏与天然石膏主要化学组成相同，均为 DH，因此，如果能够利用脱硫石膏制备硫酸钙晶须，既可以实现其资源化，又可以提高其产品附加值。

总之，只有提高脱硫石膏的品质，并积极开辟脱硫石膏利用的新途径，才能解决目前脱硫石膏利用率和产品附加值较低的现状，这也是未来石膏工业发展和环境保护的必然要求。

1.2 硫酸钙晶须的应用

与其他短纤维相比，硫酸钙晶须因自身独特的优点，加之价格相对较低，具有其他晶须无可比拟的性价比，所以应用范围非常广泛。目前其应用主要有以下方面。

（1）增强增韧改性。硫酸钙晶须具有耐高温、抗化学腐蚀、韧性好、强度高、易进行表面处理、与橡胶塑料等聚合物亲和能力强、毒性低等优点，因此被广泛用于复合材料的制备，尤其是橡胶、塑料材料中，以提高材料的强度与韧性。

以硫酸钙晶须增强 EP -热塑性弹性体，其屈服强度和邵氏硬度有明显改善。与未添加晶须相比，材料的屈服强度提高约 8 倍，拉伸强度提高约 2 倍；抗老化性能得到显著改善，增韧作用也很显著；当向聚丙烯（PP）中添加质量分数为 10%的硫酸钙晶须时，所制备的复合材料冲击强度可以提高 85%以上。邱亮等采用熔融共混法成功制备了氯化钙/(尼龙 6/硫酸钙晶须）增强材料，并获得了较好的性能。沈惠玲以 MPP、铝酸酯偶联剂为表面处理剂，对硫酸钙晶须进行表面处理，并与 PP 制备复合材料，改善了 PP 的性能。在硫酸钙晶须增强增韧塑料的研究中，葛铁军等初步研究了硫酸钙晶须表面改性、掺混工艺和填充量对聚丙烯增强塑料力学性能及加工性能的影响，并取得了较为理想的增强效果。此外，硫酸钙晶须在 PPS/$CaSO_4$晶须/GF 复合材料中应用也有一定的研究。

（2）胶黏剂改性。将表面改性后的硫酸钙晶须加入胶黏剂中，能够显著提高胶黏剂的黏结性能。杨森等采用机械共混法将硫酸钙晶须添加到 SBS 胶黏剂中，提高了 SBS 胶黏剂“T 型”剥离强度。与常用的填充剂相比，以硫酸钙晶须为填充剂配制的环氧胶黏剂，不仅具有明显的增强、增韧、增稠、耐热、耐磨、耐油及触变性高等特点，而且拉伸强度相对提高 50%~120%，剪切强度相对提高 40%~140%。

（3）道路沥青改性。将硫酸钙晶须加入沥青材料中，能够改善沥青的综合性能。当向沥青中掺入 2.0%的 CSW 后，沥青氧指数增加，耐高温性能明显改善，增强了沥青路面高温抗车辙变形的能力，提高了沥青混合料的残留稳定度和劈裂强度，且掺量越大其提高的幅度越大；与基质沥青相比，加入 CSW 后的沥青软化点明显升高，针入度降低，但延度有一定程度的下降，故需进一步深入探讨，以达到理想的改性效果。

（4）废水处理。由于硫酸钙晶须优异的性能，使其在废水处理方面也有一定的应用。杨双春等在硫酸钙晶须对镉、镍、铅的吸附研究中发现，在 pH 为 3~13 范围内，硫酸钙晶须对铅离子具有良好的定量吸附和解吸功能，且重复再生性能较好，利用率较高；尤其在 pH 值为 8、振荡时间为 2h 的情况下，硫酸钙晶须对铅离子吸附率高达 77.89%。刘玲等利用硫酸钙晶须对含乳化油废水进行了处理，在加热温度 30℃、加热时间 30min、投加量 0.2g、pH 值为 9 的情况下，硫酸钙晶须破乳除油效果最佳，除油率达 97.08%；而 pH 值为 8，温度为 70℃时，COD 去除率最大。硫酸钙晶须在水处理方面的研究和应用将会给环境污染治理技术的发展开创新的领域。

此外，利用硫酸钙晶须代替石棉作为摩擦材料，可以大大提高材料的摩擦系数和高速滑动过程中的稳定性。

1.3 硫酸钙晶须的制备现状

由于硫酸钙晶须应用广泛，其制备技术研究显得尤为重要。对于硫酸钙晶须的研究，最早可以追溯到 20 世纪 70 年代。J. J. Eberl 等于 1974 年公布了利用水热法制造半水硫酸钙晶须的专利。随后，日本工业技术院公害资源研究所也用该方法制备出了硫酸钙晶须。由于水热法存在着生产设备比较复杂，且纤维状硫酸钙的形成需要二水石膏悬浮液浓度必须小于 2%等不足，使其无法满足工业应用要求。

对此，苏联隔热科学研究所于 1978 年在盐酸溶液中制备出了纤维状硫酸钙晶须。和水热法相比，该方法实现了常压下硫酸钙晶须的制备，同时还将允许二水石膏悬浮液的浓度提高到 10%~15%。锄本峻司等也在盐溶液中成功制备出了长度为 100~150μm 的细长针状半水硫酸钙晶须产物。与此同时，Imahashi、Marinkovi、Oner 等先后利用常压盐溶液法制备了硫酸钙晶须。从此以后，各国科研人员对硫酸钙晶须的制备研究不断深入，逐渐形成了水热法、常压盐溶液法、有机媒介法、离子交换法等多种制备方法。

1.3.1 利用天然石膏制备硫酸钙晶须

目前硫酸钙晶须的制备主要以天然石膏为原料，采用水热法合成。韩跃新等人长期从事该项研究工作，系统地研究了料浆质量分数、原料粒度、反应温度和时间、溶液 pH 值、搅拌速度等因素对 CSW 水热合成及其显微结构的影响。研究结果表明：料浆质量分数过低，不利于 CSW 成核，过大则导致 CSW 过度生长。当料浆质量分数一定时，随原料的粒度下降，晶须直径逐渐减小，长径比增大；随 pH 值的增加，CSW 的平均直径近似呈直线下降，在 pH 值为 9.8~10.1 时达到最小（平均 0.23μm），此时，晶须的长径比达到最大（100），以后随 pH 值的增大其直径基本保持不变。经过系统研究分析，优化工艺参数后，利用生石膏为原料，在反应温度 120℃、料浆初始 pH 值 9.8~10.1、料浆浓度 5%、原料粒度 18.1μm 的条件下，制备出了平均直径 0.19μm，长径比为 98 的超细硫酸钙晶须。

与此同时，该项目组还深入开展了半水硫酸钙晶须的改性及其稳定化研究，探讨了半水硫酸钙晶须的水化过程，分析了半水硫酸钙晶须与半水石膏水化的差异。

此外，王力等以天然石膏为原料，$MgCl_2 \cdot 6H_2O$ 为晶须助长剂，控制料浆质量分数为 3%，在 Ca 与 Mg 物质的量比为 1∶3，反应温度为 130℃，反应时间在 9~10h 条件下，采用水热法合成了硫酸钙晶须，其长径比为 50~60。

1.3.2 利用工业副产石膏制备硫酸钙晶须

由于高品质天然石膏资源相对短缺，采矿成本升高导致硫酸钙晶须制备成本升高，加之各国环境保护的加强，国内外都将制备硫酸钙晶须的原料逐渐转向工业副产石膏。工业副产石膏主要包括烟气脱硫生成的脱硫石膏、湿法生产磷酸产生的磷石膏、钙盐法生产柠檬酸产生的柠檬酸渣、海水制盐过程中产生的盐石膏等，其主要成分均为 $CaSO_4 \cdot 2H_2O$。许多研究工作者利用上述工业副产石膏为原料制备硫酸钙晶须，已展开了较为广泛而深入研究。

史培阳、邓志银等以脱硫石膏为原料，初步研究了水热反应条件对 CSW 合成的影响，重点探索了 pH 值对脱硫石膏晶须生长行为的影响，研究认为：在反应温度 140℃，反应时间 120min，固液比为 1∶10，初始 pH 值为 5，原料粒度 1.36μm 的条件下，可以制备出平均长径比为 82.57 的 CSW，并进一步研究了硫酸镁晶型助长剂对硫酸钙晶须合成的影响。昆明理工大学 Xu 等也以脱硫石膏为原料，在 850℃煅烧 2h，将原料中的 $CaCO_3$ 分解为 CaO 后，配置成固含量为 3%~10%的料浆，加入 H_2SO_4（30%，质量分数）并以 300r/min 搅拌 0.5h，以除去原料中的 $CaCO_3$，料浆经清洗、过滤后，再配置成质量分数为 3%~10%的料浆，在110~150℃反应1~6h，冷却至室温后用蒸馏水洗涤，于108℃干燥2h制备了硫酸钙晶须。研究认为：在135~140℃反应3.0~6.0h制备的硫酸钙晶须相对较好，其直径1~5μm，长度200~400μm。武汉科技大学吴晓琴等采用常压盐溶液法，将质量分数为1%~8%的脱硫石膏、水和质量分数为5%~20%的添加剂充分混合，形成悬浊液后，在常压、100~128℃、搅拌速率为120~210r/min条件下搅拌1~3h，再加入质量分数为0.5%~1%的硫酸钙晶须悬浊液作为晶种，反应1~3h制备了三种不同类型的硫酸钙晶须。

J. Sahil等以磷石膏为原料制备了磷石膏晶须，并对磷石膏晶须的晶体结构和生长机理进行了研究。E. A. Abdel-Aal与M. M. Rashad等系统地研究了磷石膏的产生及其结晶机制、过饱和度、温度等因素对石膏结晶过程与形貌的影响。陈学玺等发明了在湿法磷酸生产中直接制造石膏晶须的方法。该法通过对传统的湿法磷酸生产工艺进行改进，在生产过程中直接制备出了雪白的磷石膏晶须。毛常明等利用湿法生产磷酸和磷石膏晶须新工艺，研究了反应温度、晶形改良剂、陈化时间、加料时间、搅拌强度等因素对合成硫酸钙晶须的影响，并制备出直径为2~4μm、长径比10~70μm、横截面为正六边形的磷石膏晶须。秦军等以磷石膏为原料，在原料粒度为50~75μm、料浆质量分数为5%、料浆初始pH值为4.0、130~140℃水热反应4h的条件下，制备出平均直径为2μm、长径比为42的硫酸钙晶须。相对于天然石膏制备硫酸钙晶须而言，其水热合成条件存在较大的差异，晶须质量也存在一定差距。这可能是因为磷石膏含有一定的杂质，组成更为复杂，从而对硫酸钙晶须的合成产生不利的影响。

厉伟光等将柠檬酸渣球磨至粒度为45μm后与水混合，在调节料浆pH值为3~4，加入DH晶种（由0.6mol/L的Na_2SO_4溶液和0.6mol/L的$CaCl_2$溶液反应而成）和添加剂的情况下，经水热反应、过滤、干燥后得到平均长径比为50的硫酸钙晶须。朱伟长等也以柠檬酸石膏废渣作原料，通过水热法合成了硫酸钙晶须，其主要工艺过程为：向含80%柠檬酸石膏的乳浊液中加入50%的H_2SO_4（0.02%），再加入3.0%的表面活性剂溴代十六烷基吡啶，在120℃水热反应20min，生成半水石膏晶须，经220℃干燥，可以得到平均长径比约为80、200~400μm长的无水硫酸钙晶须。

此外，肖楚民等对海盐卤渣制备硫酸钙晶须进行了探索。Tomi Gominšek等以废硫酸与石灰石为原料，采用连续沉淀工艺制备出了短柱状的硫酸钙晶须。李准等以阳离子交换树脂、盐酸、七水合硫酸锌等为原料，采用离子交换法，制备结晶了形貌较好的棒状硫酸钙。罗康碧等以$CaCl_2$、$NaSO_4$为原料，采用共沉淀法在不同条件下合成了片状DH、半水石膏（hemihydrate calcium sulfate，HH）和纺锤状无水石膏（anhydrite calcium sulfate，AH）晶须；其中，合成晶须的直径为5~20μm，长80~500μm。

1.4 硫酸钙晶须水热结晶调控技术特点

以水热法制备硫酸钙晶须时仅通过优化制备工艺参数很难获得结晶良好、形貌可控、品质优异的硫酸钙晶须，而利用添加剂可以有效调控晶体的结晶生长，因此，利用添加剂调控半水硫酸钙的结晶生长，以获得形貌可控、高品质的石膏晶体材料，已经成为石膏领域研究的热点问题之一。

硫酸钙晶须的品质主要取决于其结晶形貌与长径比，结晶形貌越完整、长径比越高，品质越好。半水硫酸钙的晶体在理论上呈短柱状结构，在制备半水硫酸钙晶体时加入添加剂可以调控其结晶形貌，改善表面特性进而促进半水硫酸钙晶体沿 c 轴生长而得到长纤维状的晶须。现有研究表明，调控半水硫酸钙晶体结晶促进其沿 c 轴生长的添加剂可分为三大类：有机添加剂、无机添加剂以及复合添加剂，其中有机添加剂包括一些有机酸、有机盐、醇类及表面活性剂，无机添加剂包括一些无机盐、无机酸，复合添加剂则利用有机、无机添加剂之间的协同作用促进半水硫酸钙晶体沿 c 轴生长。不同添加剂调控硫酸钙晶须的主要研究结果如表 1.1 所示，由表 1.1 可以看出虽然制备硫酸钙晶须时采用的原材料、制备方法、制备工艺上有所不同，但整体来看使用添加剂调控半水硫酸钙的结晶起到了良好的效果，可以获得平均长径比在 50~200 之间的硫酸钙晶须。

添加剂调控半水硫酸钙晶体结晶生长也可以获得其他形貌的半水硫酸钙晶体，如制备半水硫酸钙晶体时加入一些抑制半水硫酸钙晶体沿 c 轴生长的添加剂，则可获得短柱状 α 型半水硫酸钙，即高强 α 半水石膏。此外，王微等以 Mg^{2+}、Al^{3+} 和 Fe^{3+} 同时作为添加剂制备出的半水硫酸钙晶体形貌呈雪花状，王宝川等研究发现 F^{-} 将导致帚状半水硫酸钙晶体，但由于这些形貌的半水硫酸钙综合品质较低、性能较差，因此相关研究相对较少。

表 1.1 利用不同添加剂制备半水石膏晶须的结果对比

添加剂类型	添加剂和剂量	制备方法	原材料	实验条件	平均长径比
无添加剂		水热法	磷石膏	130℃，4h	9.89
有机添加剂	甘油：水=1：1（质量比）	水热法	磷石膏	140℃，2h	118
	19.0mmol/L CTAB	反应结晶	分析纯 $CaCl_2+H_2SO_4$	102℃，1h	100
	4%（质量分数）油酸钠	水热法	脱硫石膏	130℃，3h	70
	SDS，SDBS	水热法	分析纯 $CaCl_2+H_2SO_4$	102℃，2h	106.8

续表 1.1

添加剂类型	添加剂和剂量	制备方法	原材料	实验条件	平均长径比
无机添加剂	0.077mol/L Na_2SO_4	水热法	分析纯 DH	6℃/min 升温至 200℃	100
	5%（质量分数）KCl	水热法	脱硫石膏	120~140℃，40~90min	80
	3%（质量分数）K_2SO_4				50
	1.5%（质量分数）$MgCl_2$	水热法	脱硫石膏	120~140℃，40~90min	80
	2%（质量分数）$MgSO_4$				110
	1.5%（质量分数）$CuCl_2$	水热法	脱硫石膏	130℃，1h	200
	$n(Ca)/n(Fe)=20$	水热法	磷石膏	130℃，2.5h	60
	$Fe_2(SO_4)_3$		分析纯 DH		80
	7.48×10^{-2}mol/L NH_4Cl	水热法	分析纯 DH	135℃，0~2h	110
复合添加剂	$FeCl_2\cdot4H_2O$+SDS	水热法	磷石膏	130℃，4h	139.5

半水硫酸钙晶体在纯水中自然生长时，根据其自身结晶习性，液态水与垂直于 c 轴晶面的相互作用较强，会抑制这些晶面的生长，故形成针状、棒状的晶体。添加剂的加入将引起半水硫酸钙晶体各晶面生长速率的改变，从而影响半水硫酸钙晶体的结晶习性和生长过程，促使硫酸钙晶体长成长径比更大的晶须。

有机试剂主要通过其官能团在不同晶面吸附差异而影响各晶面的生长速率。He 等研究结果表明，以丙三醇为添加剂时，其羟基吸附并占据半水硫酸钙晶须（001）面上的 Ca^{2+} 空位，而在 Ca^{2+} 位点两侧形成氢键分层结构，促进了半水硫酸钙晶须沿 c 轴生长。郝海青等综合油酸钠溶液化学计算、半水硫酸钙晶须晶面衍射和分子动力学模拟等方法研究了半水硫酸钙晶须不同晶面的结构、油酸钠在不同晶面的吸附和硫酸钙晶须的晶面生长，结果表明：油酸钠的选择性吸附阻碍了（200）和（400）晶面的生长，晶面生长速率的差异使得半水硫酸钙晶须沿 c 轴择优生长。彭家惠等研究了有机酸羧基数量、羧基间距、羟基等辅助基团、双键及其顺反结构对 α 型半水硫酸钙晶体结晶形貌的影响，从吸附和晶体生长角度分析了有机酸调晶机制。由上述可知，尽管不同的有机添加剂具有不同的官能团，但其作用主要有两种形式：一是有机调控剂的羟基基团与石膏表面晶格离子形成氢键；二是有机调控剂中的羧基基团与石膏晶体表面 Ca^{2+} 形成配合离子层。因此，有机官能团选择性吸附在半水石膏晶体不同晶面，使得各晶面生长速率产生差异，以此实现对半水石膏晶体结晶形貌的调控。

无机添加剂并不具有有机添加剂所特有的官能团结构，但在溶液中，其自身阴阳离子的浓度、价态、半径、结构等呈现不同特性，加之半水石膏晶体不同晶面质点排列方式的差异，导致无机添加剂引入的阴阳离子也可以选择性的吸附在半水石膏晶体不同晶面，甚至阳离子取代少量 Ca^{2+}，从而改变半水石膏晶体各晶面的生长速率，进而影响石膏晶体的生长过程和结晶形貌。Mao 等和 Liu 等系统研究了 Na^{+}、K^{+}、Mg^{2+}、Cu^{2+}、Al^{3+}、Fe^{3+} 等无机盐金属阳离子浓度对半水石膏晶须的晶体形貌和尺寸的影响，研究结果表明：晶须的长径比将随 Na^{+} 浓度的增加呈现先降低后增加的趋势，随着 K^{+} 浓度的增加呈现降低的趋势；一定浓度的 Mg^{2+}、Cu^{2+} 存在会促进晶须沿 c 轴生长，增加其长径比；高浓度的 Al^{3+}、Fe^{3+} 存在会抑制晶须沿 c 轴生长，降低其长径比。添加剂阳离子半径、价态及结构不同时，其作用机制也可能存在一定的差异。Fu 等和 Taher 等研究了金属阳离子对半水石膏晶须形貌和尺寸的影响，结果表明：Na^{+} 的加入造成了半水石膏 XRD 特征衍射峰位置的偏移，表明 Na^{+} 进入了半水石膏晶格，使其晶格发生畸变。Xin 等研究了 Mg^{2+} 对半水石膏晶体（001）和（200）晶面生长的影响，结果表明 Mg^{2+} 与半水石膏晶体（200）晶面之间有强烈的吸附和取代效应。Fan 等分子动力学模拟结果表明，Al^{3+} 通过选择性吸附作用于半水石膏（002）晶面，从而抑制了半水石膏晶体沿 c 轴生长。

尽管无机盐阳离子对半水石膏晶体的生长过程和结晶形貌调控具有重要影响，但由于各离子价态、半径、结构等特性差异较大，添加剂用量也明显不同，导致阳离子究竟是通过吸附作用与半水石膏晶体表面相互作用，还是阳离子取代少量 Ca^{2+} 改变半水石膏结晶习性，或者两者协同作用尚需进一步探讨。此外，无机盐中的阴离子是否会对脱硫石膏晶须的结晶形貌产生影响也亟须进一步探索。

1.5 脱硫石膏晶须制备技术及面临问题

脱硫石膏的主要成分为 DH，与天然石膏相似。由于高品质天然石膏资源的不可再生性，以及采矿成本升高和环境保护的加强，利用脱硫石膏代替高品质天然石膏制备硫酸钙晶须，不仅可以扩大脱硫石膏的利用量，还可以提高其产品附加值。尽管以脱硫石膏为原料制备硫酸钙晶须已有一定的研究，但目前仍处于探索阶段，制备的晶须品质较低，距大规模工业生产还有一定的距离。

虽然脱硫石膏与天然石膏的主要化学组分相近，但由于两者形成环境不同，导致其杂质组成及含量、脱水特征、溶解特性等基本性能和应用技术差异较大。

例如，以天然石膏为原料制备硫酸钙晶须时，反应溶液为碱性环境（pH=9.8~10.1），而以脱硫石膏为原料时却为酸性（pH=2~5）。这是因为以高品质天然石膏为原料时，在较弱的碱性溶液环境中，部分 Ca^{2+} 与 OH^- 结合，形成 $Ca(OH)^+$。$Ca(OH)^+$ 的产生，增加了天然石膏的溶解度，从而有利于晶须的形核与生长。然而，若以脱硫石膏为原料，在水热高温高压和碱性环境下，脱硫石膏中的铝、硅质杂质将在碱溶液作用下形成一定量的单体或多聚体，并逐渐聚集形成较为复杂的硅酸盐聚体，从而影响晶须的结晶与生长；若在 H_2SO_4 溶液中，这些杂质可能被钝化，从而降低其对晶须结晶的影响。本课题组的探索研究也证实了这一点。因此，现有的以高品质天然石膏为原料的硫酸钙晶须水热制备技术，并不能直接应用于以脱硫石膏为原料的硫酸钙晶须制备中。

与天然石膏相比，脱硫石膏品质受多个因素影响，质量很不稳定，这给制备质量稳定的 CSW 带来很大的困难。例如，以天然石膏为原料制备的晶须，直径较小，长径比可达 100，而以脱硫石膏为原料制备的晶须，其长径比大多在 50 左右，且所制备的晶须形貌多样，表面粗糙，蚀坑、沟槽发育，长径比较低，品质较差。因此，以脱硫石膏为原料制备的晶须品质较低，也是目前脱硫石膏制备 CSW 研究中的突出问题之一。

在硫酸钙晶须结晶形貌控制研究中，为了提高硫酸钙晶须的品质，一些学者使用了有机试剂，利用有机基团在晶须不同晶面吸附状况的不同，提高晶须的长径比，制备的晶须主要应用于塑料、橡胶、胶黏剂等有机材料中，与有机基体的相容性较好，但如果将其应用于无机材料中，则与基体材料相容性较差，从而影响了其在无机材料中的应用。

与有机试剂相比，常用无机试剂（主要是无机盐）很容易均匀地分布于溶液体系中，更有利于实现晶须形貌的控制，且其价格低廉，有利于降低晶须生产成本。冯小平等利用氢氧化镁和氯化镁为添加剂，实现了对碳酸钙晶须形貌的控制。由此可见，利用无机试剂有可能取代有机试剂实现对硫酸钙晶须形貌的控制，从而解决有机添加剂制备的硫酸钙晶须在无机材料中应用困难这一问题。

此外，现有研究可以发现，不同的研究者对添加剂有不同的称谓，如在利用添加剂将针状晶型向短柱状晶型转化制备高强半水石膏的研究中，称其为转晶剂；而利用有机试剂促进针状结晶更趋完美的研究中，将其称为晶型控制剂；而对于碳酸钙晶须和羟基磷灰石晶须制备中使用的无机试剂，则称为媒晶剂。即使在国外文献中也有类似情况，如 crystal modifier、crystallization additives。造成添加剂名称混乱的主要原因在于，不同类型添加剂作用机理有所差异，而现有的理论研究缺乏系统性与完整性，从而造成不同研究人员从各自的研究角度来命名。这正是理论不成熟的表现。为此，本书后述中将为了控制硫酸钙晶须结晶形貌所添加的无机盐统一称为添加剂，利用脱硫石膏为原料制备的 CSW 统称为脱硫石膏晶须。

2 无机盐种类及用量对脱硫石膏晶须制备的影响

近年来，利用烟气湿法脱硫石膏为原料制备高附加值的脱硫石膏晶须是实现其绿色高质利用的重要途径之一；采用水热法并通过阳离子调控晶须的结晶，进而探讨其作用机理已成为该领域研究的热点。已有研究结果表明，不同无机盐类型及其用量、对脱硫石膏晶须结晶调控的作用效果差异较大。此外，溶液 pH 对脱硫石膏溶解度的影响较大，进而影响脱硫石膏晶须的结晶生长。鉴于此，研究以脱硫石膏为原料制备晶须，分析不同 pH 值条件下脱硫石膏晶须的结晶过程以及对脱硫石膏溶解度的影响，研究不同 pH 值条件下无机盐类型及其用量对脱硫石膏晶须制备技术与晶须品质的影响规律，这对脱硫石膏晶须的制备与高值利用具有重要意义。

2.1 溶液 pH 值对水热产物晶体形貌的影响

2.1.1 硫酸浓度对水热产物晶体形貌的影响

当初始 pH 值小于 5（硫酸浓度大于 5.0×10^{-6}mol/L）时 DH 的溶解度变化较明显。鉴于此，以硫酸为添加剂考察了硫酸浓度高于 5.0×10^{-6}mol/L 条件下水热产物的晶体形貌，讨论了硫酸中 H^+和 SO_4^{2-} 对 HH 结晶生长的作用机理。研究通过 SEM 对水热产物的晶体形貌进行观察，结果如图 2.1 所示。

(a)

(b)

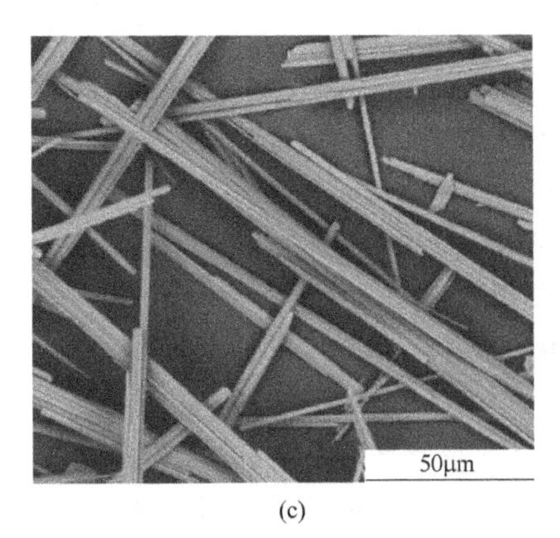

(c)

(d)

图 2.1 不同浓度硫酸作用下水热产物的 SEM 照片

(a) 5.0×10^{-6}mol/L; (b) 5.0×10^{-5}mol/L; (c) 5.0×10^{-4}mol/L; (d) 5.0×10^{-3}mol/L

由图 2.1 可知，在不同硫酸浓度条件下水热产物的晶体形貌各不相同，纤维状形貌的含量也随之改变。在 5.0×10^{-6}mol/L 浓度硫酸的作用下，水热产物中短柱状、颗粒状等形貌的产物含量较多，同时含有少量的纤维状产物，且其长径比较小。当硫酸的浓度增大到 5.0×10^{-5}mol/L 时，水热产物中纤维状产物的含量有所增多，但其长度仍比较短，且有部分板状晶体存在。当硫酸浓度为 5.0×10^{-4}mol/L 时水热产物的晶体形貌基本为纤维状；进一步增大硫酸浓度至 5.0×10^{-3}mol/L 时，纤维状产物的含量减少而颗粒状、短柱状晶体增多。可见硫酸对 HH 的晶体形貌也有一定的调控作用，且当硫酸浓度为 5.0×10^{-4}mol/L 时晶须结晶形貌相对较好。

通过结晶水含量的测定是判断石膏相转化程度的一种简洁而有效的研究方法。为此，对不同条件的水热产物进行了 DSC-TG 分析，并对水热产物的失重率进行了统计，分析结果如图 2.2 所示，失重率统计结果见表 2.1。

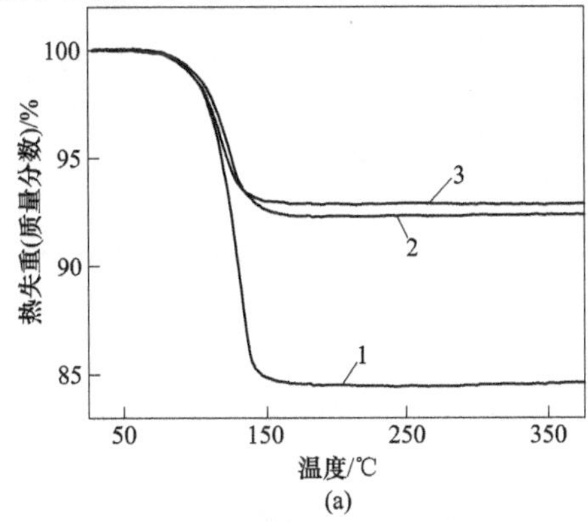

(a)

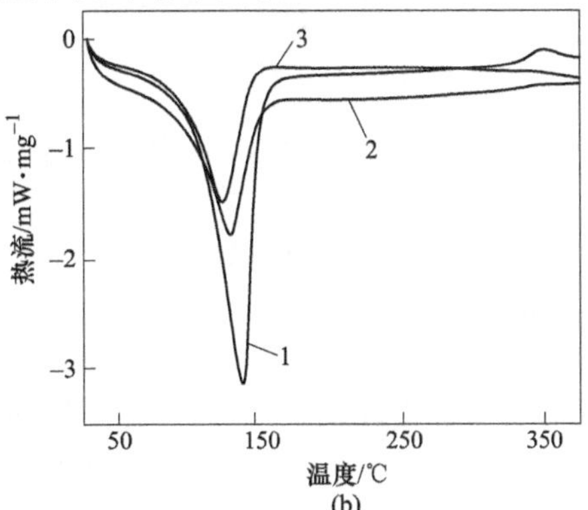

(b)

图 2.2 不同浓度硫酸作用下水热产物的 TG(a) 和 DSC(b) 曲线

1—5.0×10^{-6}mol/L; 2—5.0×10^{-4}mol/L; 3—5.0×10^{-3}mol/L

表 2.1 不同浓度硫酸作用下水热产物的失重率

硫酸浓度/mol/L	$5.0×10^{-6}$	$5.0×10^{-4}$	$5.0×10^{-3}$
失重率（质量分数）/%	15.44	7.66	7.08

由图 2.2 可知，水热产物中的结晶水在 100℃左右开始脱除，硫酸浓度为 $5.0×10^{-3}$ mol/L、$5.0×10^{-4}$ mol/L 和 $5.0×10^{-6}$ mol/L 条件下制备的水热产物在 170℃时失重率分别为 7.08%、7.66%和 15.44%，硫酸浓度为 $5.0×10^{-3}$ mol/L、$5.0×10^{-4}$ mol/L 时水热产物的失重率稍大于 HH 的结晶水理论含量 6.21%，这可能是因为水热产物表面存在吸附水。硫酸浓度为 $5.0×10^{-6}$ mol/L 时水热产物的失重率远大于 6.21%，同时，DSC 曲线在 130℃附近有明显的吸热峰且其强度最大，可见该水热产物为 DH 和 HH 的混合物，且 DH 含量较多。为探明不同硫酸浓度对水热产物的结晶程度及其物相组成的影响，进一步分析硫酸浓度为 $5.0×10^{-6}$ mol/L 时是否存在 DH，对水热产物进行了 XRD 分析，结果如图 2.3 所示。

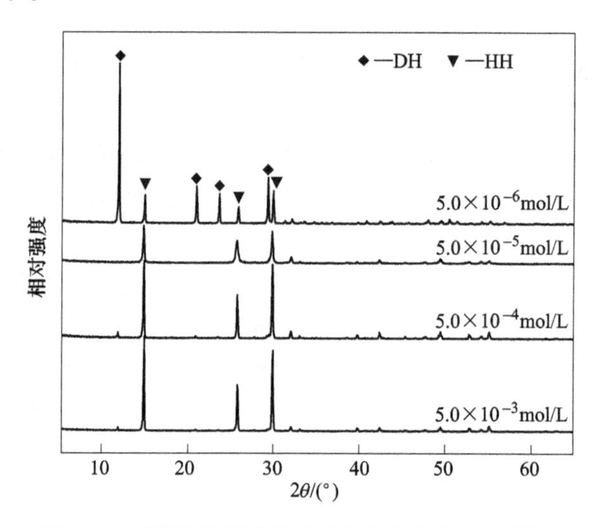

图 2.3 不同浓度硫酸作用下水热产物的 XRD 谱图

由图 2.3 可知，水热产物在 14.82°、25.74°和 29.82°处均是 HH 晶体的特征衍射峰，而 11.78°、20.86°、23.54°和 29.26°处则是 DH 晶体的特征衍射峰。当硫酸浓度大于 $5.0×10^{-5}$ mol/L 时水热产物中只有 HH 的物相，仅当硫酸浓度为 $5.0×10^{-6}$ mol/L 时出现了 DH 的特征衍射峰，这说明硫酸浓度大于 $5.0×10^{-5}$ mol/L 时水热产物几乎全部由 HH 晶体组成，而硫酸浓度为 $5.0×10^{-6}$ mol/L 时的水热产物则是 HH 与 DH 的混合物。此外，HH 衍射峰的强度随着硫酸浓度的增大呈增强趋势，当其浓度为 $5.0×10^{-4}$ mol/L 时衍射峰的强度较大且峰形尖锐。由此可见，硫酸浓度对 HH 晶体的结晶程度也有一定影响，在硫酸浓度为 5.0×10^{-4} mol/L 时 HH 晶体的结晶较好。为进一步阐明硫酸浓度对水热产物表面基团的影响规律，对水热产物进行了 FTIR 分析，结果如图 2.4 所示。

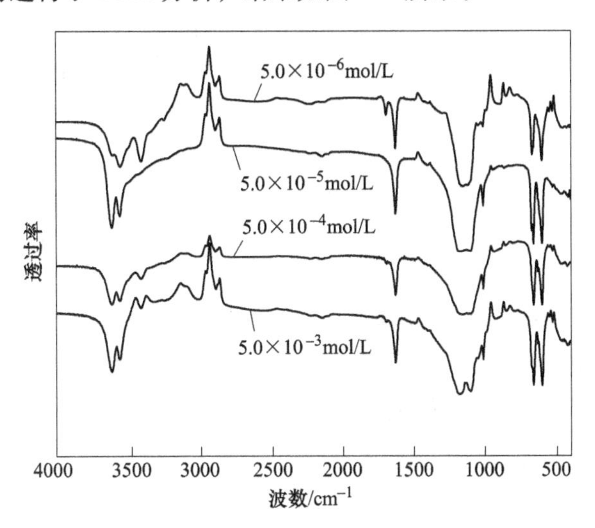

图 2.4　不同浓度硫酸作用下水热产物的红外谱图

由图 2.4 可知，在硫酸浓度 5.0×10^{-4} mol/L 的水热产物中，3611.25cm^{-1}、3554.20cm^{-1}、1620.44cm^{-1}等处的吸收峰为晶体内部结晶水的羟基吸收峰，而 3406.22cm^{-1}处对应水热产物表面钙离子羟基化的羟基伸缩振动峰，1152.70cm^{-1}、1006.89cm^{-1}、658.29cm^{-1}、600.61cm^{-1}处对应 SO_4^{2-} 中 S ═O、S—O的特征吸收峰，其中两基团的反对称伸缩振动吸收峰在 1152.70cm^{-1}处发生简并。当硫酸浓度为 5.0×10^{-6} mol/L 时，水热产物在 3611.25cm^{-1}处的羟基峰基本消失，3554.20cm^{-1}处的羟基峰强度和峰形发生变化，且 1620.44cm^{-1}处峰型变窄，以上变化表明水热产物内部结晶水的化学环境发生了变化，这可能是该水热产物中 DH 成分含量较多所致。当硫酸浓度为 5.0×10^{-5} mol/L 时 1152.70cm^{-1}处的吸收峰峰位向左漂移至 1168.66cm^{-1}处，这是由于水热产物表面离子的羟基化程度较小，使得 S—O 的特征峰较弱所致。当硫酸浓度为 5.0×10^{-3} mol/L 时 S—O 和 S ═O 的反对称伸缩振动吸收峰发生劈裂，并在 1172.74cm^{-1}和 1095.93cm^{-1}处出现了两个新的特征吸收峰，这可能是因为在该硫酸浓度条件下 S—O 和 S ═O 的相对含量发生了变化。由此可见，硫酸浓度的改变会引起水热产物表面羟基和 S—O、S ═O 特征吸收峰的变化，对水热产物的生长环境及表面基团造成影响。

结合硫酸对 DH 的溶解行为影响分析可知，当硫酸浓度小于 5.0×10^{-4} mol/L 时其电离出的 H^+和 SO_4^{2-} 会在 HH 晶体表面发生选择性吸附。其中，SO_4^{2-} 作为生长基元将在 HH 晶体侧面结晶，这有利于硫酸钙晶体的径向生长；而 H^+在晶体（310）晶面选择性吸附并与其表面的氧原子发生键合，减小了该晶面 SO_4^{2-} 的电负性，降低了该晶面的比表面自由能，从而阻碍了生长基元在该晶面的吸附。结合图 2.1 可知，SO_4^{2-} 和 H^+ 的共同作用使得晶体形貌由短柱状向纤维状转化。此外，硫酸可促进 DH 的溶解，提高 HH 的过饱和度，在一定程度上有利于 HH 晶体的结晶；但当硫酸浓度达到 5.0×10^{-3}mol/L 时，H^+ 与 SO_4^{2-} 生成的 HSO_4^- 在一定程度上会降低 SO_4^{2-} 的电负性，弱化 SO_4^{2-} 与 Ca^{2+} 间的静电作用，进而对 HH 晶体沿（001）晶面的生长有一定的抑制作用。同时，由于 HH 晶体生长是一个复杂而缓慢的过程，过高的过饱和度会加快 HH 生长基元的聚集速度，使其生长时间缩短，不利于晶体各质点的有序排列，因此硫酸浓度为 5.0×10^{-3}mol/L 时 HH 水热产物的结晶较差（见图 2.1（d））。

由上可知，硫酸对 HH 水热产物的结晶形貌有一定的影响，且会影响其物相组成。适宜的硫酸浓度有利于脱硫石膏晶须的结晶，当硫酸浓度为 5.0×10^{-4}mol/L（初始 pH 值为 3）时 HH 水热产物的晶体形貌基本为纤维状。

2.1.2 氢氧化钠浓度对水热产物晶体形貌的影响

当初始 pH 值大于 9（氢氧化钠浓度大于 1.0×10^{-5}mol/L）时，DH 溶解度变化较明显。鉴于此，以氢氧化钠为添加剂考察其浓度为 1.0×10^{-5}mol/L、1.0×10^{-4}mol/L、1.0×10^{-3}mol/L、1.0×10^{-2}mol/L 条件下，水热产物的结晶形貌如图 2.5 所示，进而讨论了反应溶液中 OH^- 对 HH 结晶生长的作用机理。

由图 2.5 可知，不同浓度 OH^- 作用下的水热产物的结晶形貌有所不同，主要有纤维状、短柱状和颗粒状等形貌，且随着 OH^- 浓度的增大，纤维状形貌的含量逐渐减少而短柱状产物逐渐增多。当 OH^- 浓度为 1.0×10^{-5}mol/L 时，水热产物中纤维状与板状等结晶形貌共存，且颗粒状形貌较多；当 OH^- 浓度增大至 1.0×10^{-4}mol/L 时，水热产物中板状、短柱状等结晶形貌的含量增大，而纤维状结晶形貌

(a)

(b)

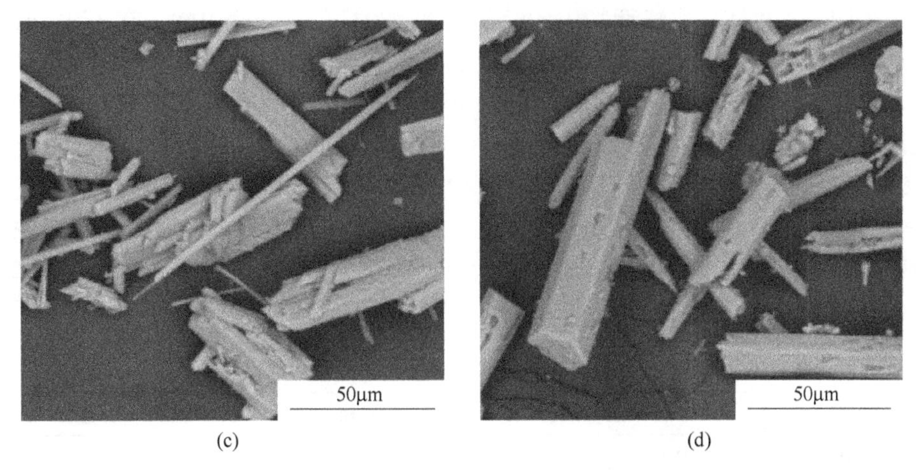

图 2.5 不同浓度 OH^- 作用下水热产物的 SEM 照片

(a) 1.0×10^{-5}mol/L; (b) 1.0×10^{-4}mol/L; (c) 1.0×10^{-3}mol/L; (d) 1.0×10^{-2}mol/L

的长径比变化不大；当 OH^- 浓度增大至 1.0×10^{-3}mol/L 时，短柱状结晶形貌显著增加，此时仍能观测到少量纤维状产物，但长径比明显减小；进一步增大 OH^- 浓度至 1.0×10^{-2}mol/L 时，水热产物结晶形貌完全转化为短柱状。由此可见，OH^- 浓度对水热产物微观形貌的影响较大，且随着 OH^- 浓度的增大水热产物的结晶形貌由纤维状不断向短柱状转变。此外，OH^- 作用下水热产物中块状、颗粒状产物含量较多。为了研究脱硫石膏在不同 OH^- 浓度下转化成 HH 的情况，进而判断不同结晶形貌水热产物相结构与组成，对水热产物结晶水含量进行了 DSC-TG 分析，结果如图 2.6 所示；并对水热产物的失重率进行了统计，结果见表 2.2。

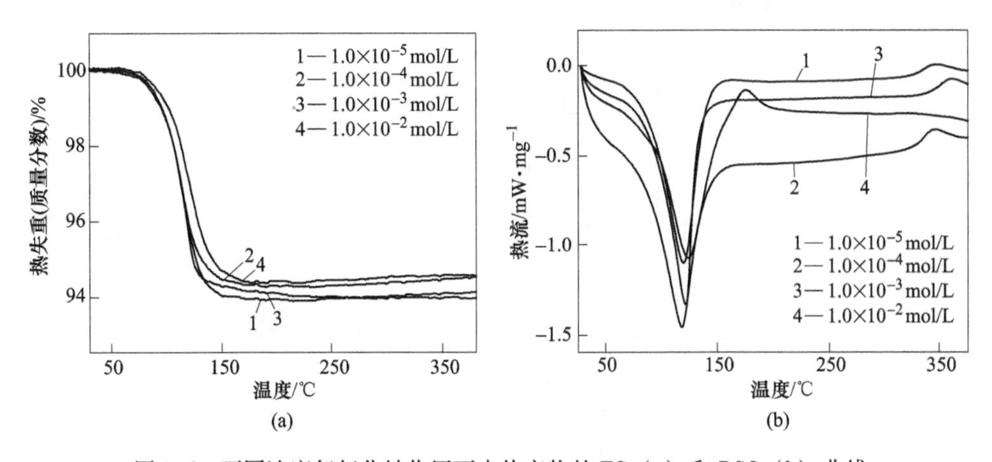

图 2.6 不同浓度氢氧化钠作用下水热产物的 TG (a) 和 DSC (b) 曲线

由图 2.6 可知，水热产物中的结晶水在 100℃左右开始脱除，在 170℃时基本达到稳定。如表 2.2 所示，不同浓度氢氧化钠作用下水热产物的失重率不同，随氢氧化钠浓度的增大，水热产物的失重率呈降低趋势，且略小于 HH 的结晶水理论含量 6.21%，这可归因于产物中 $Ca(OH)_2$ 的存在。同时，DSC 曲线在 130℃附近有明显的吸热峰，且水热产物的吸热峰强度随氢氧化钠浓度的变化而变化，因此，氢氧化钠对水热产物的结晶水也有一定的影响。为探明不同浓度 OH^-作用下水热产物的物相组成，对水热产物进行了 XRD 分析，结果如图 2.7 所示。

表 2.2　不同浓度氢氧化钠作用下水热产物的失重率

氢氧化钠浓度/mol · L^{-1}	$1.0×10^{-5}$	$1.0×10^{-4}$	$1.0×10^{-3}$	$1.0×10^{-2}$
失重率（质量分数）/%	6.08	5.71	5.81	5.63

图 2.7 中 14.68°、25.64°、29.73°和 31.88°处均为 HH 的特征衍射峰，18.11°处则是氢氧化钙的衍射峰。可见当 OH^-浓度小于 $1.0×10^{-3}$mol/L 时水热产物中只发现了 HH 的物相，而当 OH^-浓度为 $1.0×10^{-2}$mol/L 时出现了氢氧化钙的衍射峰，这说明当 OH^-浓度小于 $1.0×10^{-3}$mol/L 时水热产物中只有 HH 晶体，而当 OH^-浓度为 $1.0×10^{-2}$mol/L 时则为 HH 与氢氧化钙的混合物。此外，HH 的特征衍射峰强度随 OH^-浓度的增大而降低，说明增大 OH^-浓度不利于 HH 晶体的生长。

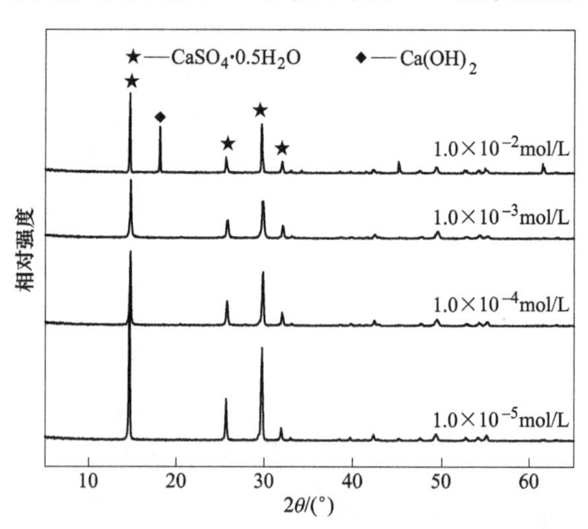

图 2.7　不同浓度 OH^-作用下水热产物的 XRD 分析

当 OH^-浓度为 $1.0×10^{-4}$mol/L 时溶液中 $Ca(OH)^+$浓度较高且未出现 $Ca(OH)_2$，而当 OH^-浓度为 $1.0×10^{-2}$mol/L 时 $Ca(OH)_2$ 含量较大。为了解 OH^-对水热产物表面元素的电子结合能及价态的影响，研究分别对 OH^-浓度为 1.0×

10^{-4}mol/L 与 1.0×10^{-2}mol/L 条件下的水热产物进行了 XPS 分析并对钙元素的窄谱谱图进行了分峰拟合，结果见图 2.8、表 2.3。

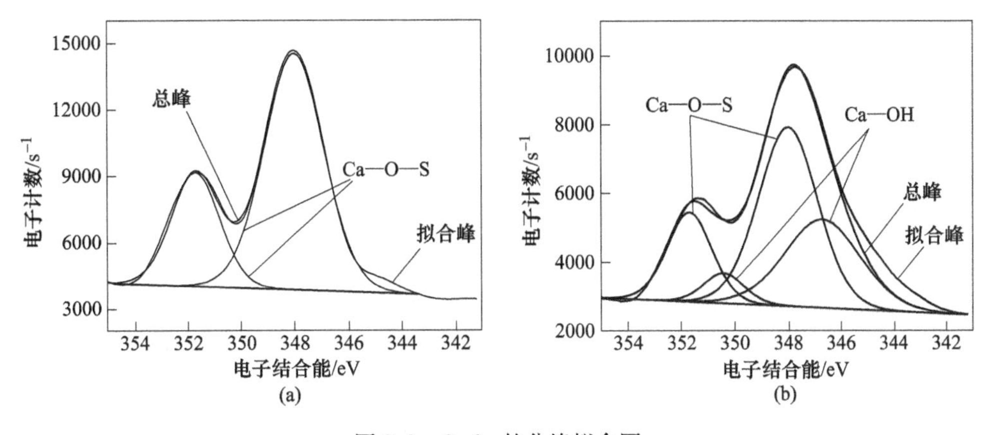

图 2.8 Ca 2p 的分峰拟合图

(a) 1.0×10^{-4}mol/L；(b) 1.0×10^{-2}mol/L

表 2.3 Ca 的价键形态及其分布

OH^-浓度/mol·L^{-1}	Ca—O—S 峰面积	Ca—OH 峰面积	总面积峰面积	Ca—O—S 含量/%	Ca—OH 含量/%
1.0×10^{-4}	41896.22	—	41896.22	100.00	0
1.0×10^{-2}	17412.84	3456.29	20869.13	83.44	16.56

由图 2.8 可知，当溶液的 OH^-浓度为 1.0×10^{-4}mol/L 时水热产物表面的钙元素仅存在一种电子结合能，当 OH^-浓度为 1.0×10^{-2}mol/L 时水热产物表面出现了 Ca—OH 价键，并且 Ca2p1/2 和 Ca2p3/2 的电子结合能分别从 351.68eV、347.98eV 漂移至 351.38eV、347.68eV，相比降低了 0.30eV。结合表 2.3 还可知，当溶液中的 OH^-浓度为 1.0×10^{-2}mol/L 时水热产物表面 Ca-OH 价键的含量为 16.56%。由此可见，当 OH^-浓度增大时，OH^-会在水热产物表面发生吸附并与其表面的 Ca^{2+}反应生成 $Ca(OH)^+$和 $Ca(OH)_2$，从而降低其表面的电子结合能。

结合 DH 的溶解行为分析和水热产物的 XRD 分析可知，碱性条件下溶液中的 OH^-会与 Ca^{2+}反应生成 $Ca(OH)^+$和 $Ca(OH)_2$，减少溶液中的 Ca^{2+}数目，溶液中 Ca^{2+}数目的减少不利于 HH 晶体的成核生长。由于溶液中[SO_4^{2-}]/[Ca^{2+}]增大时有利于 SO_4^{2-} 在（200）和（110）晶面的吸附，而 OH^-对 DH 的促溶作用会增大溶液中的 SO_4^{2-} 浓度，同时 Ca^{2+}浓度随 OH^-浓度的增大而减小，这会提高溶液的[SO_4^{2-}]/[Ca^{2+}]，从而促进 HH 晶体沿（200）晶面和（110）晶面的生长。然而，碱性条件下 OH^-在（110）晶面的吸附容易达到饱和。因此，当 OH^-浓度增大时，其更易吸附于 HH 晶体的（002）晶面，并与该晶面上的 Ca^{2+}反应生成 $Ca(OH)^+$；当 OH^-浓度增大至 1.0×10^{-2}mol/L 时，OH^-会进一步与吸附于（002）

晶面的 $Ca(OH)^+$反应生成 $Ca(OH)_2$，从而降低该晶面钙元素的电子结合能，进而阻碍 HH 晶体沿该晶面的生长。综合上述分析可知，OH^-浓度的增大有利于短柱状 HH 晶体的生成。

2.2 一价阳离子无机盐对脱硫石膏晶须制备的影响

2.2.1 $NaCl/Na_2SO_4$ 对脱硫石膏晶须制备的影响

图 2.9 是 H_2SO_4-NaCl-H_2O 反应溶液体系中，NaCl 浓度对脱硫石膏晶须结晶形貌影响的 SEM 照片。尽管不加入 NaCl 也可以制备出脱硫石膏晶须，但容易发现较多的短柱状、束状、颗粒状和晶须共存的现象，且晶须的直径与长度分布不均，存在分叉，结晶较差。随 NaCl 浓度的增加，短柱状、束状、颗粒状结晶明显减少，但晶须的直径、长度差异仍然很大。当 NaCl 用量为 30～50g/kg 时，晶须直径 3～5μm，晶须长度从 200μm 增加到 600μm。然而，进一步增加 NaCl 的浓度，大部分晶须的长度降低。这表明 NaCl 的浓度对水热产物结晶形貌有重要的影响。

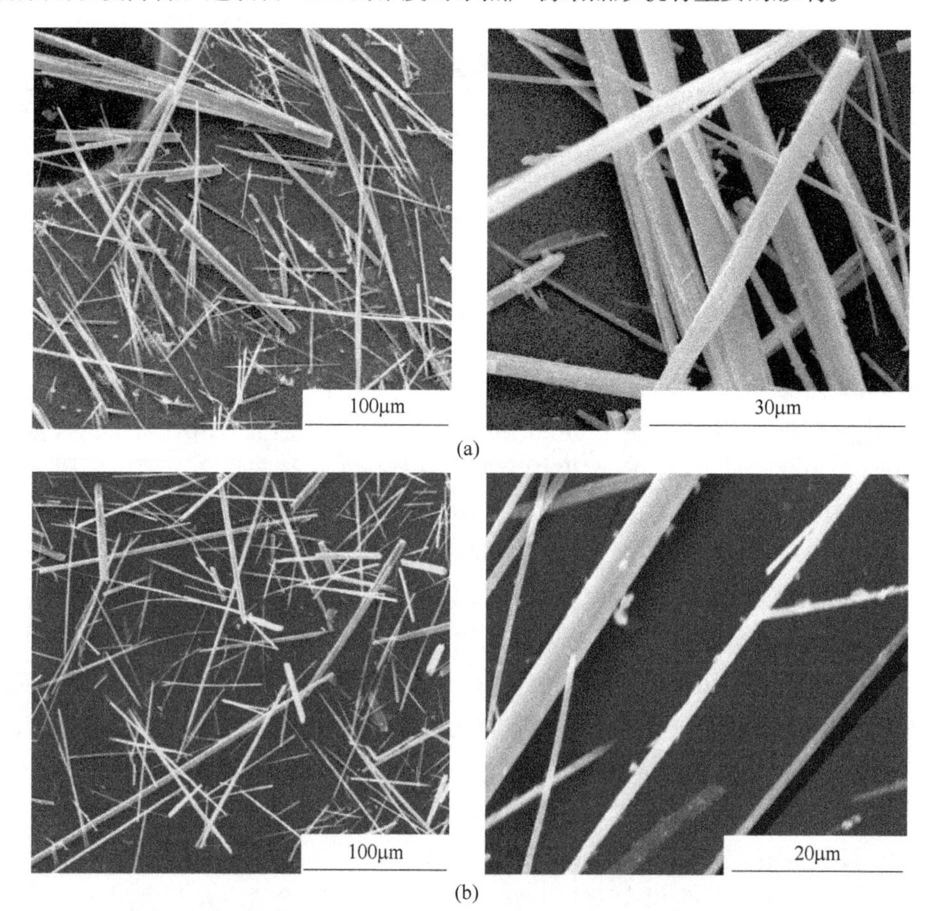

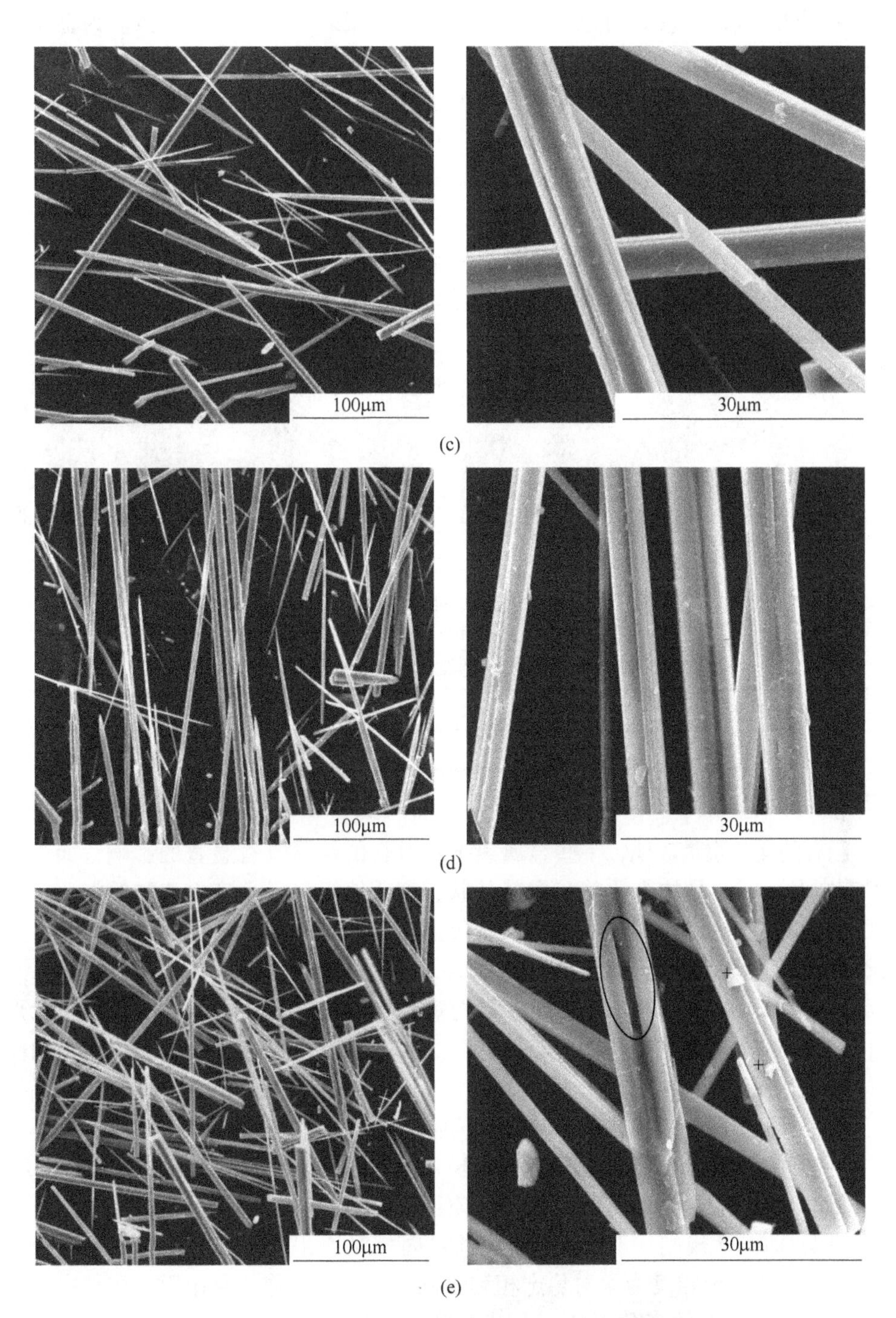

图 2.9 不同 NaCl 浓度下制备的脱硫石膏晶须的 SEM 照片
(a) 0g/kg; (b) 10g/kg; (c) 30g/kg; (d) 50g/kg; (e) 70g/kg

由图 2.9 (a)~(e) 可以发现，脱硫石膏晶须表面出现少量斑点。为证实这些斑点对脱硫石膏晶须结晶的影响，对图 2.9 (e) 所示部位晶须和斑点进行了能谱分析（见图 2.10），结果如表 2.4 所示。表 2.4 显示，晶须基体中 Ca、S、O 组元含量与 $CaSO_4 \cdot 0.5H_2O$ 中 Ca、S、O 含量基本相一致，$CaSO_4 \cdot 0.5H_2O$ 中 Ca、S、O 含量分别为 27.59%、22.07%、49.66%。这表明晶须是由半水石膏构成的。然而，对于斑点，Ca 和 S 含量低于晶须，同时还含有 Al 和 Si，这表明斑点石由半水石膏和 Al、Si 和 O 的化合物组成的。由图 2.9 (a)~(e) 可以发现，如 Al、Si 杂质的出现，对脱硫石膏晶须的结晶有明显影响。

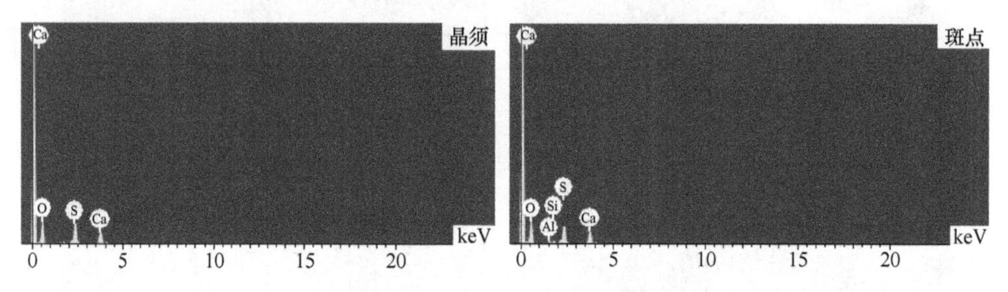

图 2.10 图 2.9 (e) 所示部位晶须和斑点 EDS 图谱

表 2.4 图 2.9 (e) 所示部位晶须和斑点 EDS 分析结果

组成		O	S	Ca	Al	Si
含量（质量分数）/%	斑点	60.46	14.84	21.12	1.56	2.02
	晶须	49.53	21.91	28.56		

已有的文献报道表明，一些金属离子对石膏的结晶具有显著的影响。如当有 Cr^{3+} 存在时，石膏晶体有玫瑰状向叶片状转变。然而，反应液中硫酸的加入，使 NaCl 在脱硫石膏晶须中所起的作用很难仅由图 2.9 得到证实。为了探明 NaCl 对脱硫石膏晶须结晶的影响，对纯水和加入 NaCl 后的试样进行了 SEM 分析，如图 2.11 所示。由图 2.11 (a) 可以观察到大量的短柱状、不规则块状、片状和碎屑状形貌；而似针状结晶较少，当加入 NaCl 后，水热产物呈脱硫石膏晶须形貌，如图 2.11 (b) 所示。比较图 2.11 (b) 和图 2.9 (a) 中有硫酸加入产物的形貌，晶须长度并无明显不同，但直径明显减小。然而，与 H_2SO_4-NaCl-H_2O 溶液制备的晶须相比，这两种条件下制备的晶须更短，长径比更小。这表明在纯水、H_2SO_4-H_2O、NaCl-H_2O 和 H_2SO_4-NaCl-H_2O 溶液中生长的水热产物结晶是明显不同的。

根据 Ostwald 规则，不稳定相首先通过向相对稳相转变结晶。当多相同时结晶出现时，竞争形核动力学对稳定相和亚稳相的形成起着重要作用。在水中，石膏形核是一种典型的竞争形核，尤其在电解质溶液中。许多研究表明：根据溶解-再结晶机制，石膏将发生二水、半水和无水相变，见表 2.5。

(a) (b)

图2.11 在纯水（a）和50g/kgNaCl（b）中制备的脱硫石膏晶须SEM照片

表2.5 文献报道的不同实验条件下硫酸钙的相平衡

文献	原料	实验条件	平衡相
Marshall，等	DH，AH，HH	0~1.0mol/L H_2SO_4，25~60℃	DH
		0~1.0mol/L H_2SO_4，125℃	HH
		0~1.2mol/L H_2SO_4，150~350℃	AH
Dutrizac.	DH	0~0.6mol/L H_2SO_4，25~95℃	DH
Ling，等	DH	0~0.1mol/L H_2SO_4，100℃	DH
	DH		DH
Yang，等	HH	1.0~18.0mol/L KCl，85~100℃	HH
	AH		AH
Li，等	DH	3.0mol/L HCl，80℃	DH+少量AH
		3.0mol/L HCl+2.0mol/L $CaCl_2$，80℃	AH+HH
Guan，等	$CaCl_2$+Na_2SO_4	0~0.2mol/L $MgCl_2 \cdot 6H_2O$，90℃	HH
Luo，等	$CaCl_2$+Na_2SO_4	20~70℃	DH
		90~110℃	DH+HH
		130~160℃	HH
		170~200℃	AH

因此，有必要对不同生长溶液条件下水热产物的相结构进行系统研究。图2.12所示的XRD图谱表明：提纯后脱硫石膏呈二水石膏相，经水热反应后，二水石膏完全转化为半水石膏。然而，在纯水中反应后产物的HH特征衍射峰相对较弱，这表明其结晶较差，在反应釜的水热动力学环境中，晶体结构容易受到破坏，如图2.11（a）所示。在H_2SO_4-H_2O和NaCl-H_2O溶液中，结晶程度明显增

强；当 H_2SO_4 和 NaCl 同时存在时，更容易形成结晶良好的脱硫石膏晶须。这可以由图 2.9、2.11 的 SEM 照片和图 2.12 的 XRD 图谱得以证实。

与此同时，由图 2.12（c）和（e）~（h）可以发现，NaCl 浓度对脱硫石膏晶须的结晶有明显的影响。随 NaCl 浓度的增加，晶须的结晶得到改善。当 NaCl 的浓度为 30~50g/kg 时，水热产物的特征衍射峰强度相对最高，这说明在此条件下晶须结晶优于其他条件下晶须的结晶。然而，随 NaCl 的浓度增加到 70g/kg 时，晶须的结晶反而恶化。这也可以从图 2.9（e）中红色椭圆标示的晶须结晶缺陷中得到反映。因此，溶液的组成对水热产物的结晶有重要的影响。

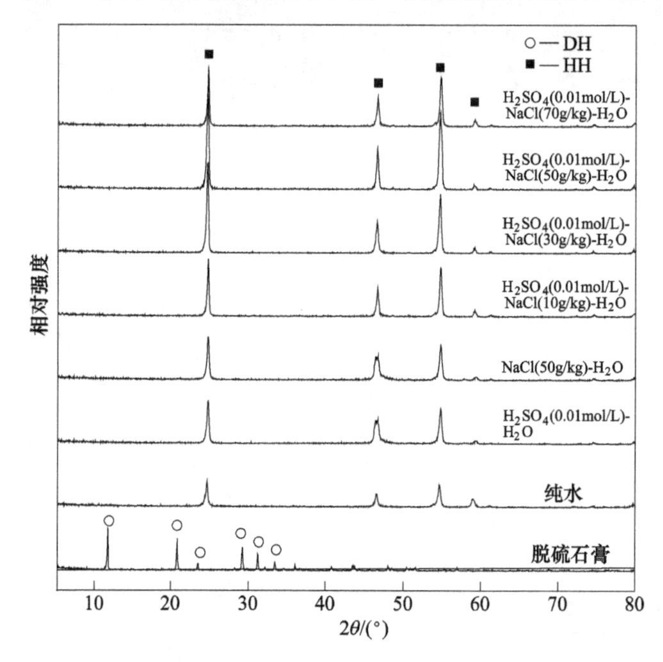

图 2.12 提纯后脱硫石膏和不同溶液中生长的脱硫石膏晶须的 XRD 图谱

图 2.13 是 Na_2SO_4 不同用量下制备的脱硫石膏晶须的 SEM 照片。当 Na_2SO_4 用量为 1.0%时，制备出的脱硫石膏晶须长度可以达到 100μm 以上，但伴随有较多的短柱状、颗粒状和无定形态结晶；并且，晶须表面具有明显的“沟壑”“孔洞”状缺陷，亦可见“分叉”结晶现象，整个产物结晶程度均较差。当增加 Na_2SO_4 用量到 3.0%~5.0%时，脱硫石膏晶须形貌多样化仍未改变，晶须长度没有增加，其结晶程度亦无改善。当 Na_2SO_4 用量为 5.0%时，晶须的结晶反而有所恶化。结合图 2.9（a）不加添加剂时脱硫石膏晶须的 SEM 照片可知，以 Na_2SO_4 为添加剂时，虽然在一定程度上可以促进脱硫石膏晶须的结晶与生长，但其效果较差，并不能有效改善脱硫石膏晶须的结晶。

图 2.14 是 Na_2SO_4 为添加剂时制备的脱硫石膏晶须的 XRD 图谱。加入

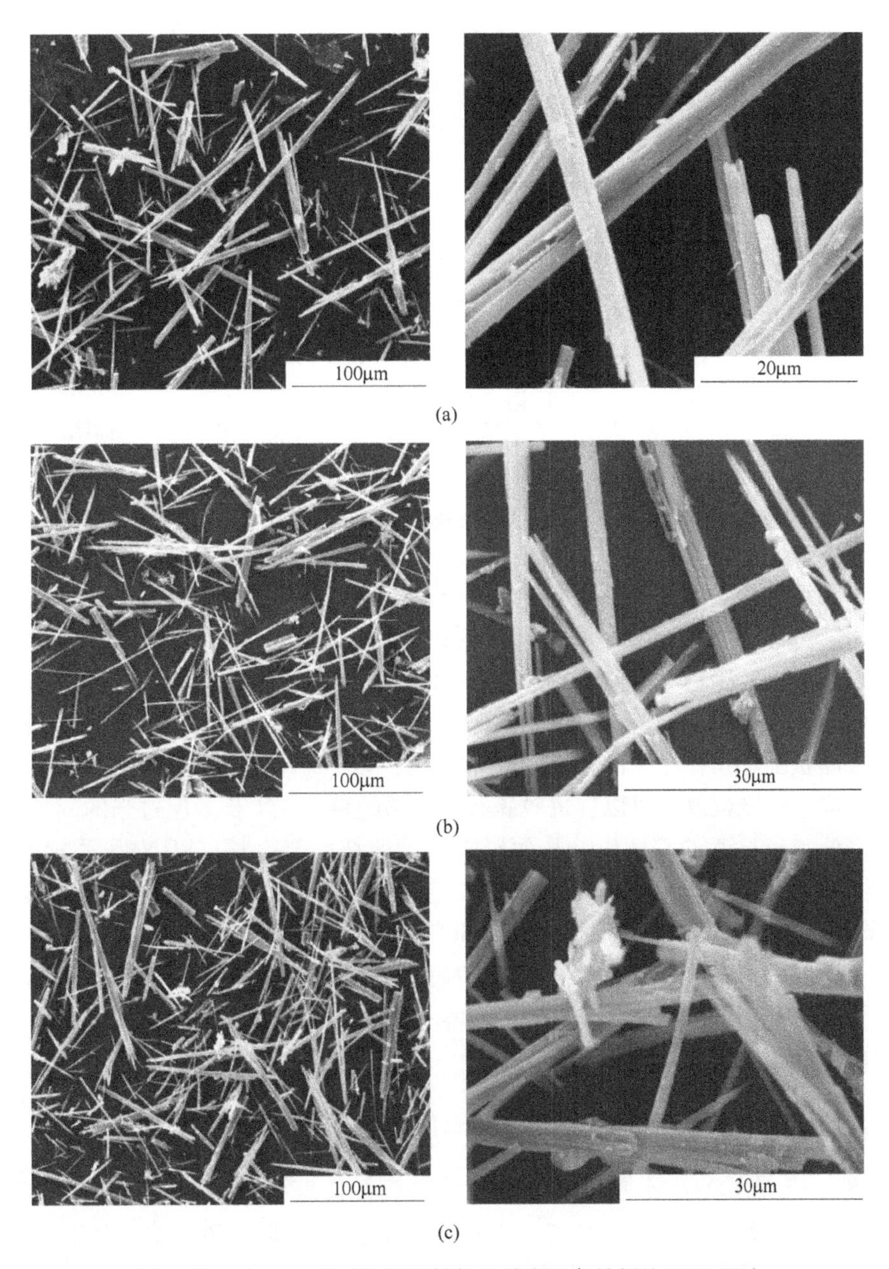

图 2.13 Na_2SO_4 不同用量下制备的脱硫石膏晶须的 SEM 照片
(a) 1.0%；(b) 3.0%；(c) 5.0%

Na_2SO_4 后，脱硫石膏晶须的物相并不发生改变，仍然为半水石膏相；其特征衍射峰强度均有所增强，但与 NaCl 相比，其强度相对较低，表明晶须的发育并不充分，这与 SEM 照片结果是一致的。

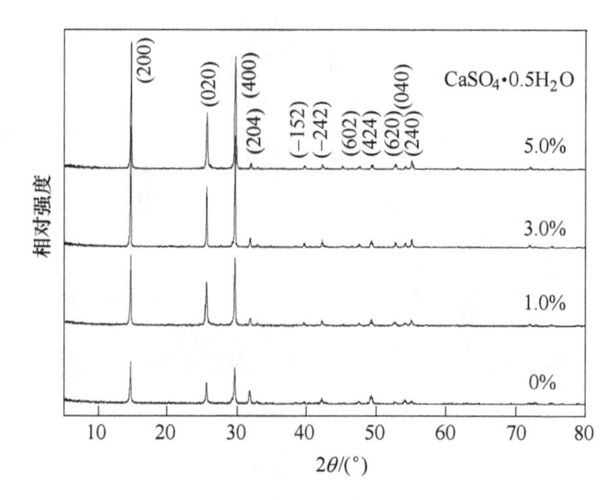

图 2.14 Na_2SO_4 为添加剂时制备的脱硫石膏晶须的 XRD 图谱

由两种钠盐添加剂对脱硫石膏晶须结晶影响的研究结果可以发现，分别加入 Na_2SO_4、NaCl 添加剂时，均可以促进脱硫石膏晶须的结晶，但两者作用效果存在明显差异。对于 Na_2SO_4、NaCl 添加剂对脱硫石膏晶须结晶的影响，由晶须试样 SEM 照片、XRD 图谱和晶须长径比综合分析可知，分别加入两种添加剂后，晶须结晶状况、长径比和品质是完全对应的。以 Na_2SO_4 为添加剂时，虽然因同离子效应，一定程度上可以促进脱硫石膏晶须的结晶与生长，但过强的同离子效应将降低脱硫石膏的溶解度，从而影响晶须的结晶与生长。以 NaCl 添加剂时，Na^+可以与 Ca^{2+}竞争而夺去少量 Ca^{2+}的结合水，促进 Ca^{2+}的去溶剂化而发生析晶。与 Ca^{2+}（$r_{Ca^{2+}}=0.100$nm）相比，尽管 Na^+（$r_{Na^+}=0.102$nm）半径略大于 Ca^{2+}，但因电价较低，与 Ca^{2+}竞争结合水的能力较弱，因此对脱硫石膏晶须结晶时有效形核数量的影响较小。这导致了所制备的晶须尽管具有较大的长度，却因直径相对较粗而长径比增加并不明显。

2.2.2 KCl/K_2SO_4 对脱硫石膏晶须制备的影响

图 2.15 是 K_2SO_4 不同用量下制备的脱硫石膏晶须的 SEM 照片。当不加入 K_2SO_4 时，以预处理后脱硫石膏为原料制备的脱硫石膏晶须，其结晶形貌呈针状、短柱状、颗粒状和无定形态的多样化共存。虽然大部分晶须长度都小于 100μm，但由于晶须直径较小，仅 1~3μm，故其具有较大的长径比；然而，大量短柱状、颗粒状和无定形态结晶的存在，使其品质较差。当 K_2SO_4 用量为 1.0%时，制备出的脱硫石膏晶须长度具有较大，直径 2~8μm，可见少量束状连生和扫帚状结晶；并且，晶须直径、长度差异较大，晶须表面具有明显的“沟壑”状缺陷，结晶程度较差。当 K_2SO_4 用量为 3.0%时，晶须长度明显增加，而

直径并未见粗化，且其直径分布更加均匀，为3~5μm，晶须表面更加光洁，无明显缺陷存在，仅附着有少量斑点状产物。进一步增加 K_2SO_4 用量到5.0%时，

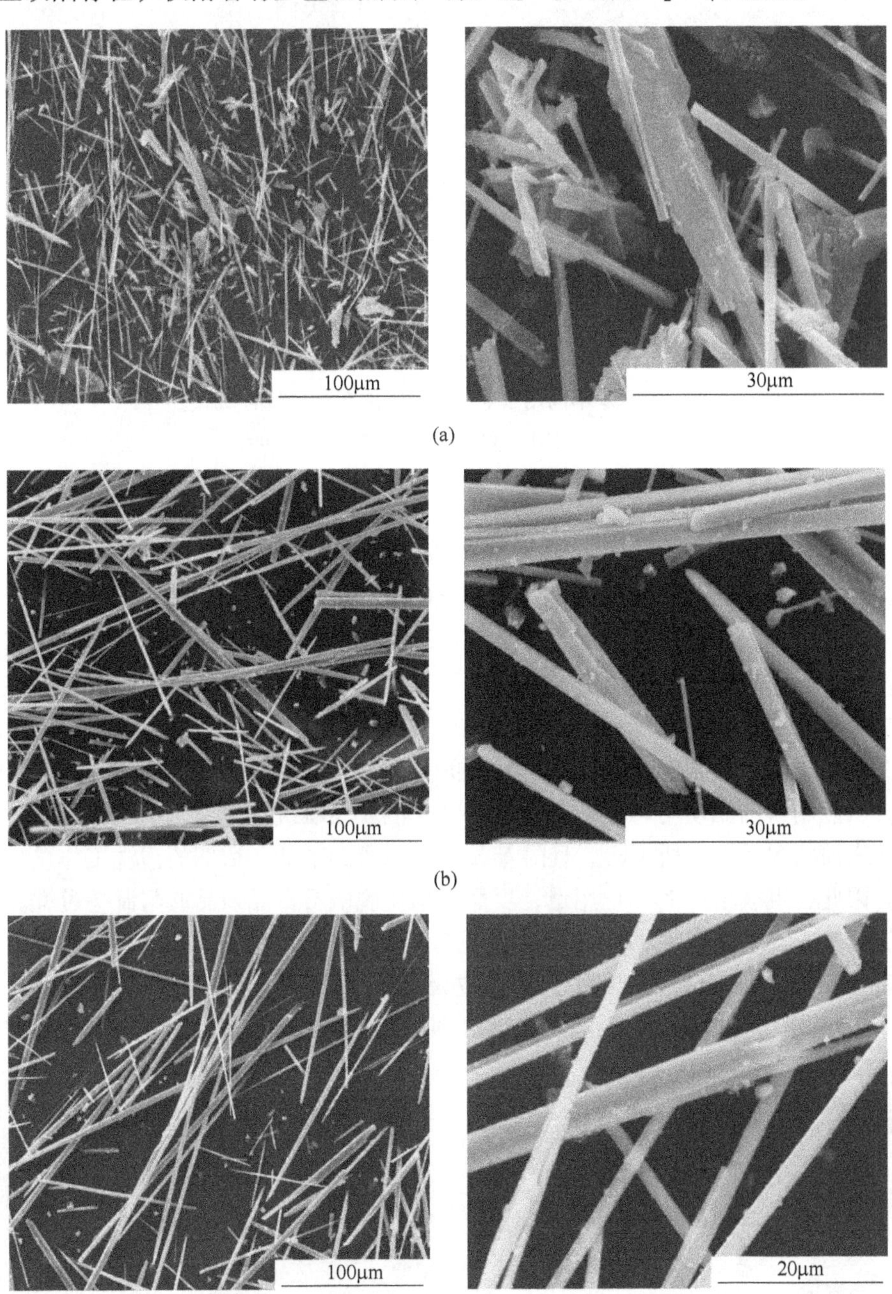

(a)

(b)

(c)

图 2.15 K_2SO_4 不同用量下制备的脱硫石膏晶须的 SEM 照片

(a) 0%；(b) 1.0%；(c) 3.0%；(d) 5.0%

晶须的长度分布仍比较均匀，短碎的晶须数量进一步减少，但晶须直径明显增加，且分布较宽，为 1~8μm。由于晶须直径的增加，其长径比反而降低，且晶须边缘存在明显的"齿状"缺陷，表面吸附有较多的斑点状物质。

通过对晶须直径与分布、长径比及其差异大小、晶须晶体结构与形貌的高度一致性、晶须表面的光洁程度及缺陷数目与大小等影响晶须品质的主要参数综合分析可知，尽管加入 1.0%的 K_2SO_4 可以制备出具有较大长径比的脱硫石膏晶须，但因其均匀程度与表面状况较差，晶须的品质相对较差；当 K_2SO_4 用量为 5.0%时，虽然制备的晶须均匀程度有明显改善，但表面状况较 K_2SO_4 用量为 3%时晶须的表面状况反而有所下降，且随着 K_2SO_4 用量的增加，后期的清洗工作量将增加。因此，继续增加 K_2SO_4 用量，反而会恶化脱硫石膏晶须品质与制备过程。

由于 K_2SO_4 用量为 0%~5.0%时所制备的晶须中，均可见少量斑点状物质在晶须表面析出，为确定析出物化学组成及其对晶须结晶与生长的影响，对图 2.15（d）中标注处析出物及晶须基体分别进行 EDS 分析，其结果如图 2.16 和表 2.6 所示。

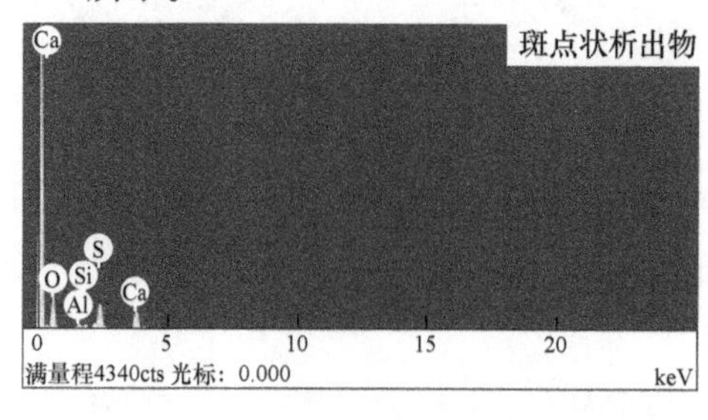

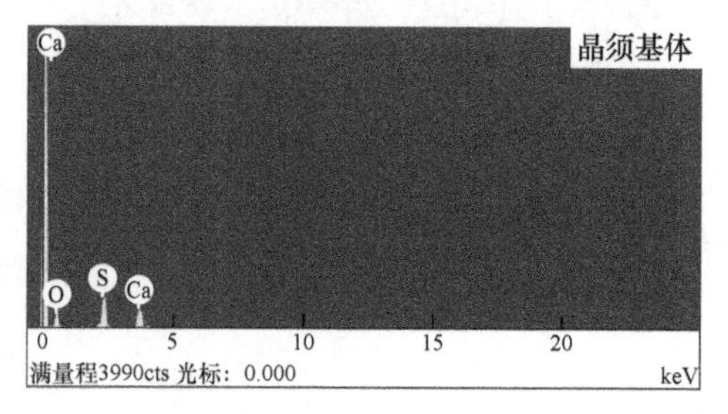

图 2.16 K_2SO_4 为添加剂时制备产物的 EDS 分析结果

表 2.6 K_2SO_4 为添加剂时制备产物的 EDS 分析结果

组成		O	S	Ca	Al	Si
含量（质量分数）/%	析出物	60.46	14.84	21.12	1.56	2.02
	晶须	48.93	21.91	29.16		

EDS 分析结果表明，斑点状析出物中除石膏组元 Ca、S、O 外，还含有 Al、Si 杂质，而晶须基体全部为 Ca、S、O 组元。由各组元含量可以发现，析出颗粒物中 Ca、S、O 组元含量与 $CaSO_4 \cdot 2H_2O$ 中各组元含量相当（理论上 $CaSO_4 \cdot 2H_2O$ 中 Ca、S、O 含量分别为 23.26%、18.6%、54.81%），而晶须基体中 Ca、S、O 组元含量与 $CaSO_4 \cdot 0.5H_2O$ 中各组元含量相当（理论上 $CaSO_4 \cdot 0.5H_2O$ 中 Ca、S、O 含量分别为 27.59%、22.07%、49.66%）。由于溶液中的 Al、Si 杂质降低了二水石膏形核所需能量，影响了石膏的正常形核与生长；随着保温结束，溶液体系温度的降低，导致含有一定量杂质的二水石膏呈斑点状析出物附着在晶须的表面。这也再次说明，脱硫石膏的品质和预处理深度对脱硫石膏晶须的制备及其品质有着重要的影响。

图 2.17 是 K_2SO_4 为添加剂时制备的脱硫石膏晶须的 XRD 图谱。由 XRD 图谱和 SEM 照片可以发现，当不加入 K_2SO_4 时，晶须发育并不充分，其特征衍射峰强度较低；加入 K_2SO_4 后，晶须生长比较充分，结晶较为完美，其特征衍射峰强度明显增加，且随着 K_2SO_4 用量的增加而不断增强；但加入 K_2SO_4 后并不改变其物相组成，其产物均为半水石膏相。

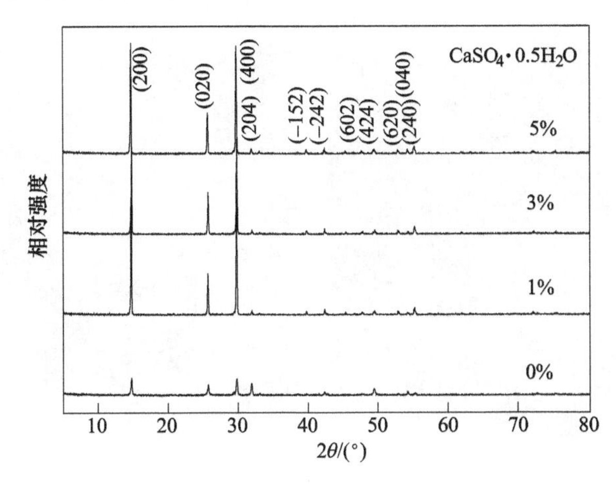

图 2.17 K_2SO_4 为添加剂时制备的脱硫石膏晶须的 XRD 图谱

图 2.18 是 KCl 不同用量下制备的脱硫石膏晶须的 SEM 照片。由图 2.18 和图 2.15（a）可知，加入 KCl 添加剂后，可以改善脱硫石膏晶须的生长。当 KCl 用

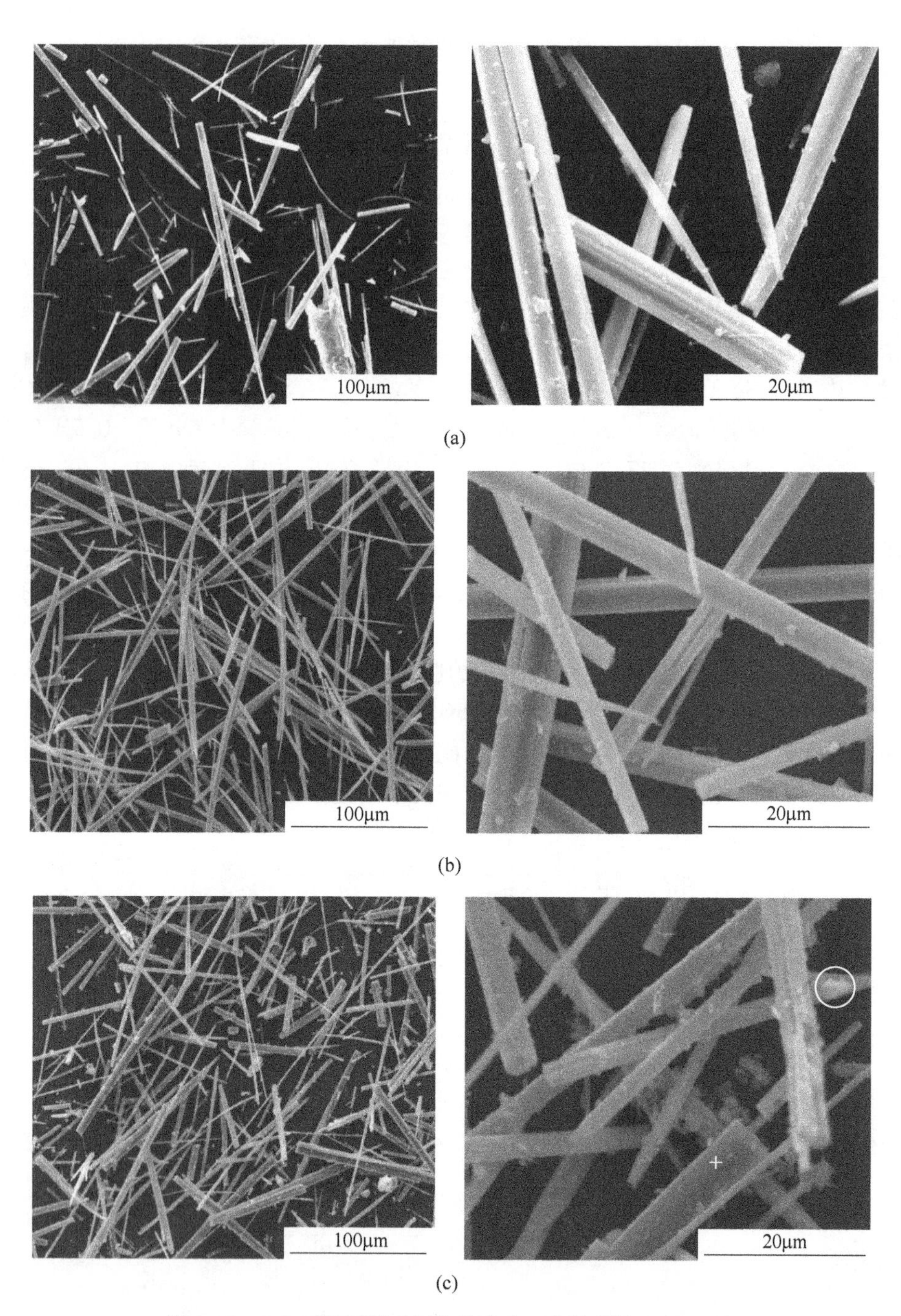

图 2.18 KCl 不同用量下制备的脱硫石膏晶须的 SEM 照片

(a) 3.0%；(b) 5.0%；(c) 7.0%

量为3.0%时，制备的晶须直径分布较宽，为3~10μm；大部分晶须较短，为30~50μm，短柱状结晶比例较高且较为粗大；晶须生长存在明显的分叉现象，结晶程度较差。当KCl用量为5.0%时，晶须直径无明显变化，但均匀度有所改善；其长度明显增加，达300μm以上，长度差异也明显减小，晶须的表面较为光洁，缺陷有所减少。随KCl用量进一步增加到7.0%时，晶须直径、长度差异变大，短柱状结晶明显增多。与此同时，斑点状结晶在晶须表面附着析出的数量明显增加，晶须品质反而下降。与K_2SO_4为添加剂制备脱硫石膏晶须相比，KCl用量有所增加。这是因为K_2SO_4水解后将产生SO_4^{2-}，有利于溶液体系过饱和而促进析晶所致。

为深入研究KCl添加剂对脱硫石膏晶须结晶与品质的影响，探明不同形貌产物的化学组成，对图2.18（c）中标注处斑点状产物和及图2.19中短柱状石膏晶体进行了能谱分析，其结果如图2.20和表2.7所示。与K_2SO_4相比，以KCl为添加剂时，斑点状析出物中除Ca、S、O、Al和Si外，还出现了较多的K，且Al和Si含量较高；而晶须基体仍为Ca、S、O组元，且其含量几乎没有变化。由此可见，加入较多的KCl后，更容易使溶液中的杂质组元析出而附着在晶须表面，从而恶化了晶须的品质。

图2.19　以KCl为添加剂制备的脱硫石膏晶须中短柱状结晶的SEM照片

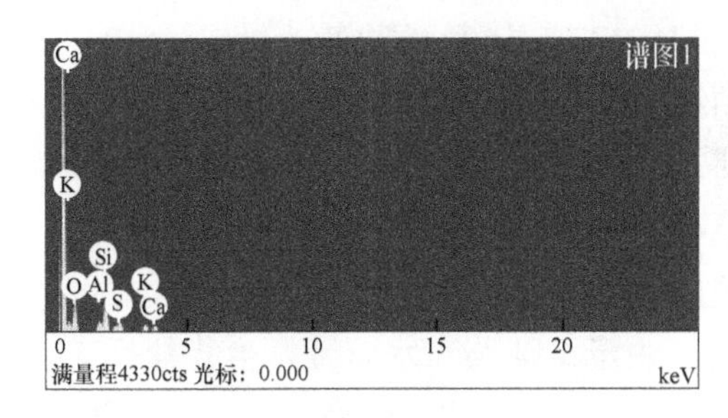

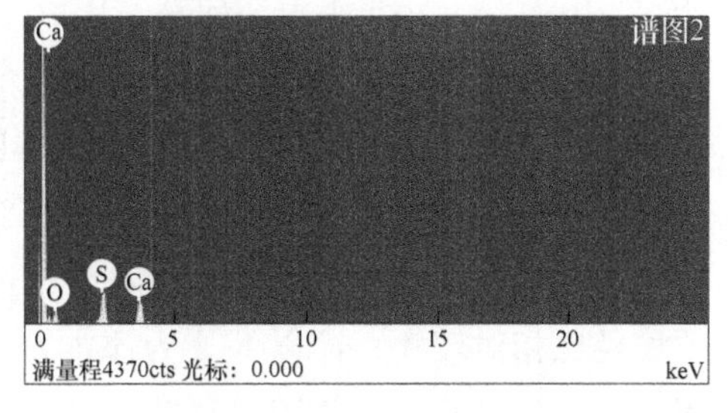

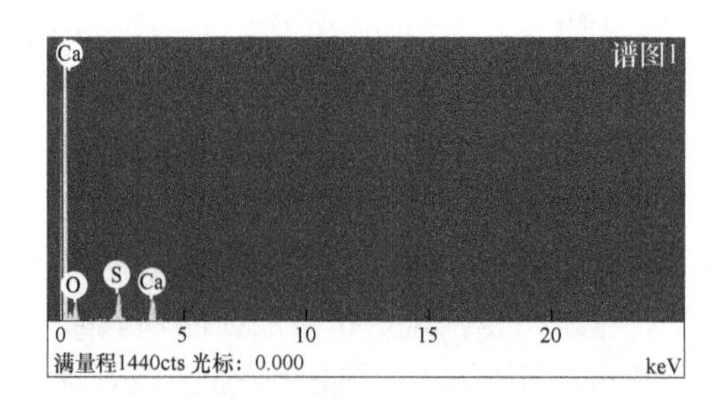

图 2.20 KCl 为添加剂时制备产物的 EDS 图谱

表 2.7 KCl 为添加剂时制备产物的 EDS 分析结果

组成		O	S	Ca	Al	Si	K
含量（质量分数）/%	析出物	49.68	17.37	18.29	3.41	4.22	4.93
	晶须	49.12	22.03	28.85			
	短柱	62.84	14.11	21.95			

由表 2.7EDS 分析结果可知，与以 K_2SO_4 为添加剂制备的脱硫石膏晶须产物相比，析出颗粒物中 O 含量变化不大，但 Ca、S 含量明显降低，而 Al、Si 含量急剧增加，但 Ca、S 物质的量比基本不变，仍为 1∶1，表明析出物中 Ca、S、O 仍以二水石膏形式存在，大部分 O 与 Al、Si 形成稳定的化合物。对于晶须基体，全部为石膏 Ca、S、O 组元，但与理论上 $CaSO_4 \cdot 0.5H_2O$ 中 Ca、S、O 含量有一定的差异，这可能是试样干燥不彻底或试样保存时受潮，使晶须表面部分水化形成二水石膏所致。对于短柱状结晶，其 Ca、S、O 组元含量与 $CaSO_4 \cdot 2H_2O$ 中各组元含量相当，表明其是以 $CaSO_4 \cdot 2H_2O$ 形式存在的，对于 O 含量偏高，主要是除结晶水外，因短柱状结晶表面不光洁，"沟壑"与"台阶"较多，容易吸附空气中的水分而产生少量吸附水所致。

图 2.21 是 KCl 为添加剂时制备的脱硫石膏晶须的 XRD 图谱。结合图 2.17 可知，以 KCl 为添加剂时制备的晶须试样的 XRD 图谱与 K_2SO_4 为添加剂时基本相同，但其强度相对较低，这表明 K_2SO_4 更有利于晶须的结晶生长。结合图 2.18SEM 照片和图 2.20、表 2.7 的能谱分析结果可以发现，随 KCl 用量的变化，晶须品质差异较大。因此，以 KCl 为添加剂时，其用量对脱硫石膏晶须的制备更为敏感。

综合两种钾盐添加剂对脱硫石膏晶须结晶影响的研究结果可以发现，分别加入 K_2SO_4、KCl 添加剂时，均可以促进脱硫石膏向晶须的转化。相比而言，以 K_2SO_4 为添加剂时，由于水解后将产生 SO_4^{2-}，同离子效应降低了平衡时溶液体系中 Ca^{2+} 的含量，从而有利于脱硫石膏溶液体系过饱和而促进析晶，故所制备的晶须长径比相对较大；而以 KCl 为添加剂时，由于 KCl 与二水石膏发生复盐反应，增加了平衡时脱硫石膏的溶解度，反而不利于溶液的过饱和析晶，这也是 KCl 为添加剂时制备的晶须长径比较小的原因。

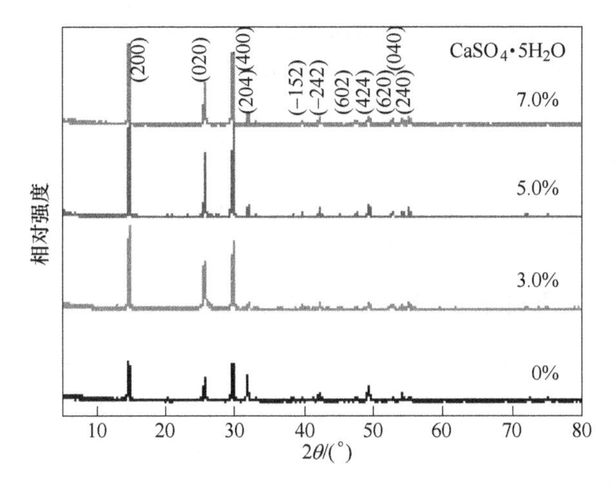

图 2.21 KCl 为添加剂时制备的脱硫石膏晶须的 XRD 图谱

2.2.3 一价阳离子无机盐对脱硫石膏晶须长径比的影响

由于长径比是衡量晶须品质的重要参数，而由图 2.9、图 2.13、图 2.15 和图 2.18 可知，添加剂对脱硫石膏晶须的结晶形貌具有明显的影响，因此，研究添加剂的种类和用量对晶须长径比的影响是很有必要的。图 2.22 是以一价盐为添加剂时，其用量与所制备晶须长径比的关系曲线。根据 Evans 对晶须的经典表述，结合图 2.9、图 2.13、图 2.15 和图 2.18 的 SEM 照片可知，当不加入无机盐添加剂时，仅由脱硫石膏制备的水热产物几乎不具备晶须的特性。当加入一价盐后，随着盐含量的增加，晶须长径比均先增加后减小，但对于不同的盐，其用量对晶须长径比的影响也有所不同。

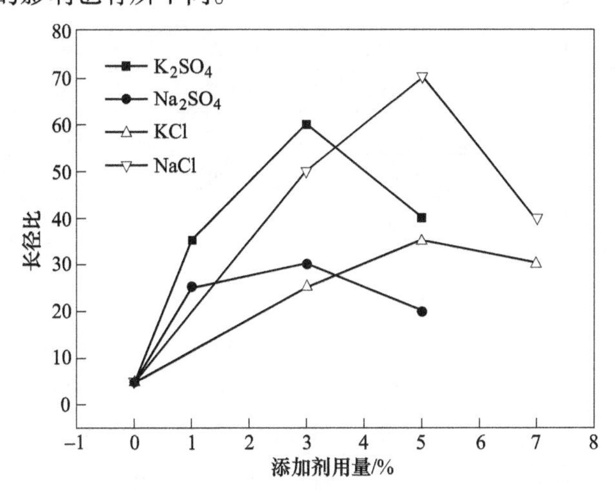

图 2.22 添加剂用量与脱硫石膏晶须长径比的关系曲线

当以 K_2SO_4 或 Na_2SO_4 为添加剂时，其用量在3%时，所制备的晶须试样长径比达最大，分别为60和30；而以KCl或NaCl为添加剂，其用量在5%时，所制备的晶须试样长径比达最大，分别为35和70。相比而言，以 K_2SO_4 或NaCl为添加剂所制备的晶须长径比较大，而以 Na_2SO_4 或KCl为添加剂所制备的晶须长径比较小，几乎不具备进一步应用的价值。相对氯盐，硫酸盐的用量较少，这表明硫酸盐用量对晶须长径比的影响较相应的氯盐更加显著。

2.2.4 一价阳离子无机盐对脱硫石膏溶解特性的影响

已有的研究已经证实：当向反应溶液中加入添加剂后，添加剂将影响溶液中原有物质的溶解特性，改变反应溶液体系的物质组成，进而影响晶体材料的形核与结晶生长，因此，研究添加剂对脱硫石膏溶解特性的影响是必要的。

表2.8为脱硫石膏制备晶须时，以一价阳离子为添加剂时，盐的类型及其用量对脱硫石膏溶解度的影响。当不加入添加剂时，脱硫石膏在25℃的纯水中的溶解度为2.027g，随温度升高到50℃，其溶解度显著降低；当温度升高到75℃，其溶解度又略有增大；进一步在100℃保温时，其溶解度又降低。P. Everett、G. Azimi等的研究认为：在（40±2）℃时，DH将转化为AH；而在（99±2）℃，

表2.8 一价阳离子无机盐为添加剂时脱硫石膏的溶解度

添加剂	浓度（质量分数）/%	溶液温度/℃			
		25	50	75	100
K_2SO_4	0	2.027	1.606	1.902	1.856
	1	1.591	1.841	1.877	1.86
	3	1.538	1.683	1.686	1.489
	5	1.581	1.811	1.737	1.729
KCl	1	2.065	2.083	2.035	1.844
	3	1.91	2.188	2.213	1.831
	5	1.925	2.236	2.3	1.986
	7	2.096	2.379	2.354	2.287
Na_2SO_4	1	1.811	1.476	1.688	1.484
	3	1.563	1.65	1.652	1.497
	5	1.672	1.786	1.756	1.602
NaCl	1	2.058	2.076	2.105	1.941
	3	2.012	2.043	2.004	1.856
	5	2.035	1.951	1.994	1.869
	7	2.071	2.183	2.086	1.938

DH 将转化为 HH。因此，在纯水中脱硫石膏溶解度的变化与 DH 在相应温度下的相变密切相关，实验结果也证实了这一点。

当以 K_2SO_4 或 Na_2SO_4 为添加剂时，脱硫石膏的溶解度均小于纯水中的溶解度，且溶解度降低较为明显。当温度一定，在 K_2SO_4 或 Na_2SO_4 用量为 0%~3% 时，脱硫石膏溶解度随其用量的增加而逐渐降低；当其用量大于 3%时，脱硫石膏溶解度则随盐含量的增加而增加。这与文献报道的结果是一致的。

当以 KCl 或 NaCl 为添加剂时，脱硫石膏的溶解度均大于纯水中的溶解度，且随着盐含量的增加，脱硫石膏溶解度呈先增加后降低，达最低值后又增加的变化趋势；当 KCl 或 NaCl 用量为 3%时，脱硫石膏的溶解度相对最小。当 KCl 或 NaCl 用量在 0%~5%时，两者对脱硫石膏溶解度的影响基本相同；当其用量超过 5%时，在 KCl 溶液中，脱硫石膏溶解度迅速增加，明显大于 NaCl 对脱硫石膏溶解度的影响，且温度越高，增加越明显。

对于强电解质，在反应溶液中将发生完全电离，从而影响溶液体系的溶解平衡，主要表现为同离子效应、盐效应和离子间作用强度对溶解平衡的影响。因 K_2SO_4、Na_2SO_4 在溶液中电离后，将产生 SO_4^{2-}，当溶液中盐浓度较低时，由于同离子效应，硫酸钙的溶解度下降。随溶液中盐浓度的升高，由于溶液体系中离子浓度的增加，离子间相互作用增强，同时 Ca^{2+} 和 SO_4^{2-} 结合形成中性 $CaSO_4^{(0)}$ 离子的能力大大加强，使同离子效应和盐效应对脱硫石膏溶解度的影响大大降低，从而促进了硫酸钙的溶解。即当 K_2SO_4、Na_2SO_4 用量小于 3%时，因离子浓度较低，离子间作用强度相对较小，此时同离子效应对脱硫石膏溶解度的影响更加明显；而当其用量大于 3%时，溶液中离子浓度增加，离子间作用强度增大，导致溶液中各离子和水的活度降低，此时离子间作用强度对脱硫石膏溶解度的影响大于同离子效应。

对于 KCl 和 NaCl，尽管对脱硫石膏溶解度的影响也呈先降低后增加的趋势，但由于其解离后并不产生同离子效应，因此，导致脱硫石膏溶解度降低的原因并非同离子效应。当 KCl、NaCl 用量小于 1%时，因离子间作用强度较小，盐效应对脱硫石膏溶解度的影响较大，导致脱硫石膏溶解度增加。当 KCl、NaCl 用量在 1%~3%范围时，脱硫石膏溶解度的降低可能是部分 K^+、Na^+ 与 Ca^{2+} 竞争而夺去其结合水，从而促进 Ca^{2+} 的去溶剂化所致。但与 Ca^{2+}（$r_{Ca^{2+}}=0.100nm$）相比，K^+（$r_{K^+}=0.138nm$）和 Na^+（$r_{Na^+}=0.102nm$）半径较大，电价低，与 Ca^{2+} 竞争结合水的能力较弱，而此时离子间作用强度仍然较小，因此，脱硫石膏溶解度虽有降低，但下降并不明显。当 KCl、NaCl 用量大于 3%时，离子间作用强度的增加，其对脱硫石膏溶解度的影响则超过了 Ca^{2+} 的去溶剂化所产生的影响。此外，Kloprogge 和 Yang 等的研究认为：二水石膏在 KCl 溶液中将发生如式（2.1）和式（2.2）所示的复盐反应，且随着温度升高和 KCl 浓度的增大，反应进一步加强。由此可见，随温度的升高和 KCl 浓度的增大，复盐反应对脱硫石膏溶解度的影响远大于盐效应，这可能是导致脱硫石膏溶解度随 KCl 浓度增大而增大的主要原因。

$$CaSO_4 \cdot 2H_2O + 2KCl \longrightarrow K_2Ca(SO_4)_2 \cdot H_2O + CaCl_2 + H_2O \tag{2.1}$$

$$5K_2Ca(SO_4)_2 \cdot H_2O \longrightarrow K_2Ca_5(SO_4)_6 \cdot H_2O + 4K_2SO_4 + 4H_2O \tag{2.2}$$

因此，以一价硫酸盐为添加剂时，脱硫石膏溶解度随盐含量的增加呈先减小后增加的变化趋势；而以一价氯盐为添加剂时，脱硫石膏溶解度随盐含量的增加呈先增加，随即减小，而后又增加的变化趋势。由此可见，一价添加剂对脱硫石膏的溶解度影响存在明显差异，且其引起脱硫石膏溶解度变化的原因也有所不同。

综合分析 K_2SO_4、KCl、Na_2SO_4、NaCl 四种添加剂对晶须结晶形貌、物相、长径比和脱硫石膏溶解度的影响可以发现，以 KCl、Na_2SO_4 为添加剂时，尽管在一定程度上可以提高脱硫石膏晶须的长径比，但其作用效果并不明显，制备的脱硫石膏晶须含有较多缺陷，品质较差。以 K_2SO_4 或 NaCl 为添加剂所制备的晶须具有较大长径比，且晶须结晶较好，缺陷较少。与 K_2SO_4 为添加剂时制备的晶须相比，虽然以 NaCl 为添加剂时所制备的晶须长径比增加并不明显，但晶须结晶良好，表面更加光洁，几乎无缺陷存在，这对其后续利用与研究是极为有利的。

2.3 二价阳离子无机盐对脱硫石膏晶须制备的影响

2.3.1 $MgCl_2$/$MgSO_4$ 对脱硫石膏晶须制备的影响

当以 $MgSO_4$ 为添加剂时，为研究其不同用量对脱硫石膏晶须结晶的影响，对试样进行了 SEM 分析，其结果如图 2.23 所示。当不加入 $MgSO_4$ 时，以预处理后脱硫石膏为原料制备的脱硫石膏晶须，虽含有少量的晶须，但其长度较小，结晶较差；并伴随有大量的束状、短柱状、颗粒状和板状结晶出现，故品质较差。当 $MgSO_4$ 用量为 1.0%时，短柱状和颗粒状结晶数量急剧减少，束状和板状结晶完全消失，大部分产物呈晶须形貌。与不加 $MgSO_4$ 时相比，制备的晶须长度略有增加，直径有所降低，为 0.5~3μm，长径比明显提高，其结晶状况也有所改善，但晶须表面明显可见“分叉”“沟壑”状缺陷，表面粗糙不平，其结晶状况仍有待提高。当 $MgSO_4$ 用量为 2.0%时，晶须直径变化不大，但均匀性明显提高，大部分晶须直径在 1~3μm，仅有少量晶须直径小于 1μm，晶须长度明显增加，大部分晶须的长度可达 250μm 以上，其长径比约 100；此时，晶须表面光洁，几乎无缺陷存在，仅见少量的颗粒状结晶出现，以及极少量的斑点状析出物附着在晶须表面，晶须的结晶状况得到了明显改善。进一步增加 $MgSO_4$ 用量到3.0%，尽管晶须直径仍无明显变化，但大部分晶须的长度明显变短，并出现较多的颗粒状、短柱状结晶，晶须表面又变的粗糙不平，并附着有较多的斑点状和无定形态析出物，其结晶状况反而恶化。

(d)

图 2.23 $MgSO_4$ 不同用量下制备的脱硫石膏晶须的 SEM 照片
(a) 0%; (b) 1.0%; (c) 2.0%; (d) 3.0%

综合分析图 2.23 中不同 $MgSO_4$ 用量下所制备晶须的长度与直径及其分布、晶须形貌及其表面形态、伴生结晶产物的数量等因素可以发现，与水溶液相比，加入 1.0%~3.0%的 $MgSO_4$ 后，脱硫石膏的上述参数均有不同程度的改善。尽管加入 1.0%或 3.0%的 $MgSO_4$ 也可以制备出具有较大长径比的脱硫石膏晶须，但因其直径与长度的均匀性较差，且晶须具有明显的“分叉”“沟壑”状缺陷，表面粗糙不平，并伴随有较多的非晶须状产物出现，其品质相对较差。相比而言，在加入 2.0%的 $MgSO_4$ 的条件下制备的晶须，直径较小，长度较大，且直径与长度分布比较均匀；晶须表面光洁，几乎无缺陷存在，其结晶状况明显得到改善。

图 2.24 是 $MgSO_4$ 为添加剂时制备的脱硫石膏晶须的 XRD 图谱。当不加入 $MgSO_4$ 时，所制备晶须的特征衍射峰强度较低，表明晶须的晶体结构发育并不充分。当加入 $MgSO_4$ 后，晶须的特征衍射峰强度明显增强，表明其结晶状况逐渐好转；在 $MgSO_4$ 加入量为 2%时，晶须主要衍射晶面的特征衍射峰强度相对达到最强，进一步增加 $MgSO_4$ 的用量，其特征衍射峰强度相对有所降低，表明其结晶状况有所恶化。这与 SEM 照片所反映的晶须形貌与结晶状况是一致的。由此可见，$MgSO_4$ 用量的变化对脱硫石膏晶须的结晶具有显著的影响。

图 2.25 为 $MgCl_2$ 为添加剂时不同用量下制备的脱硫石膏晶须试样的 SEM 照片。结合图 2.23 (a) 可以发现，与不加添加剂相比，加入 $MgCl_2$ 后，均可改善脱硫石膏晶须的结晶，但 $MgCl_2$ 用量不同，晶须结晶差异明显。当 $MgCl_2$ 用量为 1.0%时，晶须长度已明显增加，大部分晶须长度超过 150μm，仅伴随有少量的短柱状结晶出现，但晶须直径差异较大，较粗的晶须直径可达 5μm，而较细的晶须直径不足 0.5μm，且晶须表面附着有明显的斑点状析出物。当 $MgCl_2$ 用量为 1.5%时，晶须长度继续增加，而直径并未增加，较粗晶须的直径甚至有所降低，

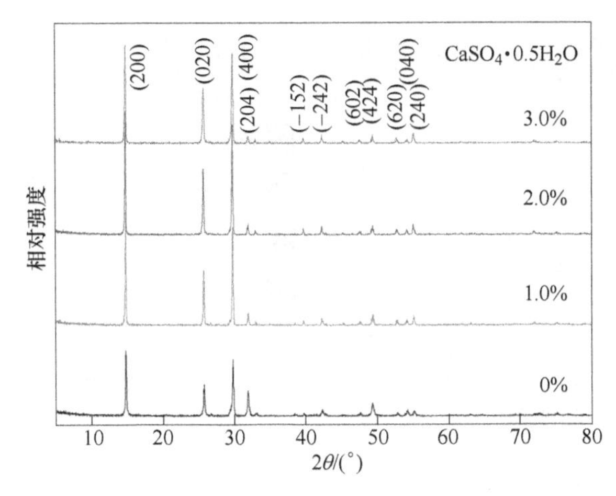

图 2.24 $MgSO_4$ 为添加剂时制备的脱硫石膏晶须的 XRD 图谱

大部分晶须直径为 2~4μm，分布更加均匀，故晶须的长径比有所增加，达到 120；此时晶须表面光洁，除少量晶须出现“分叉”外，几乎无缺陷存在，但仍可见少量斑点状析出物附着在晶须表面。进一步增加 $MgCl_2$ 用量到 2.0%，晶须

(c)

图 2.25　$MgCl_2$ 不同用量下制备的脱硫石膏晶须的 SEM 照片

（a）1.0%；（b）1.5%；（c）2.0%

直径开始粗化，且其均匀性降低，直径分布于 0.5~6μm，而长度并无明显变化，故晶须长径比反而下降。晶须表面除斑点状析出物附着外，部分晶须表面粗糙不平，并出现明显的“分叉”结晶现象，甚至有少量裂纹出现。

图 2.26 是 $MgCl_2$ 为添加剂时制备的脱硫石膏晶须的 XRD 图谱。结合图 2.24 可知，加入 $MgCl_2$ 后对水热试样物相的影响与加入 $MgSO_4$ 对水热试样物相的影响大体相同，其水热产物也为半水石膏相。因此，以 $MgCl_2$ 为添加剂时，在其用量为 2.0%时，所制备的晶须具有较高的长径比，且直径、长度分布相对均匀，晶须表面光洁，缺陷较少，相对结晶良好。

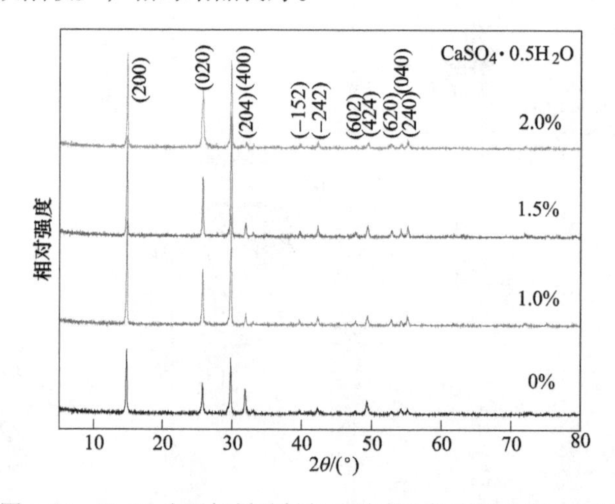

图 2.26　$MgCl_2$ 为添加剂时制备的脱硫石膏晶须的 XRD 图谱

上述研究结果表明：以镁盐为添加剂时，在适当的用量范围内均可以制备出结晶状况较好的脱硫石膏晶须，不同于晶须形貌的产物含量较少，使得晶须品质得以提高。

2.3.2 $CuCl_2/CuSO_4$ 对脱硫石膏晶须制备的影响

图2.27是$CuSO_4$为添加剂时不同用量下制备的脱硫石膏晶须试样的SEM照

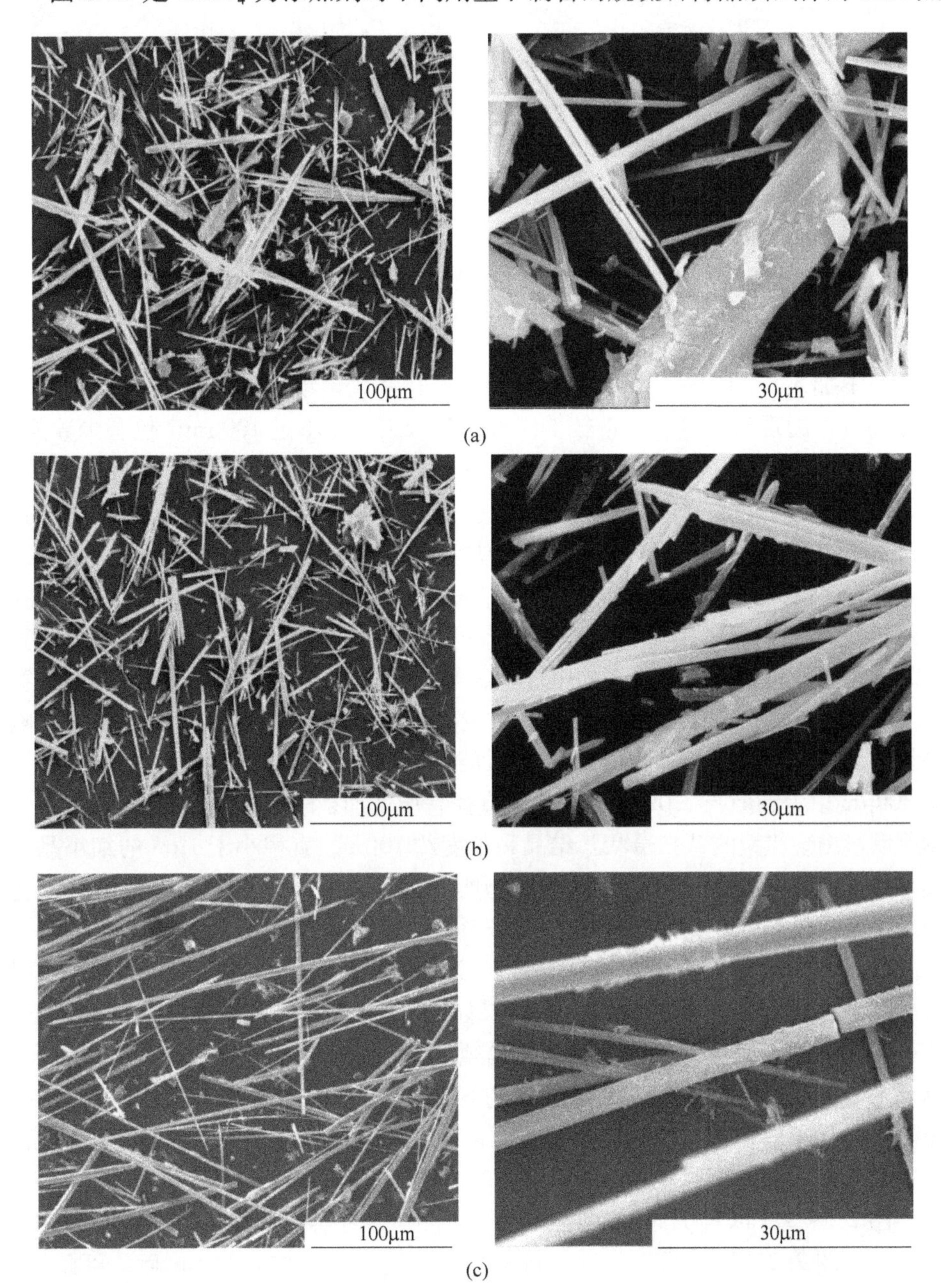

(a)
(b)
(c)

(d)

图 2.27 $CuSO_4$ 不同用量下制备的脱硫石膏晶须的 SEM 照片
(a) 0%；(b) 1.0%；(c) 2.0%；(d) 3.0%

片。当不加入 $CuSO_4$ 时，制备的水热产物中存在大量粗大的短柱状、颗粒状产物与晶须共存的现象，晶须数量较少，大部分产物长度不足 100μm，仅有少数晶须的长度达到 100μm 以上，且呈较为粗大的束状或“分叉”结晶，品质较差。这与 Evans 所定义的晶须具有较大的差距。当 $CuSO_4$ 用量为 1.0%时，制备出的水热产物大部分呈晶须状，其长度略有增加；粗、细晶须相互附着并生，且其表面附着有较多的斑点状和无定形析出物，并存在明显的“沟壑”状缺陷，晶须品质仍然较差。当 $CuSO_4$ 用量为 2.0%时，晶须长度明显增加，大部分晶须长度达 300μm 以上，但仍伴随有较多的短柱状、颗粒状产物出现，且晶须直径分布较宽，为 1~6μm，晶须的表面附着有较多的“绒毛”状析出物，并存在明显的断裂缺陷，晶须的品质仍不理想。随 $CuSO_4$ 用量增加到 3.0%时，尽管大部分晶须的长度仍可达 300μm 以上，但与 2.0%相比，晶须直径有所增加，故长径比反而有所下降；产物中明显出现粗大的“扫帚状”结晶和长度约 10μm、直径小于 1μm 的细小晶须，晶须的表面被更多的“绒毛”状析出物所覆盖，晶须品质仍然未能有明显改善。由此可见，以 $CuSO_4$ 为添加剂时，很难获得较为理想的脱硫石膏晶须。

为进一步研究 $CuSO_4$ 对脱硫石膏晶须结晶的影响，对不同 $CuSO_4$ 用量下制备的晶须试样进行了物相分析，其结果如图 2.28 所示。由图 2.28 的 XRD 图谱分析可知，加入 $CuSO_4$ 后，脱硫石膏晶须试样的特征衍射峰强度有所增强，表明晶须的结晶程度有所改善，水热产物的 SEM 分析也说明了这一点；但并不改变脱硫石膏晶须的物相，产物仍呈半水石膏相。这与前述添加剂对水热产物物相的影响是基本一致的。

图 2.29 为 $CuCl_2$ 为添加剂时不同用量下制备的脱硫石膏晶须试样的 SEM 照片。结合图 2.27 (a) 可以发现，与不加添加剂相比，加入 $CuCl_2$ 后，可以明显

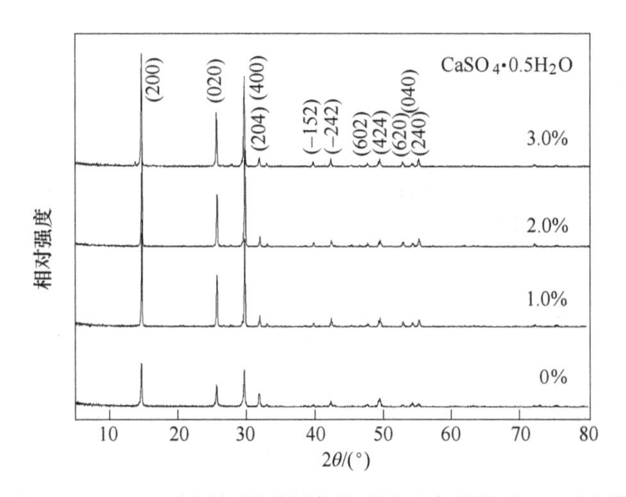

图 2.28 $CuSO_4$ 为添加剂时制备的脱硫石膏晶须的 XRD 图谱

改善脱硫石膏晶须的结晶状况，提高晶须的长径比和品质。当 $CuCl_2$ 用量为 1.0%时，制备出的晶须长度均达 100μm 以上，部分晶须的长度甚至可达 300μm 以上，但晶须直径分布相对较宽，较细晶须直径不足 1μm，而较粗的晶须直径约 8μm，导致晶须长径比差异较大。此时，晶须表面较为光洁，仅见少量颗粒状析出物，但晶须存在明显的断裂和“沟壑”状缺陷。当 $CuCl_2$ 用量为 1.5%时，晶须长度明显增加，大部分晶须长度均达 400μm 以上，甚至部分晶须长度达 600μm 以上，直径为 1~3μm，晶须长度、直径分布更加均匀，长径比明显增加；晶须的表面更加光洁，仅见极少量的微小斑点状析出物附着，且无缺陷存在，也无“分叉”结晶现象，晶须结晶得到显著改善。随 $CuCl_2$ 用量增加到 2.0%时，尽管大部分晶须的长度仍然可以达到 300μm，但与 1.5%相比，晶须长度明显下降，直径有所增加，长径比降低；而且晶须直径粗化与细化的现象同时发生，使得晶须直径分布均匀度明显下降。与此同时，晶须表面附着的斑点状析出物数量明显增加，体积增大，晶须表面光洁度下降，并出现“分叉”结晶现象，这表明晶须的品质开始降低。

2.3.3 二价阳离子无机盐对脱硫石膏晶须长径比的影响

根据二价盐为添加剂时制备产物的 SEM 照片可知，添加剂种类和用量的不同，对脱硫石膏晶须的直径、长度、长径比、表面状况、缺陷数量等因素的影响程度也有所不同，晶须品质差异也较为明显。图 2.30 是二价盐为添加剂时所制备晶须长径比的关系曲线。由图 2.30 可知，对于所研究的四种二价盐，随着盐含量的增加，晶须长径比均先增加后减小，但对于不同的盐，其用量对晶须长径比的影响也有所不同。

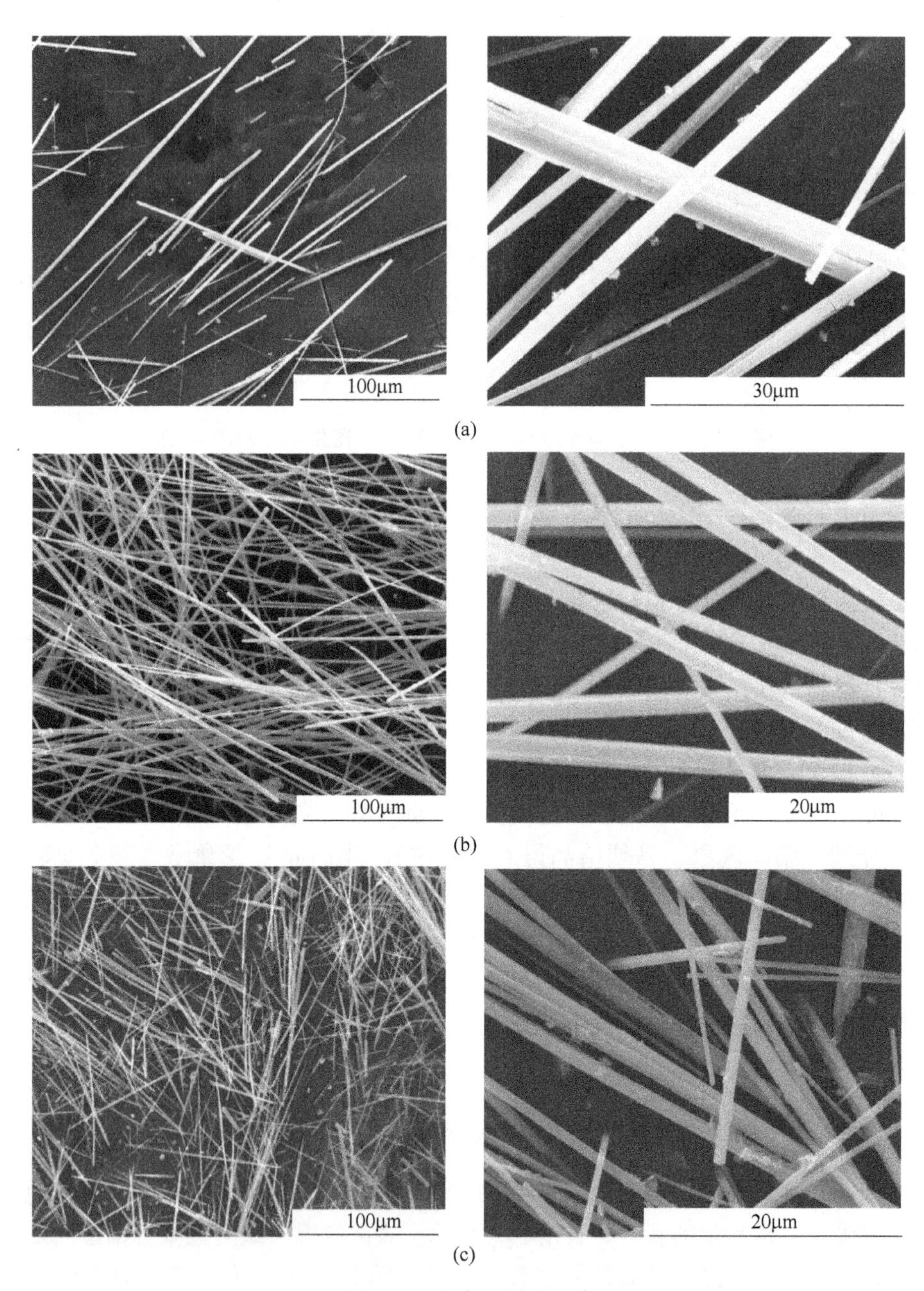

图 2.29 $CuCl_2$ 不同用量下制备的脱硫石膏晶须的 SEM 照片

(a) 1.0%；(b) 1.5%；(c) 2.0%

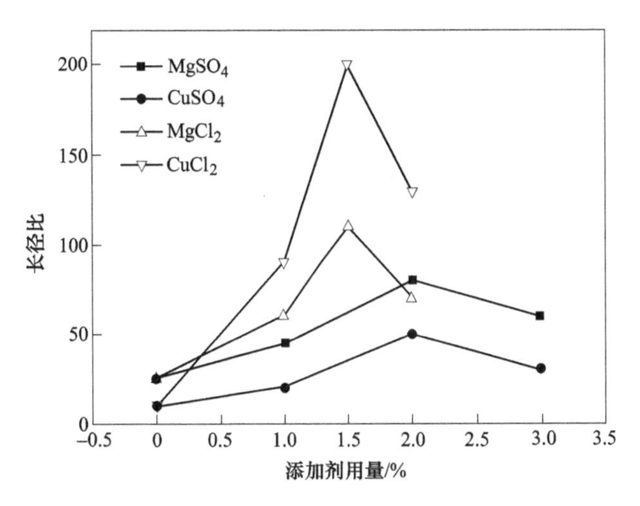

图 2.30 添加剂用量与脱硫石膏晶须长径比的关系曲线

分别以 $MgSO_4$、$MgCl_2$ 为添加剂时，晶须的长径比均呈现先增大后减小的趋势。当 $MgSO_4$ 添加量为 2.0%，$MgCl_2$ 添加量为 1.5%时，其长径比均达最大值，分别为 80 和 110，晶须的品质大体相当。然而，与 $MgSO_4$ 相比，$MgCl_2$ 对晶须长径比的提高更加明显，其添加量相对较小且变换范围较窄，表明其对晶须结晶形貌、品质等的影响更加显著。当以 $CuSO_4$ 和 $CuCl_2$ 为添加剂时，$CuSO_4$ 用量为 2.0%，$CuCl_2$ 用量为 1.5%时，其长径比也均达最大值，分别为 30 和 200，与镁盐相比，两者差异明显。

无论对于镁盐还是铜盐，其硫酸盐用量对晶须长径比的提高均不如氯盐显著，而且相对硫酸盐，氯盐的用量更少，但与一价盐添加剂相比，无论是氯盐还是硫酸盐，其用量均明显减少，尤其是氯盐用量减少明显。这对减少晶须制备过程中的清洗工作量，降低其生产成本具有重要意义。与此同时，除 $CuSO_4$ 外，晶须的长径比均较一价盐为添加剂时有明显增加，这表明二价盐对晶须结晶和长径比影响的作用效果更加显著。

2.3.4 二价阳离子无机盐对脱硫石膏溶解特性的影响

表 2.9 为脱硫石膏制备晶须时，不同二价阳离子无机盐用量对脱硫石膏溶解度的影响。由表 2.9 可知，加入 $MgSO_4$、$CuSO_4$ 或 $CuCl_2$ 后，脱硫石膏的溶解度均小于其在纯水中的溶解度，而加入 $MgCl_2$ 后，脱硫石膏的溶解度均大于其在纯水中的溶解度。

表 2.9 二价阳离子无机盐为添加剂时脱硫石膏的溶解度

添加剂	浓度（质量分数）/%	溶液温度/℃			
		25	50	75	100
$MgSO_4$	0	2.027	1.606	1.902	1.856
	1	1.566	1.392	1.724	1.688
	2	1.474	1.581	1.668	1.655
	3	1.329	1.629	1.675	1.535
$MgCl_2$	1	2.173	2.101	2.073	1.921
	1.5	2.234	2.280	2.050	1.861
	2	2.267	2.285	2.142	1.969
$CuSO_4$	1	1.752	1.787	1.910	1.867
	2	1.793	1.902	1.915	1.78
	3	1.765	1.917	1.917	1.765
$CuCl_2$	1	1.777	1.969	2.083	1.826
	1.5	1.757	1.79	2.152	1.941
	2	1.749	1.864	2.165	1.964

由于 $MgSO_4$ 和 $MgCl_2$ 均匀强电解质，在纯水中将发生完全电离进而水解，其水解方程如式（2.3）、式（2.4）所示。然而，在反应过程中，随着 H_2SO_4 的加入，式（2.3）和式（2.4）所示的水解过程将受到抑制，溶液中的 Mg 主要以 Mg^{2+} 的形式存在。当以 $MgSO_4$ 为添加剂时，由于 Ca^{2+} 和 Mg^{2+} 属同族，受阴离子同离子效应和阳离子同离子效应叠加作用影响，脱硫石膏的溶解度降低，导致平衡时溶液体系中 Ca^{2+} 浓度明显降低，随 $MgSO_4$ 用量的增加，同离子效应进一步增强，脱硫石膏的溶解度继续降低，这对脱硫石膏晶须的结晶是不利的。

$$Mg^{2+} + H_2O \rightleftharpoons Mg(OH)^+ + H^+ \tag{2.3}$$

$$Mg^{2+} + 2H_2O \rightleftharpoons Mg(OH)_2(aq) + 2H^+ \tag{2.4}$$

$$Mg^{2+} + SO_4^{2-} \rightleftharpoons MgSO_4^{(0)} \tag{2.5}$$

当以 $MgCl_2$ 为添加剂时，尽管电离后也产生了 Mg^{2+} 而存在阳离子同离子效应，但溶液中 SO_4^{2-} 浓度较 $MgSO_4$ 为添加剂时低，阴离子同离子效应明显减弱（阴离子同离子效应远强于阳离子同离子效应），使得脱硫石膏溶解度增加。

在反应过程中，当溶液中 SO_4^{2-} 浓度超过平衡浓度时，将促使更多的 $MgSO_4^{(0)}$ 形成，如式（2.5）所示，从而降低了溶液中 SO_4^{2-} 浓度；反之，$MgSO_4^{(0)}$ 将电离形成 Mg^{2+} 和 SO_4^{2-}，从而增加溶液中 SO_4^{2-} 浓度。由此可见，反应过程中 $MgSO_4^{(0)}$ 的形成，可以调节反应溶液中 Mg^{2+}、SO_4^{2-} 浓度，并促使其浓度保持相对稳定，进而使溶液中其他离子浓度保持相对稳定。

对比 $MgSO_4$ 和 $CuSO_4$ 为添加剂时对脱硫石膏溶解度的影响可以发现，尽管两者都可以降低脱硫石膏的溶解度，但其作用效果明显不同。以 $MgSO_4$ 为添加剂时，脱硫石膏的溶解度降低更加明显。这是因为两种盐水解后，都可以产生 SO_4^{2-}，由于同离子效应而降低脱硫石膏的溶解度；但对于 $MgSO_4$，由于 Mg 与 Ca 属同主族元素，水解后产生的 Mg^{2+} 与 Ca^{2+} 也将产生同离子效应，即阴阳离子都将产生同离子效应，其作用效果必然强于单一的阴离子产生的同离子效应，从而使脱硫石膏在 $MgSO_4$ 溶液中的溶解度明显小于其在 $CuSO_4$ 溶液中的溶解度。

对比 $MgCl_2$ 或 $CuCl_2$ 为添加剂时对脱硫石膏溶解度的影响可以发现，两者对脱硫石膏的溶解度影响也明显不同。加入 $MgCl_2$ 后，脱硫石膏的溶解度均大于其在纯水中的溶解度，当温度低于 50℃时，溶解度随其用量的增加而不断增加，当温度超过 50℃时，溶解度随其用量的增加呈先增加后降低，然后再增加的变化趋势；而对于 $CuCl_2$ 添加剂，脱硫石膏的溶解度则随其用量的增加呈先降低后增加的变化趋势。

与一价盐相比，二价盐解离后所产生的阳离子，具有较高的电价和较小的离子半径，其中，$r_{Mg^{2+}}=0.072nm$，$r_{Cu^{2+}}=0.072nm$，与 Ca^{2+}($r_{Ca^{2+}}=0.100nm$) 相比，其半径较小，与 Ca^{2+}竞争结合水的能力相对加强，这也是影响脱硫石膏溶解度变化的因素之一。

由上述实验结果和分析可见，以二价盐为添加剂时，引起脱硫石膏溶解度变化的原因差异巨大，其对脱硫石膏溶解度影响也较一价盐为添加剂时更加复杂。

2.4 三价阳离子无机盐对脱硫石膏晶须制备的影响

2.4.1 $AlCl_3$/$Al_2(SO_4)_3$ 对脱硫石膏晶须制备的影响

图 2.31 是 $Al_2(SO_4)_3$ 不同用量下制备的脱硫石膏晶须的 SEM 照片。当不加

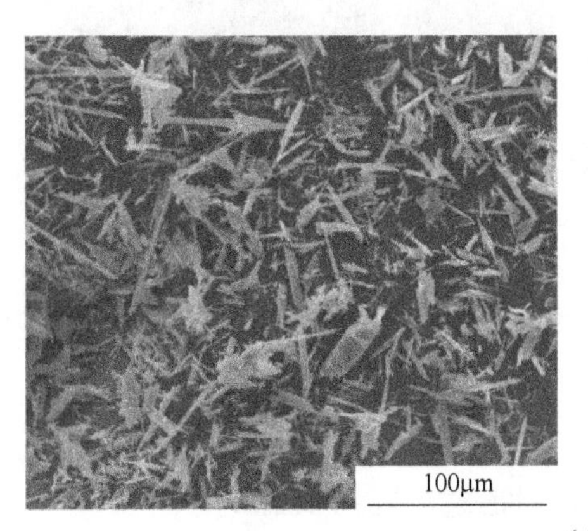

(a)

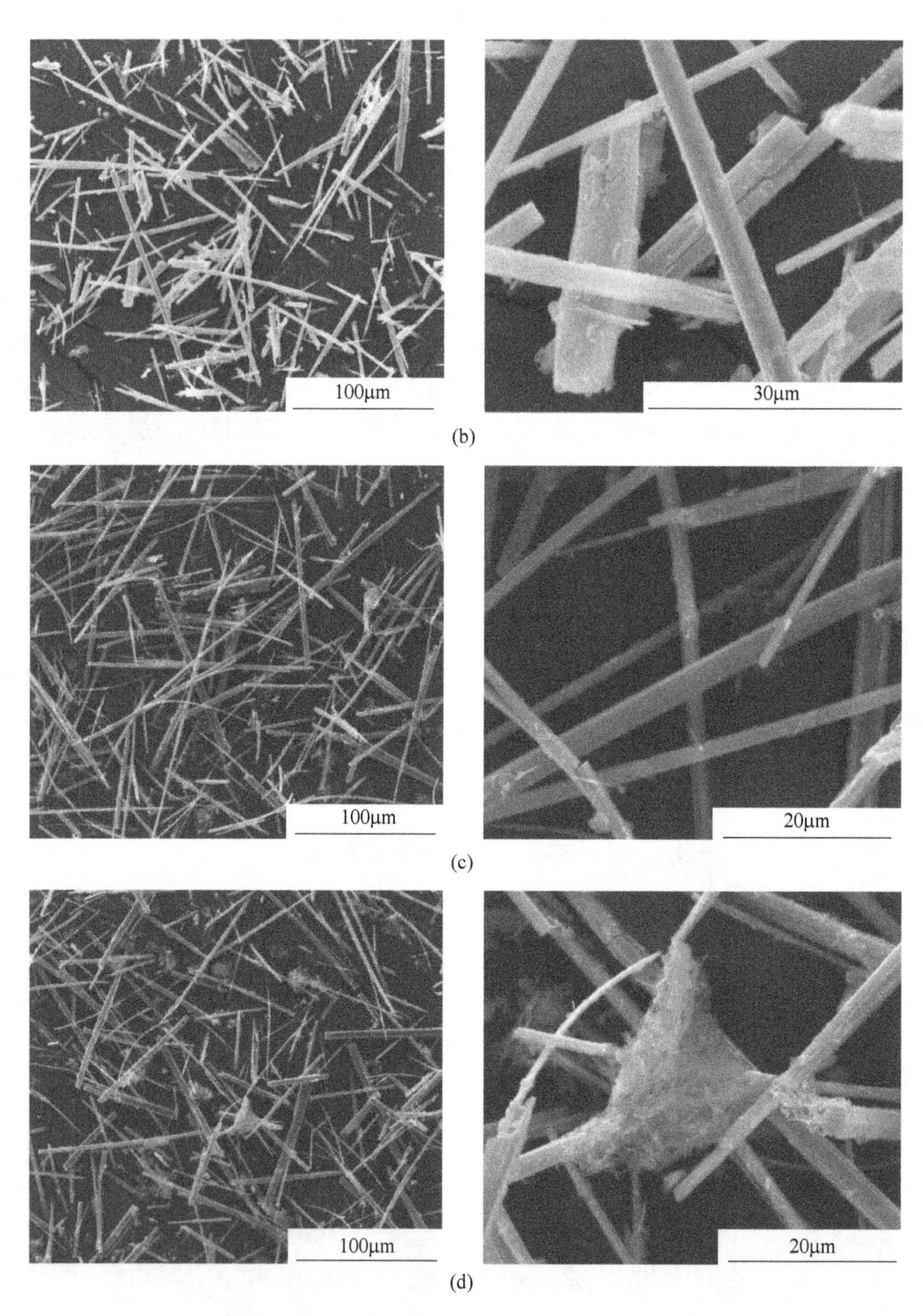

图 2.31　$Al_2(SO_4)_3$ 不同用量下制备的脱硫石膏晶须的 SEM 照片

(a) 0%；(b) 2.0%；(c) 3.0%；(d) 4.0%

入 $Al_2(SO_4)_3$ 时，以预处理后脱硫石膏为原料制备的脱硫石膏晶须，其结晶形貌呈针状、短柱状、颗粒状和无定形态的多样化共存。尽管有少量针状结晶发育为晶须形貌，但其长径比很小，且表面粗糙，裂纹、分层、沟壑等缺陷明显，结晶程度较差。当加入 2.0%的 $Al_2(SO_4)_3$ 时，晶须数量有所增加，然而颗粒状、短柱状结晶数量较多，且短柱状结晶较为粗大；尽管此时晶须结晶程度已有所改善，但晶须表面粗糙，存在明显的裂纹，并有少量无定形析出物附着在晶须表面。当加入 3.0%的 $Al_2(SO_4)_3$ 时，晶须数量和长度进一步增加，直径略有降低，但长度的增加和直径的减小均不明显，因而晶须长径比增长幅度也很小。此时产物中短柱状结晶数量明显减少，仅存在少量的颗粒状结晶，晶须表面较为光洁，结晶程度进一步提高，但晶须存在明显的断裂、“沟壑”状缺陷，仍有少量无定形析出物附着在晶须表面。进一步增加 $Al_2(SO_4)_3$ 的用量到 4.0%，晶须长度反而降低，直径继续增大；产物中晶须数量减少，并出现大量的絮状、无定形态、颗粒状产物与晶须共生现象，晶须结晶状况劣化。由此可见，以 $Al_2(SO_4)_3$ 为添加剂时，脱硫石膏晶须的结晶状况有所提高，但作用效果并不理想。

图 2.32 是以 $Al_2(SO_4)_3$ 为添加剂时不同用量下制备的脱硫石膏晶须试样的 XRD 图谱。由图可知，加入 $Al_2(SO_4)_3$ 后，试样的特征衍射峰强度虽有一定的增强，但增强幅度很不明显，表明水热产物的结晶状况并没有明显改善，这与 SEM 照片所反应的结果是一致的。与前述添加剂一样，加入 $Al_2(SO_4)_3$ 后，晶须的物相并不发生改变，仍呈半水石膏相。

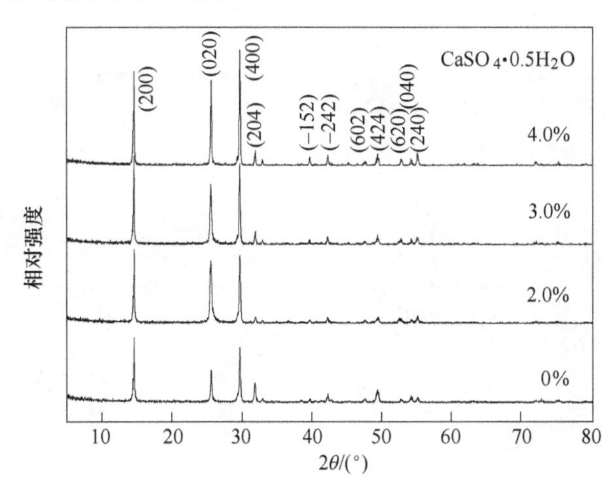

图 2.32 以 $Al_2(SO_4)_3$ 为添加剂时不同用量下制备的脱硫石膏晶须的 XRD 图谱

图 2.33 为 $AlCl_3$ 为添加剂时不同用量下制备的脱硫石膏晶须试样的 SEM 照片。结合图 2.31（a）可以发现，与不加添加剂相比，当加入 1.0%的 $AlCl_3$ 时，水热产物大部分为晶须，仅有少量的短柱状和束状结晶出现，但晶须的长度、直

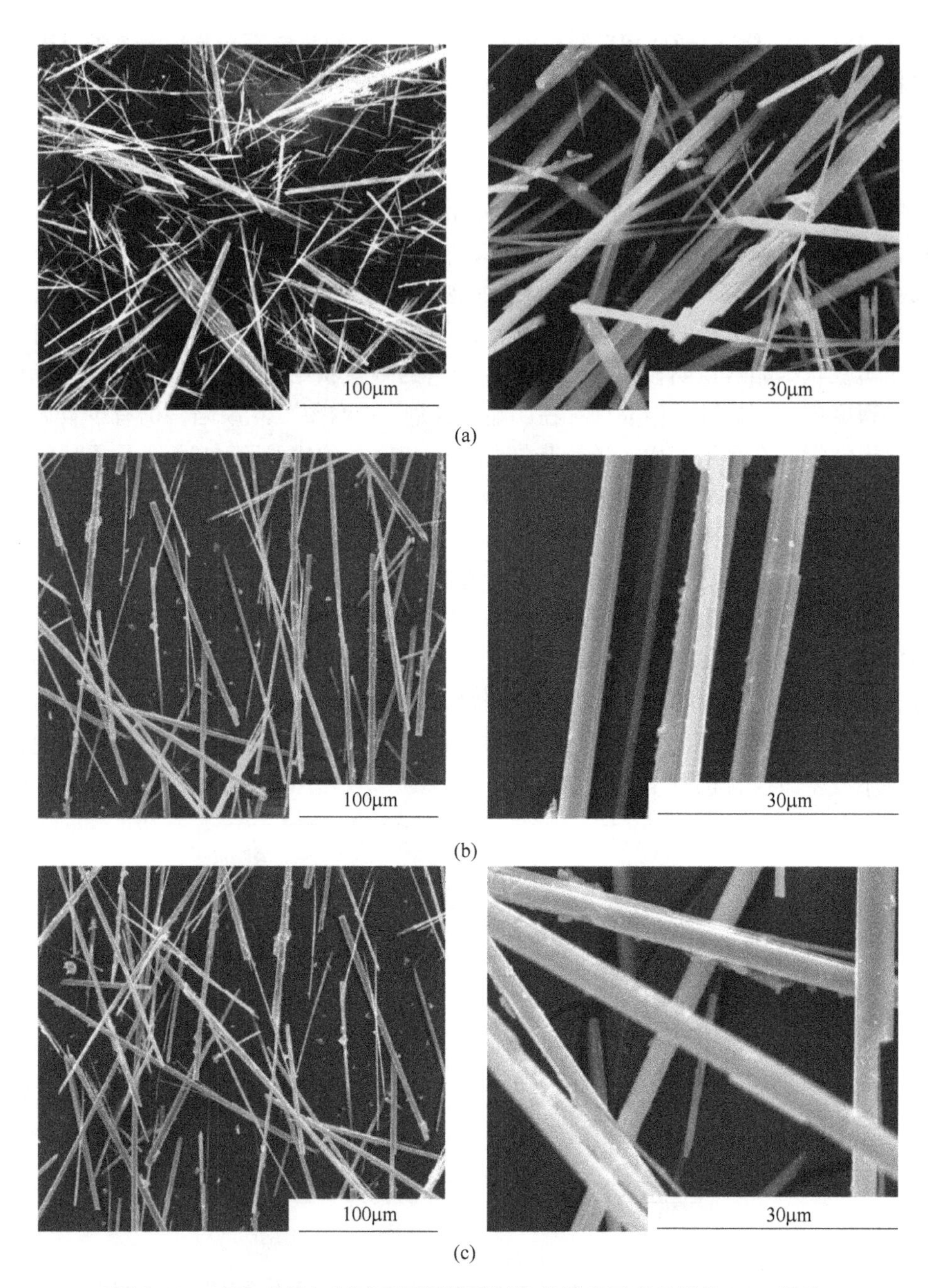

图 2.33 $AlCl_3$ 为添加剂时不同用量下制备的脱硫石膏晶须的 SEM 照片
(a) 1.0%；(b) 1.5%；(c) 2.0%

径差异较大，尤其是直径，较粗的晶须直径超过了 5μm，而较细的晶须直径却不足 1μm，且数量较多；此时晶须表面较为光洁，但仍存在较多的缺陷，其结晶程度有待提高。当加入1.5%的$AlCl_3$时，晶须直径略有增加，分布较为均匀，为2~4μm；其长度增加明显，大部分晶须长度达200μm以上，长径比有较大的增长；晶须表面变得更加光洁，但仍可见断裂与“沟壑”状缺陷和斑点状析出物附着在晶须表面的痕迹，且产物中清晰可见颗粒状析出物的存在。进一步增加$AlCl_3$的用量到2.0%，晶须表面仍较为光洁，但可见层状断裂缺陷存在和无定形析出物在晶须表面附着；晶须直径略有增加，长度有减小的趋势，故长径比有所降低。与$Al_2(SO_4)_3$添加剂相比，以$AlCl_3$为添加剂时制备的脱硫石膏晶须，其直径分布更加均匀，长径比更大，缺陷数量相对较少，晶须的结晶状况明显改善，其品质提高也更加明显。

图2.34是以$AlCl_3$为添加剂时制备的脱硫石膏晶须试样的XRD图谱，结果表明，以$AlCl_3$为添加剂时，晶须的物相也不发生改变，仍呈半水石膏相。结合图2.32可知，以$AlCl_3$为添加剂时制备的脱硫石膏晶须试样的特征衍射峰强度明显强于纯水和$Al_2(SO_4)_3$添加剂条件下所制备的试样，这表明水热产物的结晶状况得到了明显的改善，相应试样的SEM照片也证实了这一点。

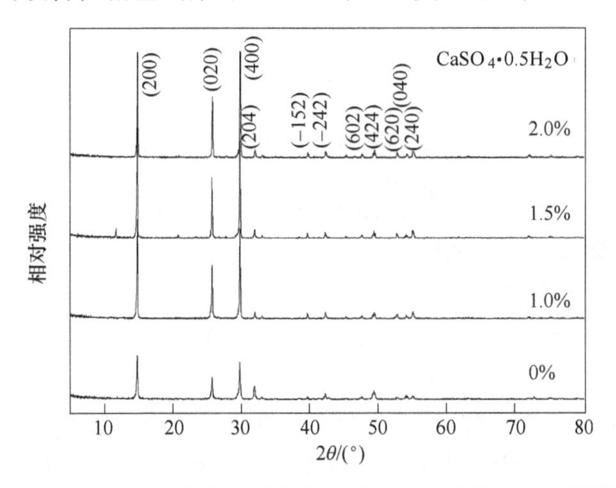

图2.34 $AlCl_3$为添加剂时制备的脱硫石膏晶须的XRD图谱

由于$Al_2(SO_4)_3$和$AlCl_3$均易溶于水，通常认为在纯水中Al^{3+}将发生水解，形成$Al(OH)_3$，其水解方程如式（2.6）所示。$Al_2(SO_4)_3$和$AlCl_3$水解后显酸性的原因。由于水解产生的$Al(OH)_3$数量极少，故其并不是以沉淀形式析出，而往往以胶态形式分布于溶液中。

$$Al^{3+} + 3H_2O \rightleftharpoons Al(OH)_3 + 3H^+ \tag{2.6}$$

对于$Al_2(SO_4)_3$，电离后将完全释放出所携带的SO_4^{2-}，使反应溶液中SO_4^{2-}浓度迅速增加，从而因同离子效应而降低了反应溶液中Ca^{2+}的浓度，表现为脱硫石膏溶解度降低。过低的Ca^{2+}浓度导致初次形核时构晶离子不足，有效晶核数量较低，大量晶须的形核与生长同时进行，导致早期形核的晶须因生长时间较长而变的粗大，形核较晚的晶须因生长时间较短而短小。随着 $Al_2(SO_4)_3$ 浓度的增加，离子间作用强度不断增加，各离子和水的活度不断降低，从而削弱了阴离子同离子效应的影响，表现为脱硫石膏的溶解度有增加的趋势，使得初期有效形核数量增加，晶须生长时间延长，晶须的长径比有所增加。但由于 $Al_2(SO_4)_3$ 电离后较强的阴离子同离子效应，这种对晶须结晶的改善是很有限的，因此，以 $Al_2(SO_4)_3$ 为添加剂时，所制备的水热产物结晶状况并没有明显改善。

对于 $AlCl_3$，虽然电离后不存在阴离子同离子效应的影响，但 Al^{3+} 除发生如式（2.6）所示水解外，更多的是以 $[Al(OH)]^{2+}$、$[Al(OH)_2]^{+}$、$[Al(OH)_3]^{0}$、$[Al(OH)_4]^{-}$、$[Al_3(OH)_4]^{5+}$、$[Al_{13}O_4(OH)_{24}(H_2O)_{12}]^{7+}$ 等复杂水和离子形态存在。随 $AlCl_3$ 用量的增加，这些水和离子的数量也不断增加，加之其携带的高电荷，使离子间作用强度迅速升高，从而导致脱硫石膏的溶解度迅速增加。同时，水和离子在溶液中数量的增加，将降低晶核的形核能垒，有助于有效晶核的形成，从而有利于促进晶须的形核与生长。以 $Al_2(SO_4)_3$ 为添加剂时，脱硫石膏晶须的结晶的改善也证实了这一点，同时也可以说明，阴离子同离子效应对晶须结晶的影响远远超过了阳离子所产生的影响。

2.4.2 $FeCl_3/Fe_2(SO_4)_3$ 对脱硫石膏晶须制备的影响

图 2.35 是 $Fe_2(SO_4)_3$ 不同用量下制备的脱硫石膏晶须的 SEM 照片。结合图 2.31（a）可以发现，与不加添加剂时制备的脱硫石膏晶须相比，加入 2.0%的 $Fe_2(SO_4)_3$ 后，大部分产物呈晶须状和短柱状结晶，仅见少量颗粒状结晶出现，但晶须直径差异较大，较粗的晶须直径约 8μm，较细的约 1μm，且晶须表面可见大量的“分叉”“沟壑”状缺陷和大小不等的无定形析出物，晶须品质较差。当加入 3.0%的 $Fe_2(SO_4)_3$ 时，晶须表面光洁度有所改善，但仍可见少量“沟壑”状缺陷出现；晶须长度进一步增加，而直径略有降低，但其差异仍然较大，与此同时，可以发现大量的短柱状、颗粒状结晶出现。因此，晶须的品质并没有质的提高。进一步增加 $Fe_2(SO_4)_3$ 的用量到 4.0%，晶须生长呈两级分化现象，一方面，晶须生长更加明显，长度更长，而直径变化不大，长径比变大，同时可见束状结晶出现；另一方面，短柱状结晶数量迅速减少，代之以大量的颗粒状和细小的纤维状结晶出现，晶须结晶状况反而有所下降。

由此可见，以 $Fe_2(SO_4)_3$ 为添加剂时，其用量对晶须的结晶也有明显的影响，可以在一定程度上改善脱硫石膏晶须的结晶，增加晶须的长径比，但并不能彻底改善晶须的结晶状况，提高其品质。

图 2.36 是以 $Fe_2(SO_4)_3$ 为添加剂时制备的脱硫石膏晶须的 XRD 图谱。加入 $Fe_2(SO_4)_3$ 后，试样的特征衍射峰强度有一定的增强，但增强幅度很不明显，表

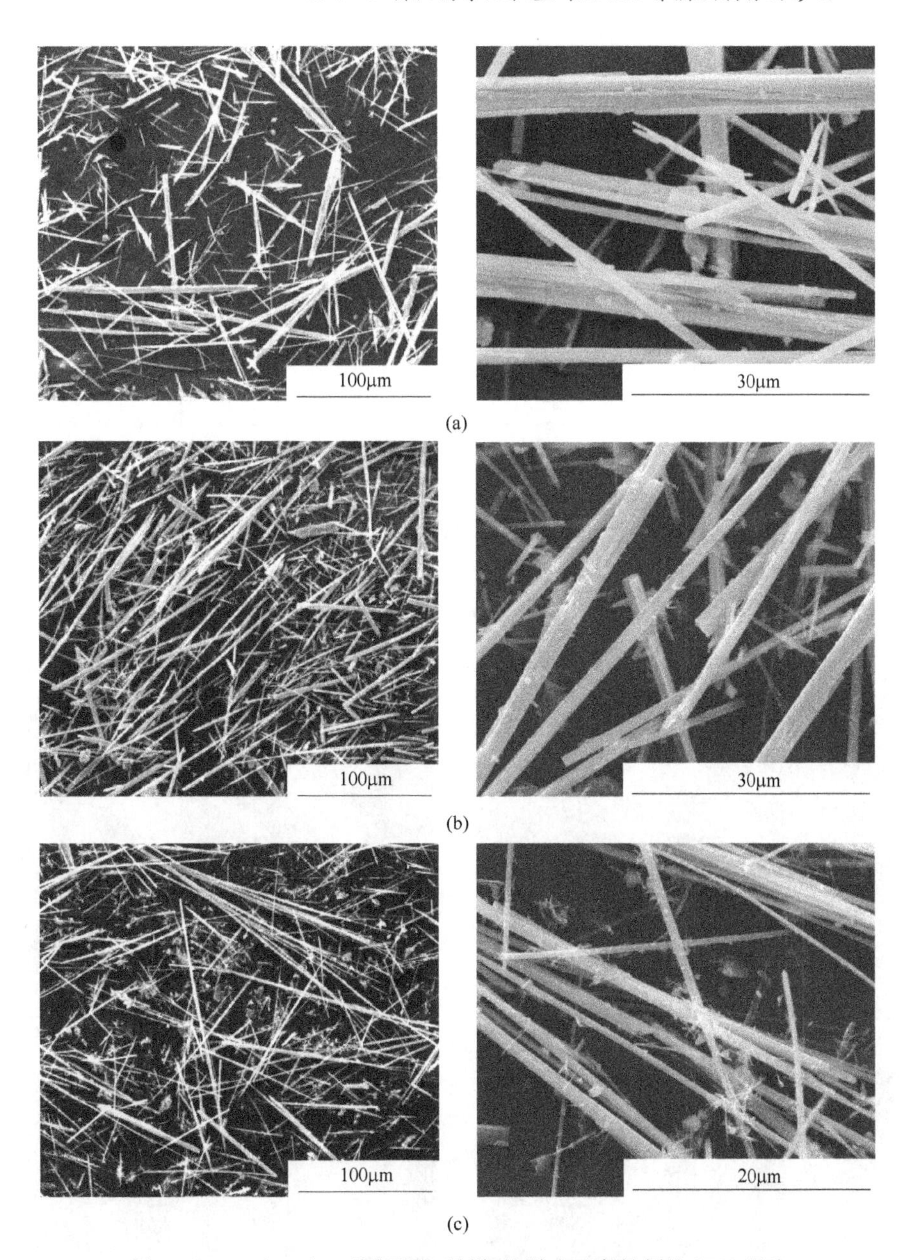

图 2.35 $Fe_2(SO_4)_3$ 不同用量下制备的脱硫石膏晶须的 SEM 照片
(a) 2.0%；(b) 3.0%；(c) 4.0%

明适量的 $Fe_2(SO_4)_3$ 虽对水热产物的结晶状况有一定的改善，但并不彻底，这与 $Al_2(SO_4)_3$ 对水热产物的结晶状况影响基本一致，相应的 SEM 照片也说明了这一点。与前述添加剂一样，加入 $Fe_2(SO_4)_3$ 后，尽管晶须的结晶状况有所改善，但物相并不发生改变，仍呈半水石膏相。

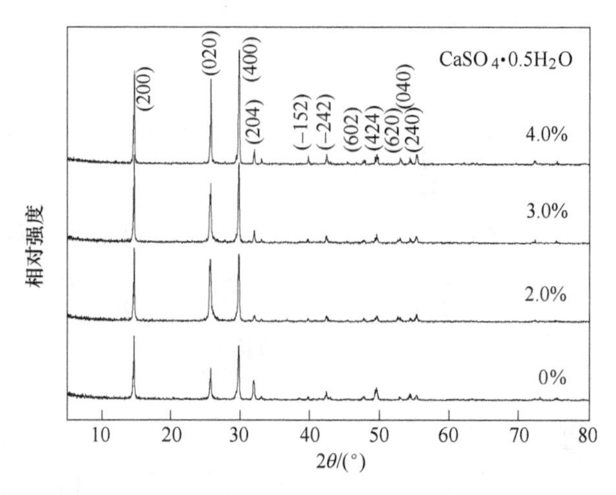

图 2.36　$Fe_2(SO_4)_3$ 为添加剂时制备的脱硫石膏晶须的 XRD 图谱

图 2.37 是 $FeCl_3$ 不同用量下制备的脱硫石膏晶须的 SEM 照片。结合图 2.31（a）

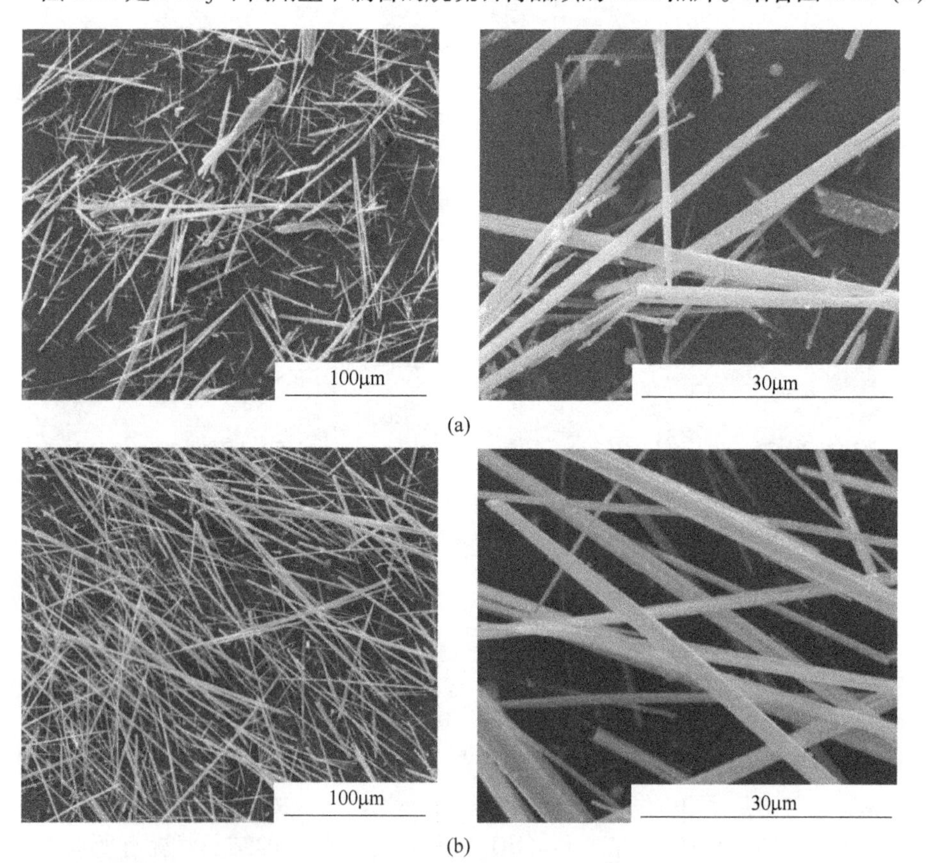

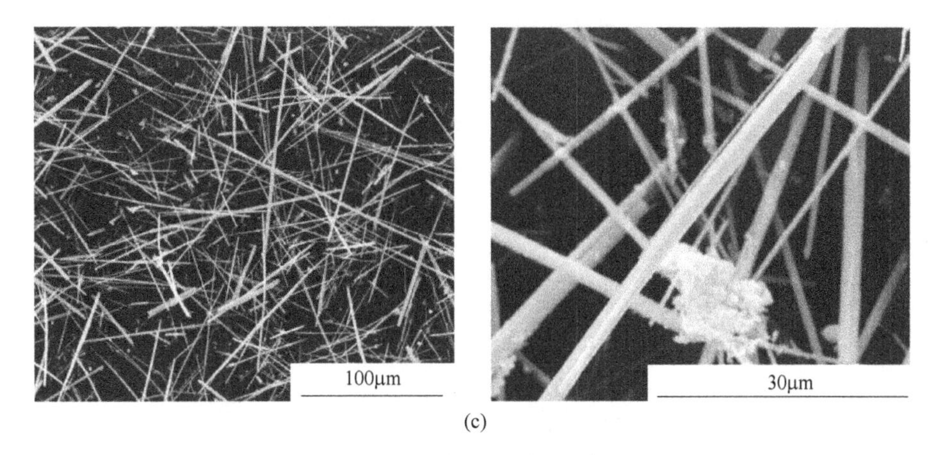

(c)

图 2.37 $FeCl_3$ 不同用量下制备的脱硫石膏晶须的 SEM 照片

(a) 1.8%；(b) 2.4%；(c) 3.0%

可以发现，与不加添加剂时制备的脱硫石膏晶须相比，当加入 1.8%的 $FeCl_3$ 时，水热产物几乎全部呈晶须状结晶，仅伴随有少量的短柱状和颗粒状结晶；但大部分晶须的长度较小，不足 100μm，仅有少量晶须长度超过 100μm，且晶须直径差异较大，表面粗糙，结晶程度仍有待提高。当加入 2.4%的 $FeCl_3$ 时，晶须长度明显增加，大部分晶须长度达 250μm 以上，而晶须直径增加并不明显，其分布更加均匀，为 1~5μm，故晶须长径比明显增加；此时，晶须表面光洁，无缺陷存在，仅见极少量细小的斑点状析出物附着在晶须表面，晶须品质有明显的提高。继续增加 $FeCl_3$ 的用量到 3.0%时，晶须生长呈两种不同的变化趋势。少部分晶须直径几乎没有变化，长度继续增加，超过了 300μm；而大部分晶须直径呈细化的趋势，仅约 1μm，但其长度也明显减小，仅约 100μm；粗细晶须的长度差异增大；与此同时，可以发现较多的短柱状、颗粒状结晶出现，晶须结晶缺陷数量明显增加，并出现较大的无定形析出物附着在晶须表面，晶须的结晶状况反而恶化。与 $Fe_2(SO_4)_3$ 相比，$FeCl_3$ 用量对脱硫石膏晶须结晶与品质的影响更加敏感，在适量 $FeCl_3$ 条件下所制备的晶须具有更大的长径比，缺陷数量相对较少，晶须结晶状况也明显改善，品质更加优异。

图 2.38 是以 $FeCl_3$ 为添加剂时制备的脱硫石膏晶须的 XRD 图谱。结合图 2.36 可知，以 $FeCl_3$ 为添加剂时，晶须试样特征衍射峰强度明显强于纯水和 $Fe_2(SO_4)_3$ 为添加剂的条件下所制备的试样。这表明，与 $Fe_2(SO_4)_3$ 相比，$FeCl_3$ 更有利于促进脱硫石膏晶须的结晶，相应试样的 SEM 照片也证实了这一点。与前述添加剂一样，加入 $FeCl_3$ 后，晶须的物相并不发生改变，仍呈半水石膏相。

$FeCl_3$ 易溶于水，与 $FeCl_3$ 相比，$Fe_2(SO_4)_3$ 在水中溶解较为缓慢，但由于其在反应溶液中含量较少（约 1g/L），在搅拌过程中，仍然可以完全溶解。

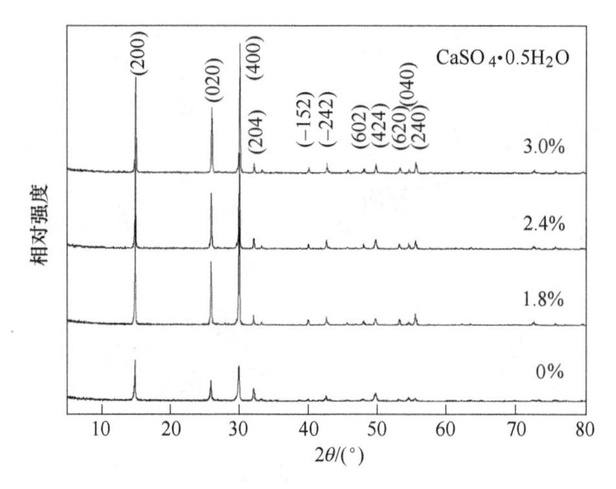

图 2.38 $FeCl_3$ 为添加剂时制备的脱硫石膏晶须的 XRD 图谱

与 $Al_2(SO_4)_3$ 和 $AlCl_3$ 一样，$Fe_2(SO_4)_3$ 和 $FeCl_3$ 溶解后将发生水解，其水解方程如式（2.7）所示。由于水解产生的 $Fe(OH)_3$ 数量极少，故其并不以沉淀形式析出，而往往以胶态形式分布于溶液中。与铝盐相同，铁盐水解后溶液也显酸性。

$$Fe^{3+} + 3H_2O \rightleftharpoons Fe(OH)_3 + 3H^+ \tag{2.7}$$

2.4.3 三价阳离子无机盐对脱硫石膏晶须长径比的影响

图 2.39 是以三价盐为添加剂时，其用量与脱硫石膏晶须长径比的关系曲线。结合三价盐为添加剂时产物的 SEM 照片可知，随添加剂种类和添加量的不同，晶须长径比差异较大。由图 2.39 可知，对于所研究的四种三价盐，随着盐含量的增加，晶须长径比均呈先增加后减小的变化趋势，但对于不同的盐，其用量对晶须长径比的影响也有所不同。

以 $Al_2(SO_4)_3$ 或 $Fe_2(SO_4)_3$ 为添加剂时，晶须的长径比虽有提高，但幅度很小；当 $Al_2(SO_4)_3$、$Fe_2(SO_4)_3$ 用量为 2.0%时，其长径比均达最大值，分别为 25 和 20，这再次说明，两者对促进晶须的结晶生长影响很小。以 $AlCl_3$ 或 $FeCl_3$ 为添加剂时，晶须的长径比则有明显的提高，且其用量较相应的硫酸盐更少；当 $AlCl_3$ 用量为 1.5%，$FeCl_3$ 用量为 1.8%时，所制备的晶须具有较大的长径比，分别可达 85 和 80。相比三价硫酸盐而言，三价氯盐用量较小，而所制备的晶须长径比较大，其对晶须结晶影响的作用效果更加明显。

与所研究的大部分一价、二价盐为添加剂时相比，三价盐为添加剂对脱硫石膏晶须长径比的影响与一价、二价盐基本一致，即随添加剂用量的增加，晶须长径比先增加，后减小。对于硫酸盐，其用量小于一价盐的用量，但又比二价盐用量高。对于氯盐，其用量小于一价盐的用量，但与二价盐相比，又存在一定的差

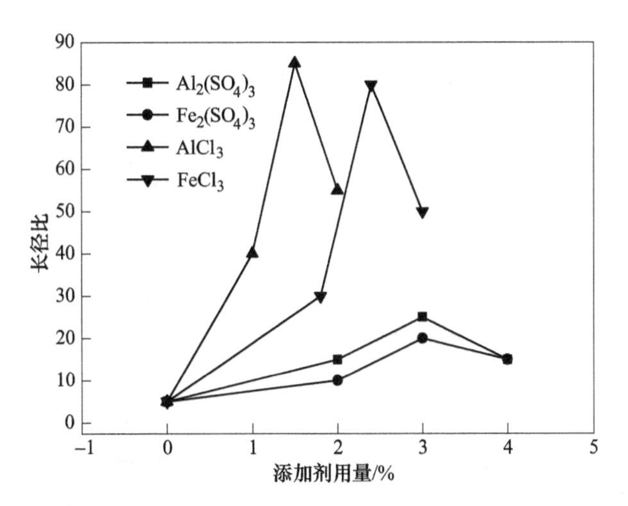

图 2.39 添加剂用量与脱硫石膏晶须长径比的关系曲线

异。其中，$AlCl_3$ 用量与二价盐相同，而 $FeCl_3$ 用量有所增加，略高于二价盐。

由此可见，以三价硫酸盐、氯盐为添加剂时，添加剂的种类和用量对晶须的结晶生长也有明显的影响。

2.4.4 三价阳离子无机盐对脱硫石膏溶解特性的影响

表 2.10 为脱硫石膏制备晶须时，不同三价盐用量对脱硫石膏溶解度的影响

表 2.10 三价阳离子无机盐为添加剂时脱硫石膏的溶解度

添加剂	浓度（质量分数）/%	溶液温度/℃			
		25	50	75	100
$Al_2(SO_4)_3$	0	2.027	1.606	1.902	1.856
	2	1.718	1.89	1.816	1.775
	3	1.785	1.823	1.907	1.772
	4	1.790	1.943	1.862	1.742
$AlCl_3$	1	1.856	2.201	2.263	1.719
	1.5	1.969	2.333	2.338	1.775
	2	2.239	2.346	2.451	2.234
$Fe_2(SO_4)_3$	2	1.721	2.066	1.719	1.997
	3	1.780	1.795	1.693	1.658
	4	1.892	1.854	1.709	1.984
$FeCl_3$	1.2	1.724	2.331	2.366	2.300
	1	2.333	2.522	2.563	2.397
	2.4	2.285	2.780	2.685	2.530

由表 2.10 可知，加入 $Al_2(SO_4)_3$、$AlCl_3$ 后，在 25℃时，脱硫石膏的溶解度均随其用量的增加呈先降低后增加的趋势，但在 $Al_2(SO_4)_3$ 溶液中，这种变化的幅度较小；在 $AlCl_3$ 浓度小于 1.5%时，这种变化幅度也很小；当 $AlCl_3$ 浓度达到 2%时，脱硫石膏的溶解度则急剧增加。在 50℃时，两种盐均增加了脱硫石膏的溶解度，但 $AlCl_3$ 的作用效果更加明显。在 75℃，随 $Al_2(SO_4)_3$ 用量的增加，脱硫石膏的溶解度呈先降低后增加，再缓慢降低的趋势；而随 $AlCl_3$ 用量的增加，脱硫石膏的溶解度则迅速增加。在 100℃时，脱硫石膏的溶解度随 $Al_2(SO_4)_3$ 用量的增加而逐渐降低，但降低趋势逐渐减缓；而随 $AlCl_3$ 用量的增加，其溶解度先缓慢增加，在 $AlCl_3$ 浓度超过 1.5%后则迅速增加。

相比而言，以 $Al_2(SO_4)_3$ 为添加剂时，脱硫石膏的溶解度明显小于 $AlCl_3$ 为添加剂时，但与其他氯盐相比，脱硫石膏在 $AlCl_3$ 中的溶解度明显有升高的趋势。这表明阴离子同离子效应对脱硫石膏的影响远强于离子间作用强度，但在没有阴离子同离子效应影响的情况下，离子间作用强度对脱硫石膏的影响将被明显体现出来。因此，与一价、二价盐相比，相同摩尔浓度条件下，$Al_2(SO_4)_3$、$AlCl_3$ 水解后将产生更多的阴阳离子，且水解产生的 Al^{3+} 具有更高的电价和更小的离子半径（rAl^{3+} = 0.0535nm），这将使溶液中离子浓度和离子间作用强度大大增加，水的活度减小。因此，以三价盐为添加剂时，脱硫石膏的溶解度高于同类的一价和二价盐。

由于 $Fe_2(SO_4)_3$、$FeCl_3$ 对脱硫石膏溶解度的影响及影响机制与 $Al_2(SO_4)_3$、$AlCl_3$ 类似，故不再赘述。

综合前述实验结果和分析可见，随添加剂的不同，引起脱硫石膏溶解度变化的原因也有所差异，且随着阳离子价态的升高，对脱硫石膏溶解度影响也更加复杂。

2.5　无机盐种类及用量对杂质聚集状态的影响

根据不同条件下制备的晶须 SEM 照片，仔细对比晶须表面结构及表面杂质聚集状态，对不同无机盐条件下制备的晶须中典型的杂质聚集状态进行了分析。图 2.40 是 NaCl 为添加剂时脱硫石膏晶须的 SEM 照片和 EDS 分析图谱，能谱分析结果见表 2.11。对于 NaCl 为添加剂时，尽管晶须结晶良好，其表面较为光洁，但在高倍放大，可以清楚地发现，其表面附着有厚度不均的斑点状析出物。能谱分析表明：斑点状析出物中除石膏组元 Ca、S、O 外，还含有 Al、Si 杂质，而晶须基体全部为 Ca、S、O 组元。由各组元含量可以发现，斑点状析出物中 Ca、S、O 组元含量与 $CaSO_4 \cdot 2H_2O$ 中各组元含量相当（理论上 $CaSO_4 \cdot 2H_2O$ 中 Ca、S、O 含量分别为 23.26%、18.6%、55.81%），而晶须基体中 Ca、S、O 组元含量与 $CaSO_4 \cdot 0.5H_2O$ 中各组元含量相当（理论上 $CaSO_4 \cdot 0.5H_2O$ 中 Ca、S、O 含量分别为 27.59%、22.07%、49.66%）。由于溶液中的 Al、Si 杂质降低了二水石膏形核所需能量，影响了石膏的正常形核与生长，随着保温结束，溶液体系温度的降低，导致含有一定量杂质的二水石膏呈斑点状析出物附着在晶须的表面。这再次说明，脱硫石膏的品质和预处理深度对脱硫石膏晶须的制备及晶须的品质有着重要的影响。

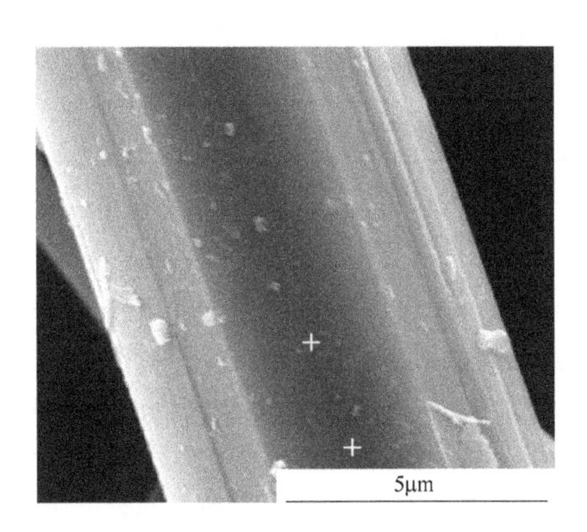

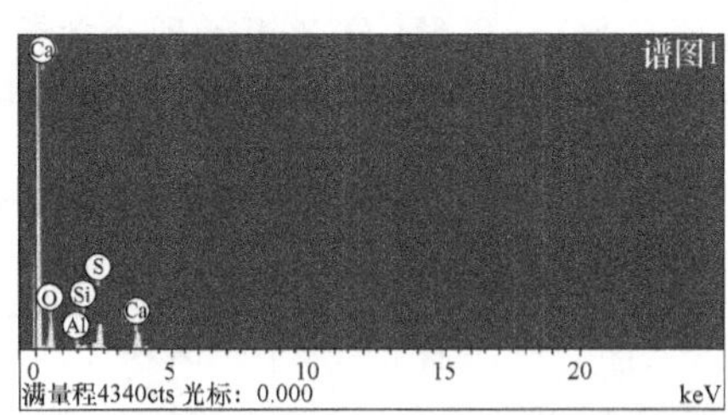

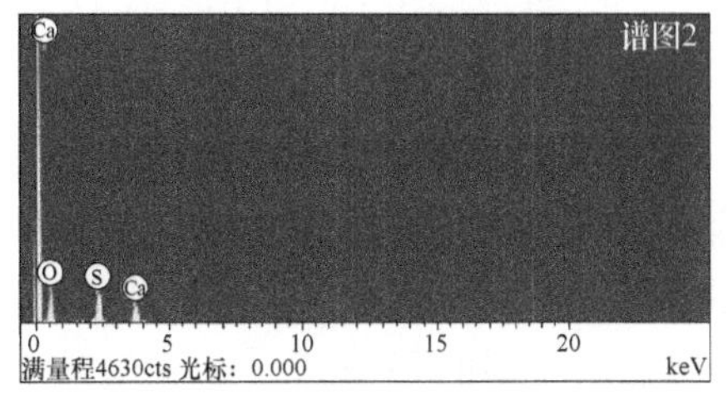

图 2.40 NaCl 为添加剂时制备产物的 SEM/EDS 分析

表 2.11 NaCl 为添加剂时制备产物的 EDS 分析结果

组成		O	S	Ca	Al	Si
含量（质量分数）/%	析出物	60.46	14.84	21.12	1.56	2.02
	晶须	50.26	21.99	27.75		

图 2.41 是 $CuCl_2$ 为添加剂时脱硫石膏晶须的 SEM 照片和 EDS 分析图谱。以

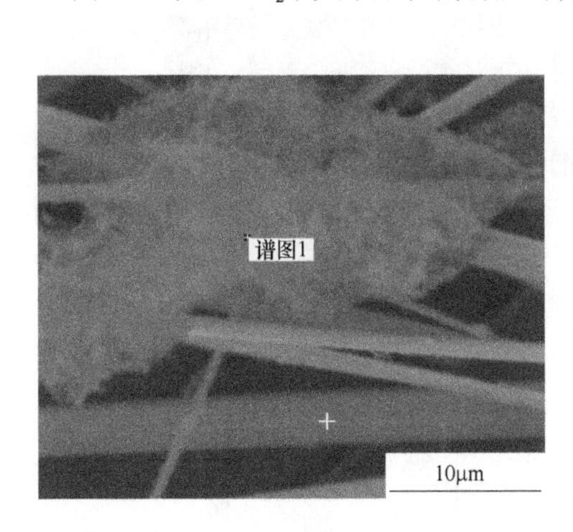

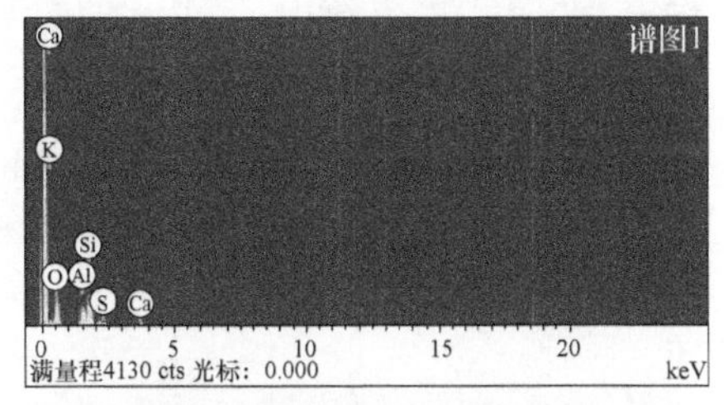

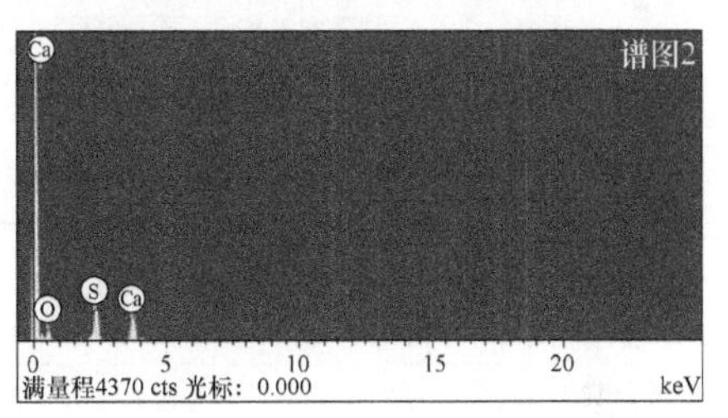

图 2.41 $CuCl_2$ 为添加剂时制备产物的 SEM/EDS 分析

$CuCl_2$ 为添加剂时，晶须结晶良好，表面光洁，斑点状析出物极少，但可见少量絮状析出物出现。表 2.12 絮状析出物与晶须基体能谱分析结果表明：除石膏组元 Ca、S、O 外，还含有较多的 Al、Si 杂质，而晶须基体全部为 Ca、S、O 组元，且与 $CaSO_4 \cdot 0.5H_2O$ 各组元理论含量相当。结合图 2.40 可以发现，絮状析出物 Al、Si 杂质的含量高于斑点状析出物杂质，但其数量远少于斑点状析出物。

表 2.12　$CuCl_2$ 为添加剂时制备产物的 EDS 分析结果

组成		O	S	Ca	Al	Si
含量（质量分数）/%	析出物	64.81	9.71	13.68	5.10	7.09
	晶须	50.44	20.97	26.71		

图 2.42 是 $AlCl_3$ 为添加剂时脱硫石膏晶须的 SEM 照片和 EDS 分析图谱。以 $AlCl_3$ 为添加剂时，晶须直径较小，表面较为光洁，但可见少量块状析出物出现。表 2.13 块状析出物能谱分析结果与斑点状、絮状析出物组元相同，但各组元含量不同，Al、Si 杂质含量较斑点状析出物高，而与絮状析出物大体一致；晶须基体亦含有少量的 Si 杂质，Ca、S、O 组元含量略有降低，但仍与 $CaSO_4 \cdot 0.5H_2O$ 各组元含量比例大体一致。

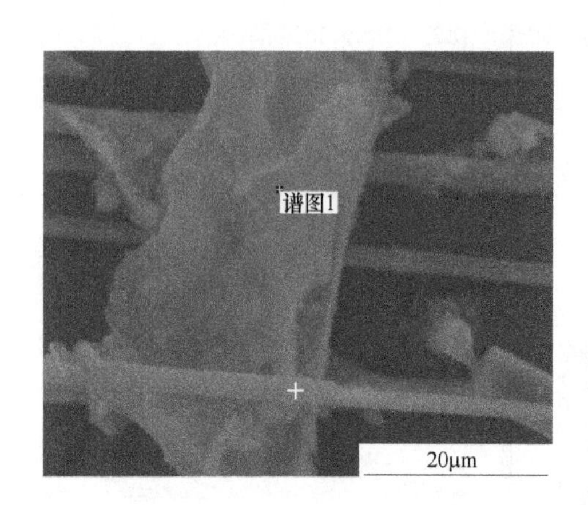

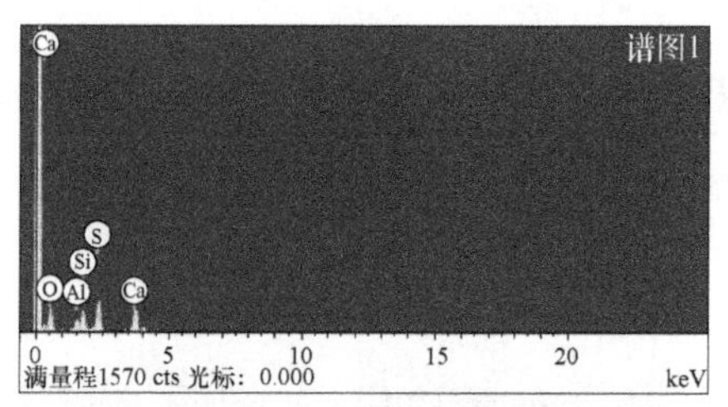

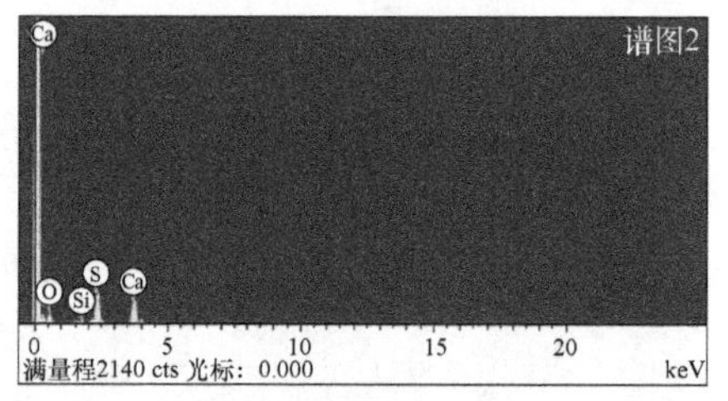

图 2.42　$AlCl_3$ 为添加剂时制备产物的 SEM/EDS 分析

表 2.13　$AlCl_3$ 为添加剂时制备产物的 EDS 分析结果

组成		O	S	Ca	Al	Si
含量（质量分数）/%	析出物	56.63	12.95	16.83	4.86	8.73
	晶须	50.67	21.24	26.51		1.58

图2.43是$FeCl_3$为添加剂时脱硫石膏晶须的SEM照片和EDS分析图谱。以$FeCl_3$为添加剂时，晶须表面也较为光洁，但明显可见少量斑点状析出物和体积较大的无定形态析出物。表2.14无定形态析出物能谱分析结果表明：除前述杂质组元外，还含有较多的Fe，这可能与加入含Fe添加剂有关；由于Ca、S组元含量极低，说明无定形态析出物几乎不含石膏结晶体，完全由Al、Si和Fe的化合物组成；而晶须基体Ca、S、O组元含量仍与$CaSO_4 \cdot 0.5H_2O$各组元含量基本一致。

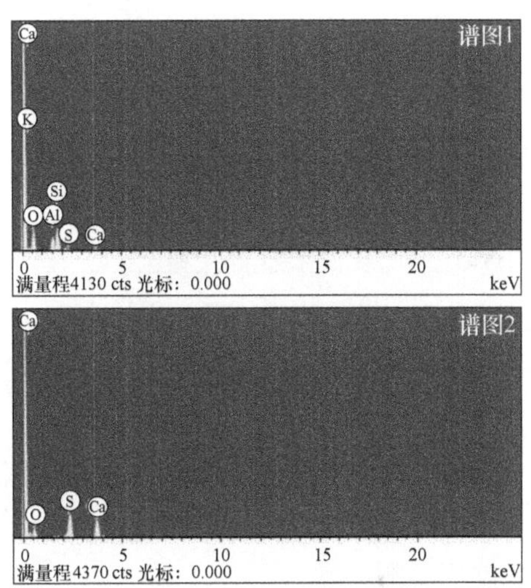

图2.43 $FeCl_3$为添加剂时制备产物的SEM/EDS分析

表2.14 $FeCl_3$为添加剂时制备产物的EDS分析结果

组成		O	S	Ca	Al	Si	Fe
含量（质量分数）/%	析出物	57.97	1.20	2.28	11.98	22.16	4.41
	晶须	50.72	21.45	27.83			

综合表2.11~表2.14可以发现：斑点状析出物杂质为Al、Si，其含量较少，絮状、块状析出物Al、Si杂质的含量高于斑点状析出物杂质，而无定形态析出物除含有更高的Al、Si杂质，还含有较多的Fe杂质。不同添加剂对脱硫石膏中Al、Si和Fe的聚集状态有着明显的影响，结合前述SEM照片和对试验中杂质聚集状态的观察分析，不同添加剂条件下制备的脱硫石膏晶须中杂质聚集状态及其数量分析列于表2.15。

表 2.15 添加剂种类与脱硫石膏晶须中杂质聚集状态及其数量分析

添加剂类型		杂质聚集状态与数量分析			
		斑点状	絮状	块状	无定形
硫酸盐	K	较多	—	—	极少
	Na	较多	—	—	极少
	Mg	极少	—	—	极少
	Cu	极少	少量	—	—
	Al	极少	极少	少量	少量
	Fe	极少	极少	少量	少量
氯盐	K	较多	—	—	极少
	Na	极少	—	—	极少
	Mg	极少	—	—	极少
	Cu	极少	极少	—	—
	Al	极少	—	少量	少量
	Fe	极少	—	少量	少量

注:“—”表示未发现。

由此可见，添加剂种类不仅对脱硫石膏晶须形貌有较大的影响，还对原料中杂质的聚集状态有一定的影响，这对控制脱硫石膏晶须的形貌，改善其品质有着重要的影响。

2.6 影响脱硫石膏晶须品质因素分析

综合分析本节无机盐对脱硫石膏溶解特性、晶须制备技术、结晶状况、长径比、品质等方面的影响，无机盐类型与用量对晶须结晶影响由强到弱呈以下规律。

（1）化学稳定性。所用的添加剂在反应溶液体系中，不会与溶剂、溶质、其他添加剂或全部体系组分发生化学反应，生成新的化合物，从而影响晶须的结晶和品质。如本节中，以 KCl 为添加剂时，因其与石膏发生复盐反应，使晶须结晶较差，生成的复盐附着在晶须表面，降低了晶须的品质。

（2）同离子效应。尤其是阴离子同离子效应将极大地降低了脱硫石膏的溶解度，导致晶须形核与生长过程中，反应溶液中 Ca^{2+} 浓度较低，晶须形核与生长困难，且晶须形核与生长同时进行，使得所制备的晶须直径与长径比差异较大，而平均长径比较小。

（3）非水合游离阳离子数量。无机盐水解后，只有以游离态的非水合阳离子存在时，才能有效地促进 Ca^{2+} 的去溶剂化析晶；若其水解后更多的是以液态分子或复杂水合离子的形式存在，将降低或很难发挥添加剂的作用。

（4）阴离子结构（具体内容见第3章）。阴离子结构对晶须结晶过程中，结构基元的传输及其生长具有重要影响，如 NO^{3-} 平面三角结构将阻碍 Ca^{2+} 和 SO_4^{2-} 的移动和晶须的生长。

总之，无机盐阴离子对脱硫石膏溶解度和晶须品质的影响远大于阳离子，无机盐类型与用量对晶须结晶影响呈化学稳定性>同离子效应>阴离子结构>非水合游离阳离子数量的作用规律。

2.7 本章小结

（1）以预处理后的电厂湿法脱硫石膏为原料，加入无机盐添加剂，以 H_2SO_4 调节反应溶液 pH 值，采用水热法可以制备出具有一定长径比的半水脱硫石膏晶须；添加剂的类型和用量对晶须形貌影响较大，但对物相组成影响不大，仍呈半水石膏相。

（2）相比而言，一价阳离子无机盐用量较高，制备的晶须直径较粗，长径比较小；二价、三价阳离子无机盐用量较小，制备的晶须直径较细，长径比较大；除 $MgSO_4$ 外，氯盐对脱硫石膏晶须结晶调控效果更加明显，晶须品质相对较优。

（3）无机盐类型不同，杂质在晶须表面的存在形式有所不同。当以一价盐为添加剂时，杂质在晶须表面主要以斑点状析出物为主，以二价盐为添加剂时，杂质在晶须表面主要以絮状析出物为主，以三价盐为添加剂时，杂质在晶须表面主要以无定型块状析出物为主。

（4）无机盐阴离子对脱硫石膏溶解度和晶须品质的影响远大于阳离子，无机盐类型与用量对晶须结晶影响呈化学稳定性>同离子效应>阴离子结构>非水合游离阳离子数量的作用规律。

3 无机盐作用机理及其对晶须晶体结构的影响

由于试验所用添加剂均为强电解质无机盐，加入反应溶液中，将发生完全电离，电离后的阴阳离子必然改变溶液的组成并对晶须的形核与结晶产生影响。S. K. Hamdona 等研究了 Cd^{2+}、Cu^{2+}、Mg^{2+}和 Fe^{3+}对 $CaCl_2$-$NaSO_4$-H_2O 溶液体系中二水石膏结晶的影响，指出金属离子降低了二水石膏的结晶速率，阻碍了二水石膏的结晶。Guan 等也研究了 Mg^{2+}对该溶液体系中二水石膏结晶形核时间、形核速率及产物形貌的影响。然而，已有的对石膏结晶形貌的控制研究，大多以高纯度化学试剂为原料，均为易溶物质（如 $CaCl_2$、$NaSO_4$），主要通过控制反应液的过饱和度而实现对石膏结晶的控制；加入添加剂的目的是为了抑制石膏向晶须状生长，使所制备的产物呈短柱状的 α 高强石膏；而利用脱硫石膏制备晶须时，加入添加剂则是为了促进石膏向晶须状生长。脱硫石膏为微溶物质，以其为原料制备脱硫石膏晶须时，根据晶须制备关键工艺参数分析可以发现，溶液体系处于较低浓度的酸性无机盐溶液中，这与已报道的石膏结晶环境具有较大的差异。因此，在脱硫石膏晶须制备过程中，通过添加剂对晶须显微结构、脱硫石膏溶解度和反应溶液组成影响的系统研究，对提高晶须的品质，控制其结晶过程具有重要的意义。此外，第 2 章研究结果表明，添加剂种类与用量对脱硫石膏晶须结晶形貌、物相、长径比和脱硫石膏溶解度都有一定影响，相比而言，无机铜盐调控效果较为明显；在阴离子一定的情况下，不同价态阳离子调控效果也不相同。

基于此，本章重点研究 H_2SO_4-$CuSO_4$-H_2O、H_2SO_4-$CuCl_2$-H_2O、H_2SO_4-$Cu(NO_3)_2$-H_2O 体系和 H_2SO_4-$NaCl$-H_2O、H_2SO_4-$CuCl_2$-H_2O、H_2SO_4-$AlCl_3$-H_2O 体系下阴阳离子对脱硫石膏晶须结晶影响和调控效果，并揭示其作用机理。

3.1 铜盐-水体系中脱硫石膏的溶解行为

Cu^{2+}易与溶液中的 OH^-配位生成 $Cu(OH)^+$，甚至生成 $Cu(OH)_2$ 沉淀，这不仅会降低溶液的水活度，还会减小溶液的 pH 值，从而会在一定程度上促进脱硫石膏的溶解。在 Cu^{2+}作用的基础上，为阐明阴离子对脱硫石膏溶解度的影响，本节在 95℃条件下分别讨论脱硫石膏及 DH 在铜盐-水体系中的溶解度，并通过不同原料的对比说明杂质离子等对石膏溶解过程的影响，以期厘清铜盐中阴阳离子对石膏溶解度的影响，阐明阴离子在脱硫石膏溶解过程中的作用机理。

脱硫石膏的主要成分是 $CaSO_4 \cdot 2H_2O$，溶解过程见式（3.1）。其溶度积计算及 Ca^{2+}浓度计算公式如式（3.2）和式（3.3）所示。

$$CaSO_4 \cdot 2H_2O \rightleftharpoons Ca^{2+} + SO_4^{2-} + 2H_2O \tag{3.1}$$

$$K_{sp}^0 = (m_{Ca^{2+}}\gamma^{2+})(m_{SO_4^{2-}} - \gamma_{SO_4^{2-}})(\alpha_{H_2O})^2 = (m_{Ca^{2+}} + m_{SO_4^{2-}})\gamma_{\pm(CaSO_4)}^2(\alpha_{H_2O})^2 \tag{3.2}$$

$$m_{Ca^{2+}} = \frac{K_{sp}^0}{m_{SO_4^{2-}}\gamma_{\pm(CaSO_4)}^2(\alpha_{H_2O})^2} \tag{3.3}$$

式中，K_{sp}^0为 DH 溶度积；m 为离子摩尔浓度；γ 为离子活度系数；$\gamma_{\pm CaSO_4}$为硫酸钙的平均活度系数；α_{H_2O}为水活度。

由于溶液中未引入其他 Ca^{2+}，因此可用溶液中 Ca^{2+}浓度表示脱硫石膏的溶解度。由式（3.3）可以看出，在脱硫石膏的溶解度与溶液的 SO_4^{2-} 浓度、硫酸钙平均活度系数、水活度有关。随着溶液中离子浓度的增大，其离子强度也随之增大，具体变化规律见式（3.4）。

$$I = \frac{1}{2}\sum z_i^2 m_i \tag{3.4}$$

式中，I 为溶液的离子强度；z_i 为 i 离子的电荷数；m_i 为 i 离子的浓度。

根据 Debye-Hückel 公式可知，溶液中离子的活度系数随溶液离子强度的增大而降低。Debye-Hückel 公式见式（3.5）。

$$\lg\gamma_i = -0.510z_i^2 I^{0.5} \tag{3.5}$$

式中，γ_i 为离子 i 的活度系数。由此可见，随着溶液中离子浓度的升高，必将导致各离子的活度系数降低。此外，离子浓度的增大还会降低溶液的水活度。

3.1.1 氯化铜对脱硫石膏溶解度的影响

为了解脱硫石膏在氯化铜-水体系中的溶解性，以探明 95℃条件下 Cl^-对脱硫石膏溶解行为的影响，对脱硫石膏上清液的电导率进行了测定，结果见图 3.1。

如图 3.1 所示，脱硫石膏上清液（a）和氯化铜溶液（b）的电导率均随氯化铜浓度的增大呈上升趋势，其中氯化铜溶液的电导率与氯化铜浓度基本呈线性变化规律，可见溶液的电导率与溶液中离子浓度成正比。脱硫石膏电离产生的电导率增量（c）（c 的数值等于 a 与 b 的差值，后同）随着氯化铜浓度的增大而增大，由氯化铜浓度为 0.00mol/L 时的 1.670mS/cm 增大至 6.25×10^{-3}mol/L 时的 1.854mS/cm，相比增大了 11.02%。这说明脱硫石膏的溶解度随氯化铜浓度的增大而增大，氯化铜对脱硫石膏有促溶作用。

结合式（3.4）、式（3.5）可知，随着氯化铜浓度的增大，其电离产生的 Cl^-也随之增多，这将导致溶液的离子强度 I 增大，从而降低溶液中各离子的活度系数。由式（3.3）可知，溶液离子活度系数的降低会增大溶液中 Ca^{2+}的浓度，

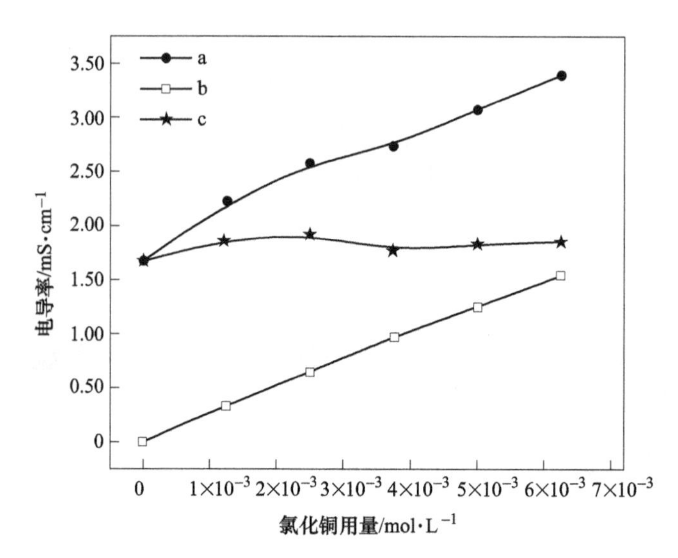

图 3.1 氯化铜浓度对脱硫石膏溶液电导率的影响

a—$CaSO_4 \cdot 2H_2O$+$CuCl_2$；b—$CuCl_2$；c—$CaSO_4 \cdot 2H_2O$

促进脱硫石膏的溶解，这与离子的盐效应相似。在脱硫石膏饱和溶液中，脱硫石膏的溶解与二水石膏晶体的生成同时发生且速率相等，而 Cl^- 会通过静电作用在溶液中的 Ca^{2+} 周围吸附并形成离子氛，在一定程度上阻碍 SO_4^{2-} 与 Ca^{2+} 发生有效碰撞，降低二水石膏沉淀的生成速率，打破脱硫石膏的溶解-沉淀平衡，从而促使脱硫石膏继续溶解，即 Cl^- 可因盐效应促进脱硫石膏的溶解。

脱硫石膏等工业副产石膏中含有大量杂质离子，其对脱硫石膏溶解度的影响较复杂，氯化铜对脱硫石膏溶解度的影响规律对其他种类石膏能否适用仍未可知。鉴于此，对 DH 在氯化铜-水体系中的电导率进行了测定，以期通过与脱硫石膏电导率变化的对比厘清中性溶液条件下氯化铜和杂质离子对脱硫石膏溶解性的影响，测定结果见图 3.2。

如图 3.2 所示，DH 上清液（a）和氯化铜溶液（b）的电导率均随氯化铜浓度的增大呈上升趋势，且 DH 电离产生的电导率增量（c）也随着氯化铜浓度的增大而增大。当氯化铜浓度为 0.00mol/L 时电导率增量为 1.710mS/cm，当氯化铜浓度为 6.25×10^{-3}mol/L 时电导率增量为 1.847mS/cm，相比增大了 8.01%，这表明氯化铜对 DH 也有促溶作用。

结合图 3.1 可知，当氯化铜浓度从 0.00mol/L 增大至 6.25×10^{-3}mol/L 时，脱硫石膏电离产生的电导率增量相比增大了 11.02%，大于 DH 电导率增量的增大幅度 8.01%，可见在杂质离子存在的条件下氯化铜对 DH 溶解度的促溶作用更强。由表 2.2 可知，脱硫石膏中的离子杂质以 Al^{3+}、Fe^{3+} 为主，其与铜盐中的 Cu^{2+} 均会发生水解反应，反应方程如式（3.6）所示，式中 M^{n+} 为阳离子。

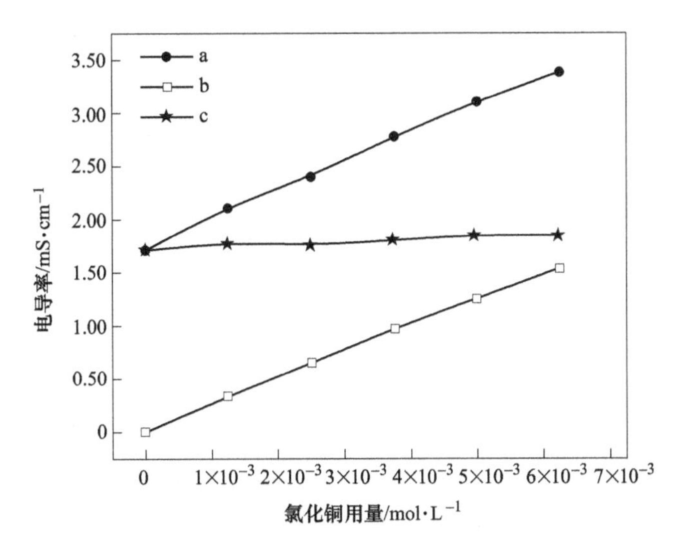

图 3.2 氯化铜浓度对 DH 溶液电导率的影响

a—$CaSO_4 \cdot 2H_2O+CuCl_2$；b—$CuCl_2$；c—$CaSO_4 \cdot 2H_2O$

$$M^{n+} + nH_2O \longrightarrow M(OH)_n + nH^+ \tag{3.6}$$

由式（3.6）可知，Al^{3+}、Fe^{3+}、Cu^{2+}等阳离子虽然会发生水解反应，但溶液中的电荷总量不发生变化，即水解反应对溶液电导率影响较小。由于 DH 的溶解度会随溶液 pH 值的减小而增大，而阳离子水解会增大溶液中的 H^+浓度，降低溶液的 pH 值。因此相比 DH，在相同浓度氯化铜作用下脱硫石膏的溶解度更大。此外，杂质离子的存在不仅增强了溶液的离子强度 I，导致溶液中各离子的活度系数降低，还降低了溶液的水活度，从而使溶液中的 Ca^{2+} 数目增多（见式(3.3)）。由此可见，杂质离子和 Cl^-在一定程度上均可促进脱硫石膏的溶解，且其溶解度随溶液中 Cl^-浓度的增大而增大。

3.1.2 硫酸铜对脱硫石膏溶解度的影响

为研究脱硫石膏在硫酸铜-水体系中的溶解性，探明 95℃条件下 SO_4^{2-} 对脱硫石膏溶解行为的影响，对脱硫石膏上清液的电导率进行了测定，结果见图 3.3。

由图 3.3 可知，脱硫石膏上清液（a）和硫酸铜溶液（b）的电导率均随硫酸铜浓度的增大呈增大趋势，溶液中脱硫石膏电离所致的电导率增量（c）却随硫酸铜浓度的增大而减小。由硫酸铜浓度为 0.00mol/L 时的 1.670mS/cm 减小至 6.25×10^{-3}mol/L 时的 1.386mS/cm，相比减小了 17.01%。这说明脱硫石膏的溶解度随硫酸铜用量的增大而减小，硫酸铜对脱硫石膏有阻溶作用。

结合式（3.4）、式（3.5）可知，随着硫酸铜浓度的增大，其电离产生的 SO_4^{2-} 也随之增多，这虽然会使得溶液的离子强度 I 增大，从而降低溶液中各离子

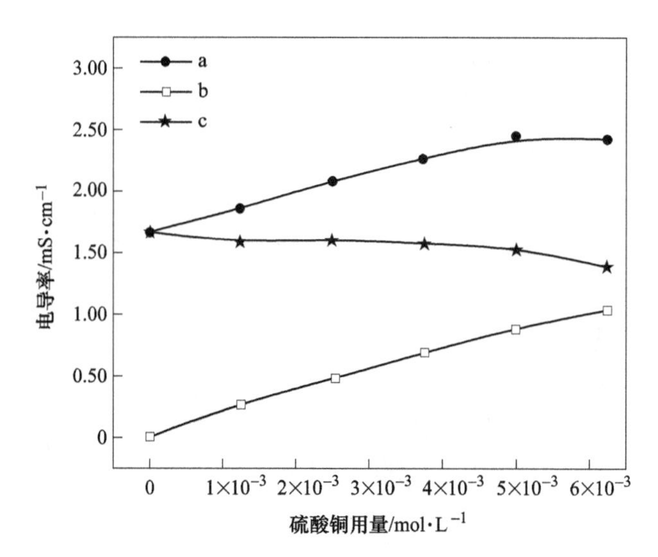

图 3.3 硫酸铜浓度对脱硫石膏溶液电导率的影响

a—$CaSO_4 \cdot 2H_2O$+$CuSO_4$；b—$CuSO_4$；c—$CaSO_4 \cdot 2H_2O$

组分的活度系数，但却会增大溶液中 SO_4^{2-} 的浓度，因同离子效应而导致溶液中 Ca^{2+}浓度降低，从而抑制脱硫石膏的溶解。

为了考察硫酸铜对脱硫石膏溶解度的影响规律是否适用于 DH，对 DH 在硫酸铜-水体系中的电导率进行了测定，其测定结果如图 3.4 所示。

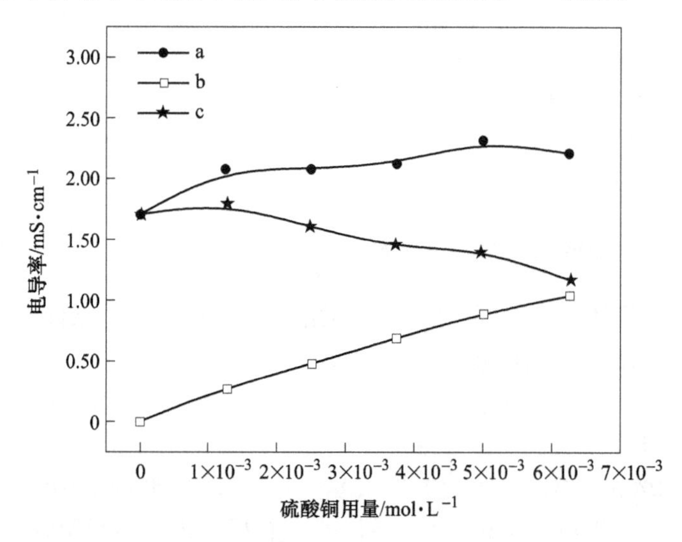

图 3.4 硫酸铜浓度对 DH 溶液电导率的影响

a—$CaSO_4 \cdot 2H_2O$+$CuSO_4$；b—$CuSO_4$；c—$CaSO_4 \cdot 2H_2O$

图3.4表明，DH上清液（a）和硫酸铜溶液（b）的电导率均随硫酸铜浓度的增大呈增大趋势，但溶液中由于DH电离所致的电导率增量（c）随着硫酸铜浓度的增大而减小。当硫酸铜浓度为0.00mol/L时电导率增量为1.710mS/cm，当硫酸铜浓度为6.25×10^{-3}mol/L时电导率增量为1.171mS/cm，相比减小了31.52%。可见，硫酸铜对DH有阻溶作用。

结合图3.3可知，当硫酸铜浓度从0.00mol/L增大至6.25×10^{-3}mol/L时，脱硫石膏电离产生的电导率增量相比减小了17.01%，远小于DH电导率增量的减小幅度31.52%，可见，杂质离子会减弱硫酸铜对DH溶解度的阻溶作用。Al^{3+}、Fe^{3+}等杂质离子会发生水解反应，不仅能降低溶液的pH值，还会影响溶液的离子活度系数γ以及溶液的水活度α，这均会增加溶液中的Ca^{2+}浓度，在一定程度上促进脱硫石膏的溶解。由于杂质离子与SO_4^{2-}的作用效果相反，在一定程度上减弱了硫酸铜对脱硫石膏的阻溶作用。然而，由于硫酸铜的溶解使得溶液中SO_4^{2-}浓度增大，同离子效应对脱硫石膏的溶解度影响更加明显。因此，随溶液中硫酸铜浓度的增大，脱硫石膏的溶解度反而降低。

3.1.3 硝酸铜对脱硫石膏溶解度的影响

为研究脱硫石膏在硝酸铜-水体系中的溶解性，探明95℃条件下NO^{3-}对脱硫石膏溶解行为的影响，对脱硫石膏上清液的电导率进行了测定，测定结果见图3.5。

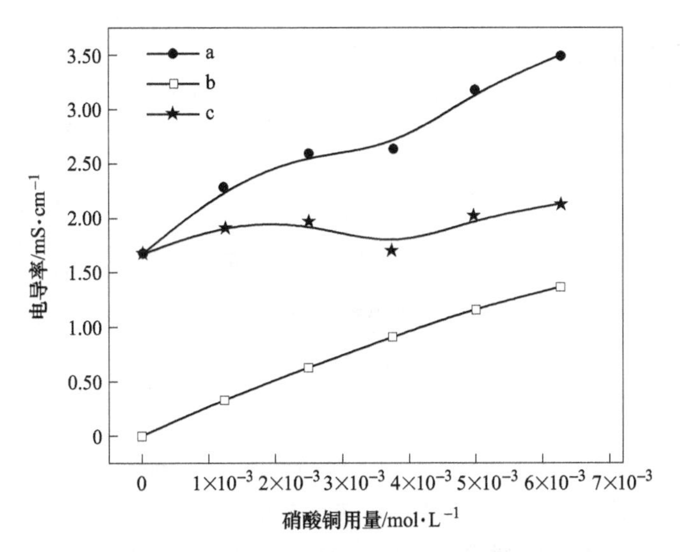

图3.5 硝酸铜浓度对脱硫石膏溶液电导率的影响

a—$CaSO_4\cdot2H_2O+Cu(NO_3)_2$；b—$Cu(NO_3)_2$；c—$CaSO_4\cdot2H_2O$

由图 3.5 可知，脱硫石膏上清液（a）和硝酸铜溶液（b）的电导率均随硝酸铜浓度的增大呈上升趋势，且溶液中由脱硫石膏电离所致的电导率增量（c）也随着硝酸铜浓度的增大而增大，由硝酸铜浓度为 0.00mol/L 时的 1.670mS/cm 增大至 6.25×10^{-3}mol/L 时的 2.128mS/cm，相比增大了 27.43%。这说明脱硫石膏的溶解度随硝酸铜浓度的增大而增大，硝酸铜对脱硫石膏有促溶作用。

研究认为，随着硝酸铜浓度的增大，其电离产生的 NO^{3-} 也随之增多，这将导致溶液的离子强度 I 增大，从而降低溶液中各离子的活度系数，进而导致溶液中 Ca^{2+} 浓度增大，促进脱硫石膏的溶解。此外，与 Cl^- 相比，NO^{3-} 具有平面三角形结构，其因静电作用在 Ca^{2+} 周围聚集时对 Ca^{2+} 的屏蔽效应较大，很大程度上减小溶液中 SO_4^{2-} 与 Ca^{2+} 的碰撞概率，降低 DH 的生成速率，从而促使脱硫石膏继续溶解。对比图 3.1 可知，NO^{3-} 对脱硫石膏的促溶作用大于 Cl^-，在硝酸铜的作用下脱硫石膏的溶解度更大。

为了对比研究硝酸铜对脱硫石膏和 DH 溶解特性的影响，进而对 DH 在硝酸铜-水体系中的电导率进行了测定，其测定结果如图 3.6 所示。

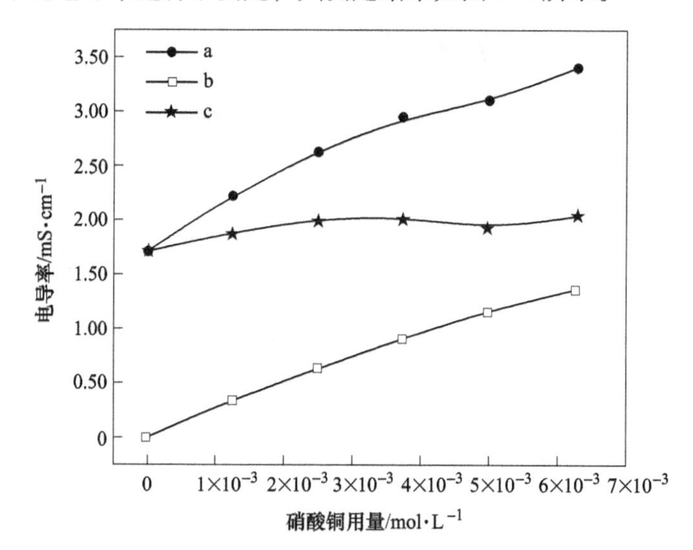

图 3.6　硝酸铜浓度对 DH 溶液电导率的影响

a—$CaSO_4\cdot2H_2O+Cu(NO_3)_2$；b—$Cu(NO_3)_2$；c—$CaSO_4\cdot2H_2O$

图 3.6 表明，DH 上清液（a）和硝酸铜溶液（b）的电导率均随硝酸铜浓度的增大呈增大趋势，且溶液中由 DH 电离所致的电导率增量（c）随着硝酸铜浓度的增大而增大。当硝酸铜浓度为 0.00mol/L 时电导率增量为 1.710mS/cm，当硝酸铜浓度为 6.25×10^{-3} mol/L 时电导率增量为 2.034mS/cm，相比增大了 18.95%，可见硝酸铜对 DH 有促溶作用。结合图 3.5 可知，当硝酸铜浓度从 0.00mol/L 增大至 6.25×10^{-3}mol/L 时，脱硫石膏电离产生的电导率增量相比增大

了27.43%，大于DH电导率增量的增大幅度18.95%，可见脱硫石膏中的杂质离子会促进脱硫石膏的溶解，从而增强硝酸铜对脱硫石膏的促溶效果，使得脱硫石膏的溶解度均随溶液中 NO_3^- 浓度的增大而增大，从而促进脱硫石膏的溶解。

3.2 铜盐-硫酸-水体系中脱硫石膏的溶解行为

根据3.1节研究结果，不同铜盐对脱硫石膏溶解行为的作用不同，其中氯化铜、硝酸铜因 Cl^-、NO_3^- 的盐效应而促进脱硫石膏溶解，而硫酸铜则因 SO_4^{2-} 的同离子效应会对脱硫石膏产生阻溶作用。有研究表明酸性条件更有利于脱硫石膏晶须的结晶生长，且在硫酸浓度为 5.0×10^{-4}mol/L 时脱硫石膏晶须结晶品质较好。为此，在硫酸浓度为 5.0×10^{-4}mol/L 条件下水热合成脱硫石膏晶须，以研究不同铜盐添加剂对晶须结晶的影响。本节在95℃条件下模拟水热反应前脱硫石膏的溶解行为，分析铜盐-硫酸-水体系中不同铜盐对脱硫石膏溶解度的影响，以期为硫酸和无机盐阴离子对脱硫石膏晶须生长影响研究提供依据。

3.2.1 氯化铜-硫酸-水体系中脱硫石膏的溶解行为

为研究水热反应前脱硫石膏在氯化铜-硫酸-水体系中的溶解性，对95℃条件下脱硫石膏上清液的电导率进行了测定，并通过对 Ca^{2+} 浓度测定进一步分析氯化铜浓度对脱硫石膏溶解度的影响规律，结果见图3.7、图3.8。

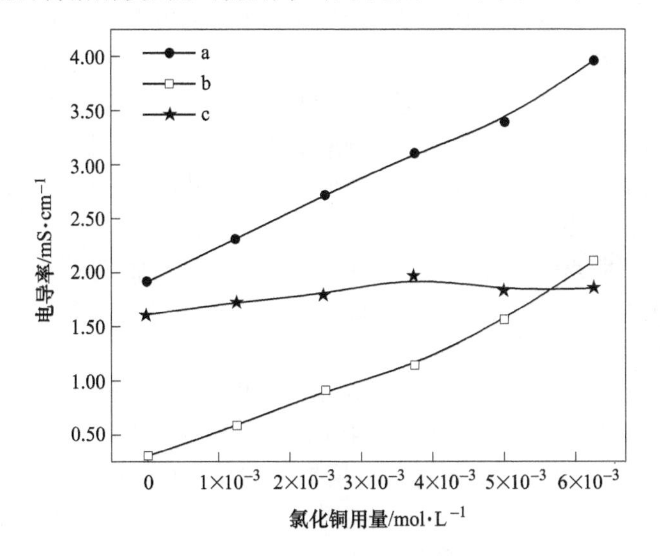

图3.7 氯化铜-硫酸-水体系中脱硫石膏溶液的电导率变化

a—$CaSO_4\cdot2H_2O+H_2SO_4+CuCl_2$；b—$H_2SO_4+CuCl_2$；c—$CaSO_4\cdot2H_2O$

图3.7表明，脱硫石膏上清液（a）和硫酸-氯化铜溶液（b）的电导率均随氯化铜浓度的增大呈上升趋势，且溶液中由脱硫石膏电离所致的电导率增量（c）随

着氯化铜浓度的增大而增大，当氯化铜浓度为 0.00mol/L 时电导率增量为 1.612mS/cm，当氯化铜浓度为 6.25×10^{-3}mol/L 时电导率增量为 1.855mS/cm，相比增大了 15.07%。这说明在氯化铜-硫酸-水体系中氯化铜仍有利于脱硫石膏的溶解。

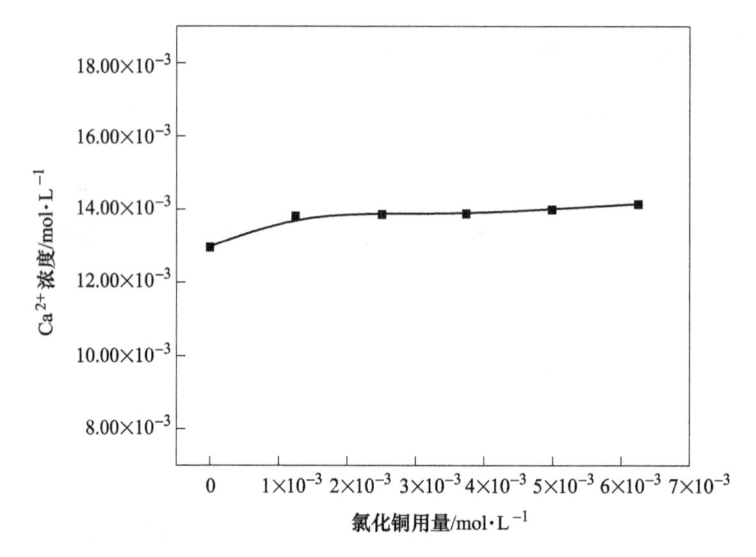

图 3.8　氯化铜-硫酸-水体系中脱硫石膏溶液的 Ca^{2+}浓度变化

由图 3.8 可知，溶液中 Ca^{2+}浓度随氯化铜浓度的增大而增大，由氯化铜浓度为 0.00mol/L 时的 12.98×10^{-3}mol/L 增大至 6.25×10^{-3}mol/L 时的 14.15×10^{-3}mol/L，相比增大了 9%。由此可见，即使在硫酸存在条件下，氯化铜依然对脱硫石膏具有促溶作用，且其作用效果随氯化铜浓度的增大而增强。因此，在脱硫石膏晶须的制备过程中，通过改变氯化铜的添加量调控溶液的 Ca^{2+}浓度，以改变脱硫石膏的溶解行为，最终影响脱硫石膏晶须的结晶生长。

为进一步探明氯化铜-硫酸-水体系中氯化铜浓度对脱硫石膏和 DH 溶解特性的影响规律是否一致，对 DH 在氯化铜-硫酸-水体系中的电导率也进行了测定，结果如图 3.9 所示。

图 3.9 表明，DH 上清液（a）和硫酸-氯化铜溶液（b）的电导率均随氯化铜浓度的增大呈上升趋势，且溶液中由 DH 电离所致的电导率增量（c）随着氯化铜浓度的增大而增大，由氯化铜浓度为 0.00mol/L 时的 1.492mS/cm 增大至 6.25×10^{-3}mol/L 时的 1.664mS/cm，相比增大了 11.53%。这说明在氯化铜-硫酸-水体系中氯化铜也有利于 DH 的溶解。

对比图 3.1、图 3.7 以及图 3.2、图 3.9 可知，当氯化铜浓度为 6.25×10^{-3}mol/L 时，脱硫石膏在氯化铜-硫酸-水体系中的电导率增量为 1.855mS/cm，与在氯化铜-水体系中的电导率增量 1.854mS/cm 基本相等，而 DH 在氯化铜-硫酸-水体系中的电导率增量为 1.664mS/cm，小于其在氯化铜-水体系中的电导率增量

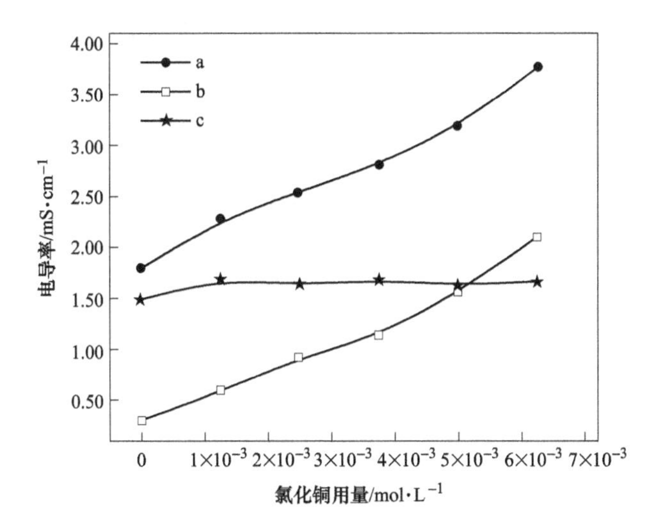

图 3.9 氯化铜-硫酸-水体系中 DH 溶液的电导率变化

a—$CaSO_4 \cdot 2H_2O+H_2SO_4+CuCl_2$；b—$H_2SO_4+CuCl_2$；c—$CaSO_4 \cdot 2H_2O$

1.847mS/cm。研究表明，脱硫石膏的溶解度会随溶液 pH 的减小而增大，使得溶液电导率增量变大，这与电导率的测定结果存在一定差异。

为阐明溶液 pH 值变化对 DH 溶解度的影响，揭示 H^+和 OH^-在 DH 溶解过程中的作用行为，进而分析导致溶液的电导率降低的因素，对钙离子在溶液中的存在形式进行了研究分析，并分别以硫酸和氢氧化钠为添加剂，检测了初始 pH 值为 2~12 时 DH 溶液的 Ca^{2+}浓度和电导率。溶液中钙离子组分分布变化规律如图 3.10 所示，DH 溶液的 Ca^{2+}浓度和电导率结果见图 3.11 和图 3.12。

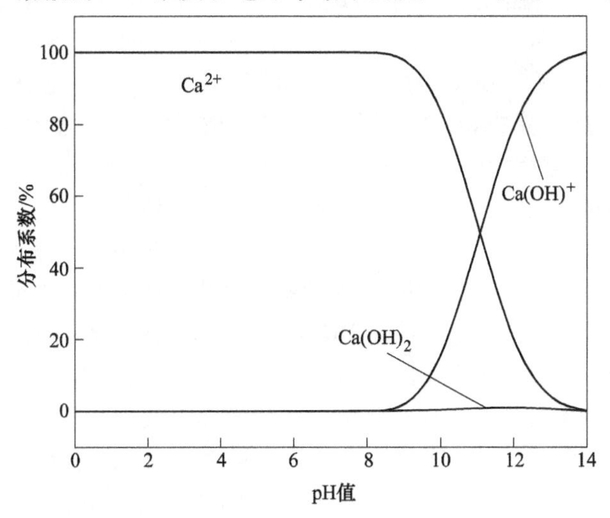

图 3.10 钙离子组分分布随溶液 pH 值的变化规律

由图 3.10 可知，Ca^{2+}、$Ca(OH)^+$ 和 $Ca(OH)_2$ 是钙在溶液中的主要存在形式。当 pH 值小于 8 时以 Ca^{2+} 的形式存在，当 pH 值大于 8 时 $Ca(OH)^+$ 的分布系数随着溶液 pH 值的增大而增大，Ca^{2+} 的分布比例则随之减小。在 pH 值小于 11 时钙在溶液的存在形式仍以 Ca^{2+} 为主，当 pH 值大于 11 时则以 $Ca(OH)^+$ 为优势组分。此外，当 pH 值大于 10 时有少量钙离子以 $Ca(OH)_2$ 存在。

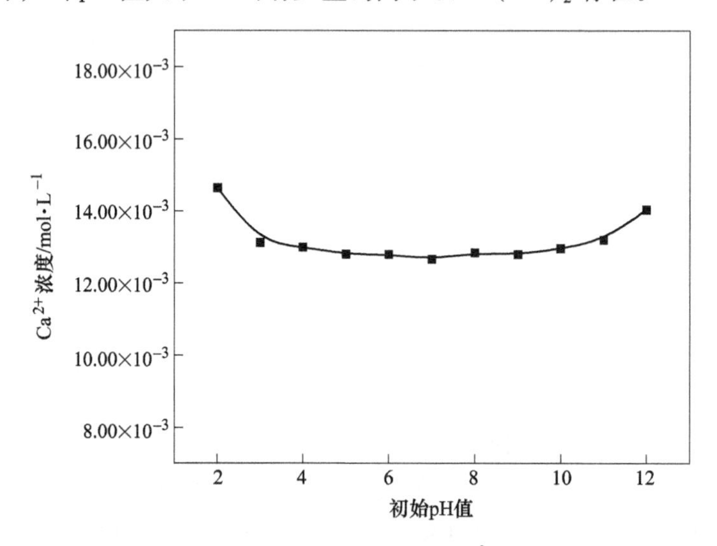

图 3.11 初始 pH 值对 DH 溶液中 Ca^{2+} 浓度的影响

由图 3.11 可知，溶液中 Ca^{2+} 浓度随着 pH 值的增大呈先减小、微小波动再增大的趋势。当溶液为酸性时，随溶液 pH 值的减小（增大硫酸浓度），溶液中的 Ca^{2+} 浓度增大，且在硫酸浓度大于 5.0×10^{-6} mol/L 时 Ca^{2+} 浓度增长较明显。当硫酸浓度为 5.0×10^{-6} mol/L 时 Ca^{2+} 浓度为 12.80×10^{-3} mol/L，随硫酸浓度增加至 5.0×10^{-3} mol/L 时，Ca^{2+} 浓度增加到 14.64×10^{-3} mol/L，相对上升 14.38%。当溶液为碱性时，增加溶液的 pH 值（增大氢氧化钠浓度）也可增大溶液中的 Ca^{2+} 浓度，且在氢氧化钠浓度大于 1.0×10^{-5} mol/L 时 Ca^{2+} 浓度增长较明显，当 NaOH 浓度由 1.0×10^{-5} mol/L 增大至 1.0×10^{-2} mol/L 时溶液中 Ca^{2+} 浓度从 12.80×10^{-3} mol/L 增大至 14.04×10^{-3} mol/L，相比增大了 9.69%。由此可见，硫酸和氢氧化钠均对 DH 有促溶作用，且其促溶作用随硫酸（氢氧化钠）浓度的增大而增强。

图 3.12 表明，当溶液为酸性时 DH 上清液（a）和硫酸溶液（b）的电导率均随 pH 值的减小（硫酸浓度的增大）而上升，而 DH 电离产生的电导率增量（c）随硫酸浓度的增大而减小。同时，当溶液为碱性时 DH 上清液（a）和硫酸溶液（b）的电导率均随 pH 值的增大（氢氧化钠浓度的增大）而上升，而 DH 电离产生的电导率增量（c）随氢氧化钠浓度的增大而减小。由此可见，尽管随硫酸或氢氧化钠浓度的增大，均引起 DH 溶液电导率增大，但由 DH 电离所致的

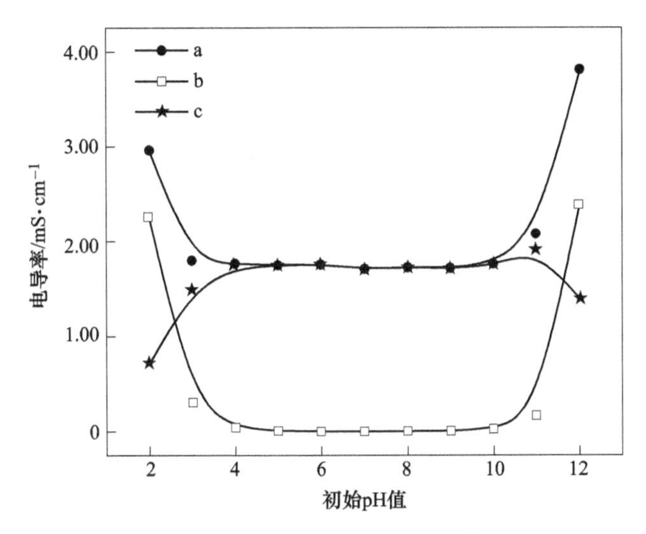

图 3.12 初始 pH 值对 DH 溶液电导率的影响

a—$CaSO_4 \cdot 2H_2O$+H_2SO_4/NaOH；b—H_2SO_4/NaOH；c—$CaSO_4 \cdot 2H_2O$

电导率增量（c）却减小。

在酸性条件下，DH 溶液中主要有 H^+、Ca^{2+}、SO_4^{2-} 和 OH^-。当强电解质浓度较小时其溶液的电导率与离子浓度成正比，由图 3.11 可知当硫酸浓度增大时溶液中 Ca^{2+}浓度增大，但图 3.12 中溶液的电导率增量（c）却随硫酸浓度增大而减小，这表明 H^+与 SO_4^{2-} 发生反应生成 HSO_4^-，此时硫酸的电离主要为一级电离。HSO_4^- 的生成降低了溶液中的离子总量，使得电导率增量减小。由于 HSO_4^- 的生成也降低了溶液中的 SO_4^{2-} 浓度，且硫酸的加入使溶液离子强度 I 增加，降低了各组分的活度系数，由式（3.3）可知，SO_4^{2-} 浓度的降低及各组分活度系数的减小将导致溶液中 Ca^{2+}浓度增大，从而促进 DH 的溶解。

在碱性条件下，DH 溶液中主要有 OH^-、Ca^{2+}、$Ca(OH)^+$、SO_4^{2-} 和 H^+。结合图 3.10 可知，随溶液 pH 值（氢氧化钠浓度）的增大，$Ca(OH)^+$的分布系数随之增大，甚至会有少量 $Ca(OH)_2$ 的生成，这均会降低溶液中的离子总量，导致溶液的电导率减小，使得溶液中 Ca^{2+}浓度降低而促进 DH 的溶解，从而增大 DH 的溶解度，且 $Ca(OH)^+$分布系数将随氢氧化钠浓度的增大而增大，对 DH 的促溶效果更加明显。

为进一步明确 DH 在氯化铜-硫酸-水体系中的溶解度变化规律，利用 EDTA 滴定的方法对其上清液中 Ca^{2+}浓度进行了测定，结果见图 3.13。

图 3.13 表明，加入硫酸后 DH 溶液中的 Ca^{2+}浓度随氯化铜浓度的增大而增大，当氯化铜浓度由 0.00mol/L 增大至 6.25×10^{-3}mol/L 时，Ca^{2+}浓度由 13.12×10^{-3}mol/L 增大至 15.51×10^{-3}mol/L，相比增大了 18.22%。由此可见，在硫酸的

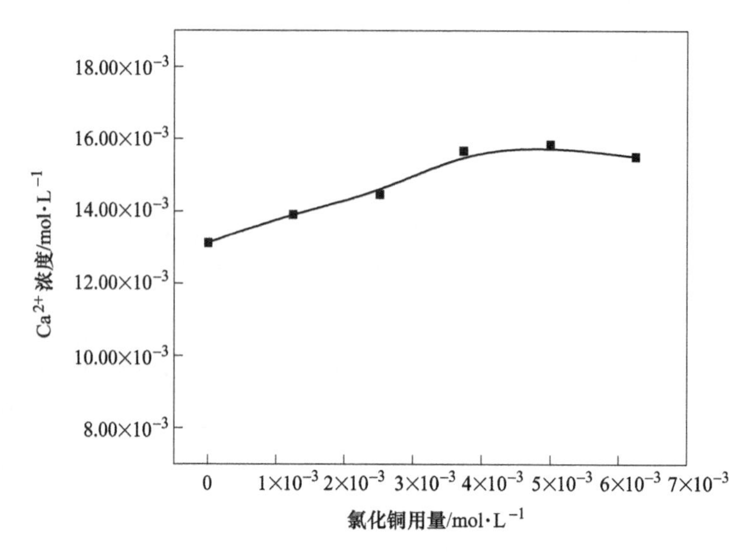

图 3.13 氯化铜-硫酸-水体系中 DH 溶液的 Ca^{2+} 浓度变化

协同作用下，氯化铜对 DH 有促溶作用，且其作用随氯化铜浓度的增大而增强。此外，结合图 3.8 可知，当氯化铜浓度为 0.00mol/L 时脱硫石膏溶液的 Ca^{2+} 浓度为 12.98×10^{-3}mol/L，小于 DH 溶液的 13.12×10^{-3}mol/L，这可归因于脱硫石膏中杂质离子的影响。利用石灰石湿法脱硫过程中，其颗粒芯部的 $CaCO_3$ 难以完全反应，而经磨料后芯部的 $CaCO_3$ 充分暴露于颗粒表面，易与酸发生反应生成硫酸钙；此外，由烟气中粉煤灰引入的部分杂质在常温下与酸很难反应，但在高温下却可以与酸发生反应，从而消耗溶液中的 H^+，增大溶液的 pH 值，从而导致在相同条件下 DH 的溶解度高于脱硫石膏的溶解度。

3.2.2 硫酸铜-硫酸-水体系中脱硫石膏的溶解行为

为研究水热反应前脱硫石膏在硫酸-硫酸铜-水体系中的溶解性，对 95℃条件下脱硫石膏上清液的电导率进行了测定，并通过 Ca^{2+} 浓度测定进一步分析硫酸铜浓度对脱硫石膏溶解度的影响规律，结果如图 3.14、图 3.15 所示。

图 3.14 表明，加入硫酸后脱硫石膏上清液（a）和硫酸-硫酸铜溶液（b）的电导率均随硫酸铜浓度的增大呈上升趋势，但溶液中由于脱硫石膏电离所引起的电导率增量（c）却随着硫酸铜浓度的增大而减小。当硫酸铜浓度为0.00mol/L 时电导率增量为 1.612mS/cm，而当硫酸铜浓度为 6.25×10^{-3}mol/L 时电导率增量为 1.477mS/cm，相比减小了 8.34%。这说明在硫酸铜-硫酸-水体系中硫酸铜仍对脱硫石膏有阻溶作用。

根据图 3.15 所示，加入硫酸后溶液中 Ca^{2+} 浓度随硫酸铜浓度的增大而减小，由硫酸铜浓度为 0.00mol/L 时的 12.98×10^{-3}mol/L 减小至 6.25×10^{-3}mol/L 时的

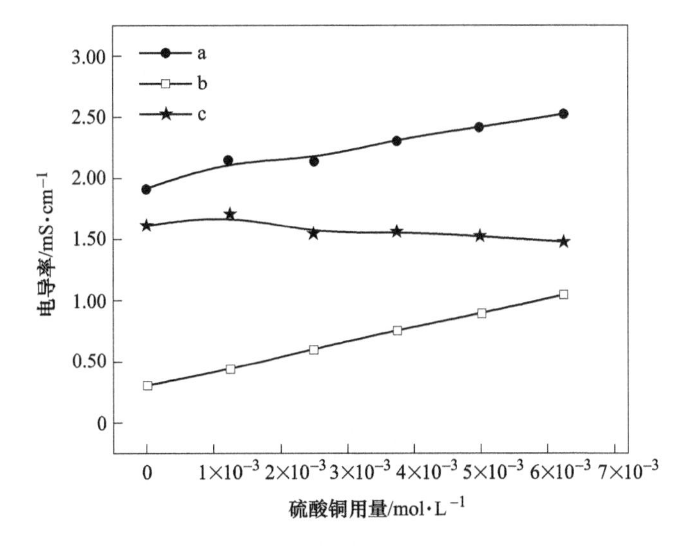

图 3.14 硫酸铜-硫酸-水体系中脱硫石膏溶液的电导率变化

a—$CaSO_4 \cdot 2H_2O+H_2SO_4+CuSO_4$；b—$H_2SO_4+CuSO_4$；c—$CaSO_4 \cdot 2H_2O$

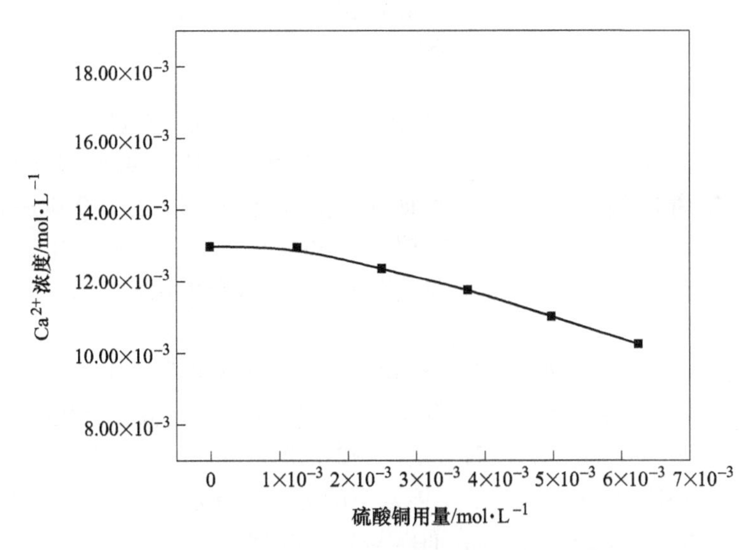

图 3.15 硫酸铜-硫酸-水体系中脱硫石膏溶液的 Ca^{2+} 浓度变化

10.25×10^{-3}mol/L，相比减小了 21.03%。这也证实了硫酸铜对脱硫石膏有阻溶作用，且其作用随硫酸铜浓度的增大而增强，在脱硫石膏晶须的制备过程中可通过改变硫酸铜的添加量调控溶液的 Ca^{2+} 浓度，改变脱硫石膏的溶解行为，最终作用于脱硫石膏晶须的结晶生长。

为对比研究硫酸铜用量对脱硫石膏、DH 在硫酸铜-硫酸-水体系中溶解性能的影响，对 DH 在硫酸铜-硫酸-水体系中的电导率也进行了测定，结果如图 3. 16 所示。

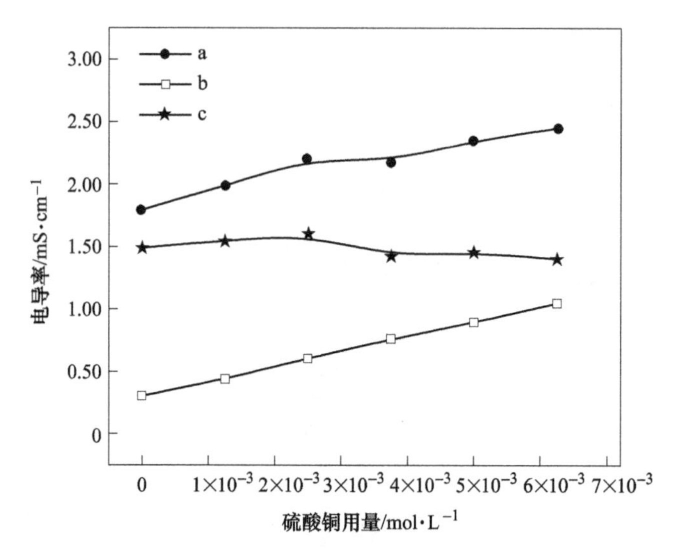

图 3. 16 硫酸铜-硫酸-水体系中 DH 溶液的电导率变化

a—$CaSO_4 \cdot 2H_2O+H_2SO_4+CuSO_4$；b—$H_2SO_4+CuSO_4$；c—$CaSO_4 \cdot 2H_2O$

图 3. 16 表明，加入硫酸后 DH 上清液（a）和硫酸铜-硫酸溶液（b）的电导率均随硫酸铜浓度的增大呈上升趋势，但溶液中由于 DH 电离所导致的电导率增量（c）却随着硫酸铜浓度的增大而减小，由硫酸铜浓度为 0. 00mol/L 时的 1. 492mS/cm 减小至 6.25×10^{-3}mol/L 时的 1. 404mS/cm，相比减小了 5. 90%。这与硫酸铜-硫酸-水溶液中硫酸铜对脱硫石膏的溶解性能影响是一致的，即硫酸铜对 DH 有阻溶作用。

结合图 3. 3、图 3. 4 可知，当硫酸铜浓度为 6.25×10^{-3}mol/L 时，脱硫石膏在硫酸铜-硫酸-水体系中的电导率增量为 1. 477mS/cm，大于其在硫酸铜-水体系中的电导率增量 1. 386mS/cm；同时，当硫酸铜浓度从 0. 00mol/L 增加至 6.25×10^{-3} mol/L，脱硫石膏在硫酸铜-硫酸-水体系中的电导率增量相对减少 8. 34%，远小于在硫酸铜-水体系中的 17. 01%；而以 DH 为原料时仍呈现相同的变化规律。尽管硫酸铜溶解后产生 SO_4^{2-} 使得同离子效应加剧而阻碍脱硫石膏的溶解，但由于硫酸的加入，使得溶液中离子浓度显著增加，从而离子间相互作用强度增加，这使得脱硫石膏在硫酸铜-硫酸-水体系中的溶解度大于硫酸铜-水体系。此外，由图 3. 14 和图 3. 16 可知，在硫酸铜浓度为 6.25×10^{-3}mol/L 时脱硫石膏溶液的电导率增量大于 DH，这与溶液中杂质离子对脱硫石膏的促溶作用有一定的关系。

为进一步阐明在硫酸作用下 DH 溶解度随硫酸铜浓度的变化规律，利用 EDTA 滴定的方法对其上清液中 Ca^{2+}浓度测定的结果如图 3. 17 所示。

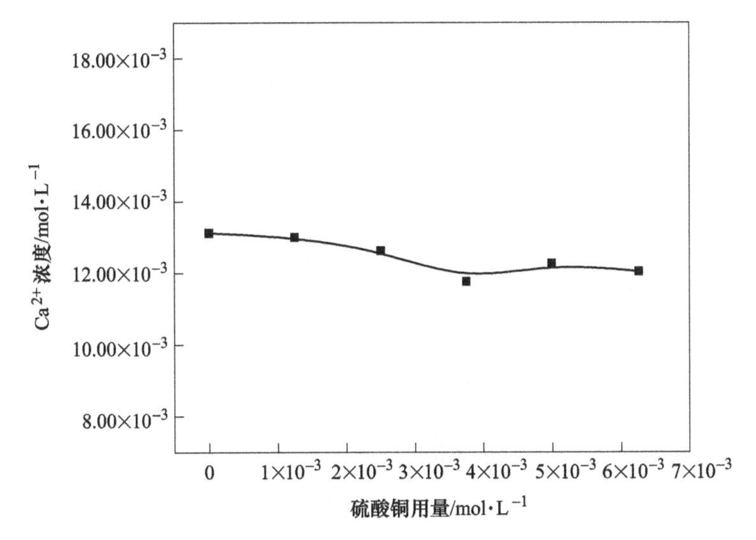

图 3.17 硫酸铜-硫酸-水体系中 DH 溶液的 Ca^{2+}浓度变化

图 3.17 表明，加入硫酸后 DH 溶液中 Ca^{2+}浓度随硫酸铜浓度的增大而减小，由硫酸铜浓度为 0.00mol/L 时的 13.12×10^{-3}mol/L 减小至 6.25×10^{-3}mol/L 时的 12.04×10^{-3}mol/L，相比减小了 8.23%。这与相同条件下脱硫石膏溶解度的变化规律相似。

3.2.3 硝酸铜-硫酸-水体系中脱硫石膏的溶解行为

为研究水热反应前脱硫石膏在硫酸-硝酸铜-水体系中的溶解性，对95℃条件下脱硫石膏上清液的电导率进行了测定，并通过 Ca^{2+}浓度测定进一步分析硝酸铜浓度对脱硫石膏溶解度的影响规律，结果如图 3.18、图 3.19 所示。

图 3.18 表明，脱硫石膏上清液（a）和硫酸-硝酸铜溶液（b）的电导率均随硝酸铜浓度的增大呈上升趋势，且溶液中由脱硫石膏电离所致的电导率增量（c）也随着硝酸铜浓度的增大而增大，当硝酸铜浓度为 0.00mol/L 时电导率增量为 1.612mS/cm，而当硝酸铜浓度为 6.25×10^{-3} mol/L 时电导率增量为 1.853mS/cm，相比增大了 14.95%。这表明在硝酸铜-硫酸-水体系中硝酸铜仍有助于脱硫石膏的溶解。

据图 3.19 可知，溶液中 Ca^{2+}浓度随硝酸铜浓度的增大而增大，由硝酸铜浓度为 0.00mol/L 时的 12.98×10^{-3}mol/L 增大至 6.25×10^{-3}mol/L 时的 14.46×10^{-3} mol/L，相比增大了 11.40%。这也证明了硝酸铜对脱硫石膏有促溶作用，且其作用随硝酸铜浓度的增大而增强。因此，在脱硫石膏晶须的制备过程中，通过改变硝酸铜用量调控溶液的 Ca^{2+}浓度，改变脱硫石膏的溶解行为，可以起到调节脱硫石膏晶须结晶生长的目的。

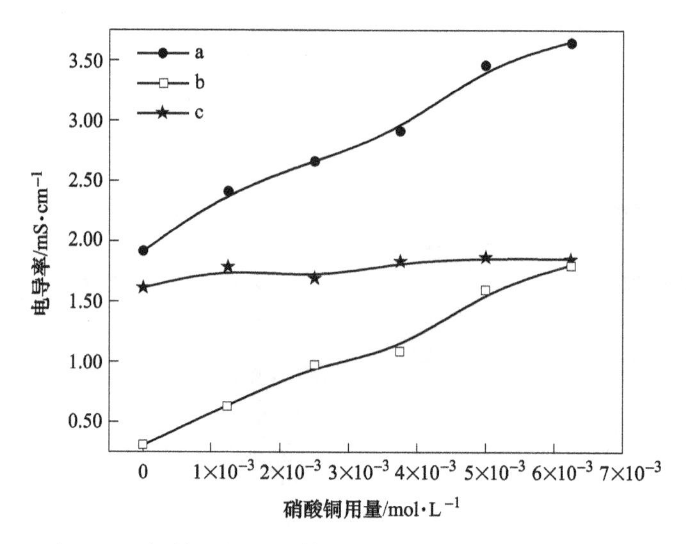

图 3.18 硝酸铜-硫酸-水体系中脱硫石膏溶液的电导率变化

a—$CaSO_4 \cdot 2H_2O+H_2SO_4+Cu(NO_3)_2$；b—$H_2SO_4+Cu(NO_3)_2$；c—$CaSO_4 \cdot 2H_2O$

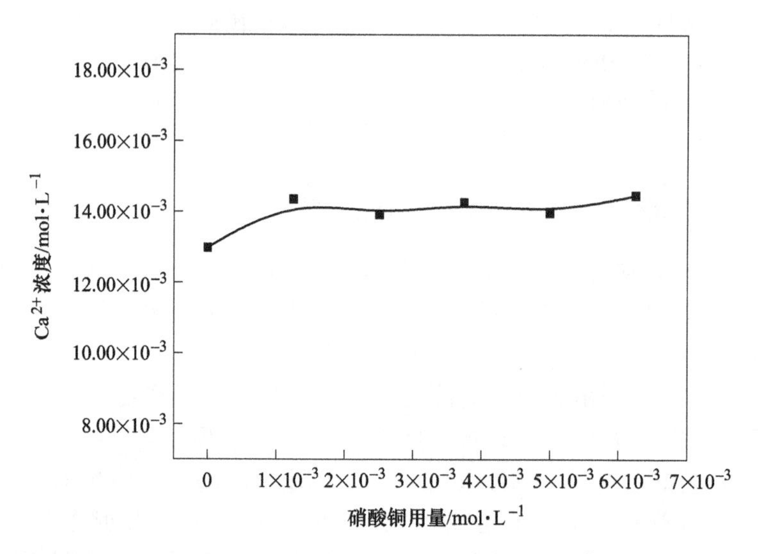

图 3.19 硝酸铜-硫酸-水体系中脱硫石膏溶液的 Ca^{2+} 浓度变化

为进一步研究硝酸铜-硫酸-水体系中硝酸铜浓度对脱硫石膏溶解特性的影响，对 DH 在硝酸铜-硫酸-水体系中的电导率进行了测定，结果如图 3.20 所示。

图 3.20 表明，DH 上清液（a）和硫酸-硝酸铜溶液（b）的电导率均随硝酸铜浓度的增大呈上升趋势，且溶液中由 DH 电离所致的电导率增量（c）随着硝酸铜浓度的增大而增大，由硝酸铜浓度为 0.00mol/L 时的 1.492mS/cm 增大至 6.25×10^{-3}mol/L 时的 1.692mS/cm，相比增大了 13.40%。这说明在硝酸铜-硫酸-

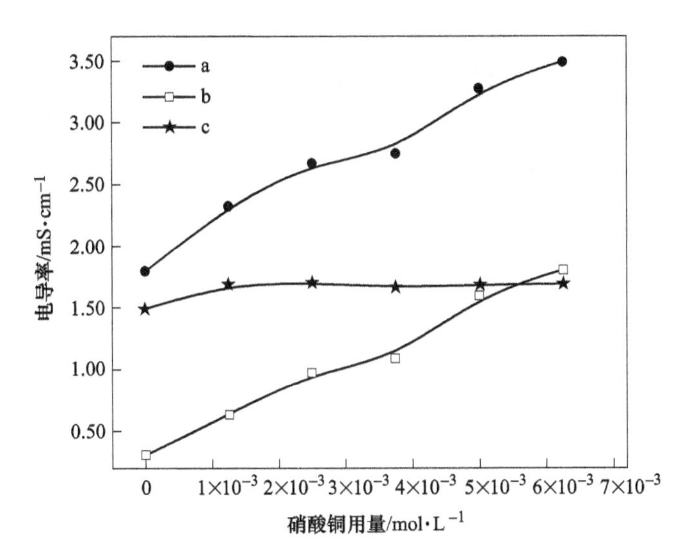

图 3.20 硝酸铜-硫酸-水体系中 DH 溶液的电导率变化

a—$CaSO_4 \cdot 2H_2O+H_2SO_4+Cu(NO_3)_2$；b—$H_2SO_4+Cu(NO_3)_2$；c—$CaSO_4 \cdot 2H_2O$

水体系中，硝酸铜也有助于 DH 的溶解。

结合图 3.5、图 3.6 可知，脱硫石膏和 DH 在硝酸铜-硫酸-水体系中的电导率增量均小于其在硝酸铜-水体系中的电导率增量，这可能与硫酸的电离程度有关；但在相同体系下脱硫石膏的电导率增量普遍大于 DH，这主要是因为脱硫石膏中杂质离子的促溶作用。为证实这一规律，利用 EDTA 滴定方法对 DH 上清液中 Ca^{2+}浓度也进行了测定，结果见图 3.21。

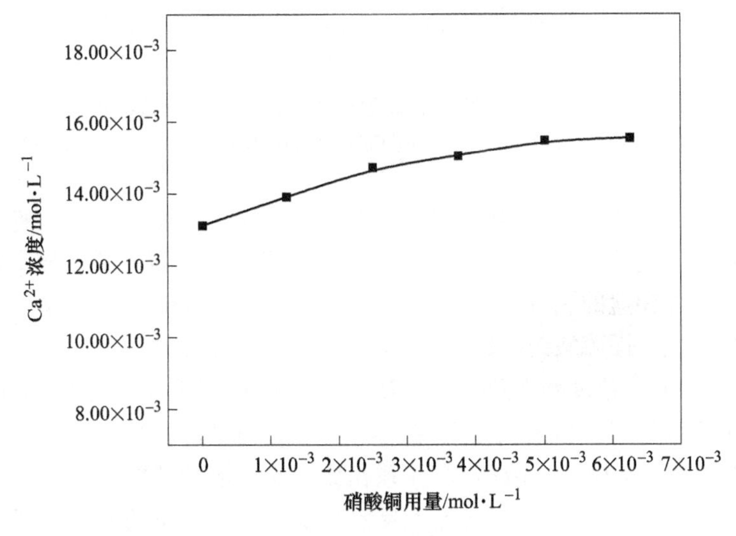

图 3.21 硝酸铜-硫酸-水体系中 DH 溶液的 Ca^{2+}浓度变化

图 3.21 表明，DH 溶液中的 Ca^{2+}浓度随硝酸铜浓度的增大而增大，由硝酸铜浓度为 0.00mol/L 时的 13.12×10^{-3} mol/L 增大至 6.25×10^{-3} mol/L 时的 15.55×10^{-3}mol/L，相比增大了 18.52%。这表明硝酸铜对 DH 也有促溶作用，且其作用随硝酸铜浓度的增大而增强。

3.2.4 铜盐类型对脱硫石膏溶解行为影响的综合分析

为系统深入阐明溶液中铜离子和不同阴离子对脱硫石膏溶解度的影响，分别对 H_2SO_4-H_2O、$CuCl_2$-H_2SO_4-H_2O、$CuSO_4$-H_2SO_4-H_2O、$Cu(NO_3)_2$-H_2SO_4-H_2O 溶液体系在不同温度下的 Ca^{2+}浓度及电导率进行了测定（铜盐的用量均为 3.75×10^{-3}mol/L），其电导率增量变化规律如图 3.22 所示，Ca^{2+}浓度变化规律如图 3.23 所示。

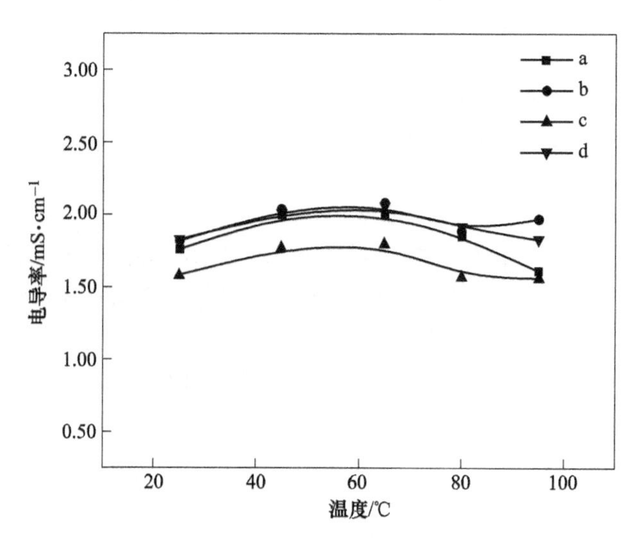

图 3.22 脱硫石膏在铜盐-硫酸-水体系中的电导率增量变化

a—H_2SO_4-H_2O；b—$CuCl_2$-H_2SO_4-H_2O；c—$CuSO_4$-H_2SO_4-H_2O；d—$Cu(NO_3)_2$-H_2SO_4-H_2O

图 3.22 表明，随溶液温度的增加，不同溶液体系中脱硫石膏电离产生的电导率增量均呈先增后减的趋势，但在不同溶液体系中脱硫石膏的电导率增量有所不同，与未添加铜盐的脱硫石膏溶液相比，氯化铜和硝酸铜的加入增大了脱硫石膏的电导率增量，而硫酸铜的加入反而降低了其电导率增量。

图 3.23 中 Ca^{2+}浓度随溶液体系和温度变化的规律表明，随溶液温度的增加，不同体系中溶液的 Ca^{2+}浓度均呈先增大后减小的趋势，而在不同体系中溶液的 Ca^{2+}浓度大小有所不同。与硫酸-水体系相比，氯化铜和硝酸铜的添加增大了溶液体系的 Ca^{2+}浓度，而硫酸铜的加入反而减少了溶液体系的 Ca^{2+}数目。这与图 3.22 中电导率增量随溶液体系和温度变化的规律是完全一致的。

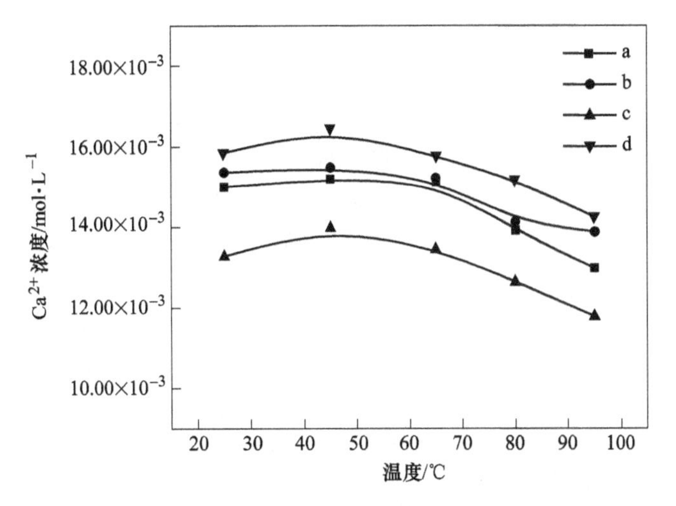

图 3.23 脱硫石膏在铜盐-硫酸-水体系中的 Ca^{2+} 浓度变化

a—H_2SO_4-H_2O；b—$CuCl_2$-H_2SO_4-H_2O；c—$CuSO_4$-H_2SO_4-H_2O；d—$Cu(NO_3)_2$-H_2SO_4-H_2O

在铜盐-硫酸-水体系中，无机盐主要通过盐效应、同离子效应及其阴离子的极化作用影响脱硫石膏的溶解行为。尽管硫酸铜、氯化铜、硝酸铜均易溶于水而完全电离，然而，在水溶液中 Cu^{2+} 易发生水解，这不仅会降低溶液中水的活度，还会降低溶液的 pH 值，在一定程度上促进脱硫石膏的溶解，增加溶液中 Ca^{2+} 的浓度，进而使溶液电导率增量变大。当加入硫酸后，溶液中的铜主要以 Cu^{2+} 的形式存在而不发生水解。对于 $CuCl_2$-H_2SO_4-H_2O、$Cu(NO_3)_2$-H_2SO_4-H_2O 溶液体系，所加入的氯化铜、硝酸铜主要通过盐效应促进脱硫石膏的溶解，加之硫酸的解离程度较弱，SO_4^{2-} 所引起的同离子效应小于盐效应，使得溶液的电导率增量、Ca^{2+} 浓度均高于 H_2SO_4-H_2O 溶液体系；而对于 $CuSO_4$-H_2SO_4-H_2O 溶液体系，由于硫酸铜的溶解使得溶液中 SO_4^{2-} 浓度增加，同离子效应更加显著，反而降低了脱硫石膏的溶解度，其电导率增量、Ca^{2+} 浓度均低于 H_2SO_4-H_2O 溶液体系。由于加入的铜盐物质的量相同，即 Cu^{2+} 作用无显著差异，然而，不同溶液体系下溶液的电导率增量、Ca^{2+} 浓度差异较为明显，这表明阴离子对脱硫石膏溶解度的影响较为显著。

在脱硫石膏溶液中，Cl^- 和 NO_3^- 均可产生盐效应而通过静电作用在 Ca^{2+} 周围发生聚集，从而减小 SO_4^{2-} 与 Ca^{2+} 的碰撞概率，降低 Ca^{2+} 的活度系数，使溶液中 Ca^{2+} 浓度增大，从而增大脱硫石膏的溶解度。与 Cl^- 相比，NO_3^- 具有平面三角形结构，其因静电作用在 Ca^{2+} 周围产生聚集时会对 SO_4^{2-} 产生屏蔽作用，更大程度地减小 SO_4^{2-} 与 Ca^{2+} 的碰撞概率，使其对脱硫石膏溶解的促进作用更为明显，从而使得其溶液体系的 Ca^{2+}浓度和电导率增量均大于 Cl^-。SO_4^{2-} 主要因同离子效应导致脱硫石膏的溶解平衡向沉淀方向移动，从而减少溶液中的 Ca^{2+}数目，使脱硫石膏的溶解度降低，进而导致其电导率增量降低。此外，Cu^{2+}易与溶液中的 OH^- 配位生成 $Cu(OH)^+$，甚至生成 $Cu(OH)_2$ 沉淀，降低了溶液中各离子的活度系数和水的活度，这会在一定程度上促进脱硫石膏的溶解，使溶液中 Ca^{2+}的数目增加，并且随着铜盐用量的增大，其电离产生的 Cu^{2+}浓度也随之增大，降低溶液中各离子活度系数的作用越明显，进而促进脱硫石膏的溶解使溶液中 Ca^{2+}浓度增大。

综上可知，不同种类的铜盐的加入，使得溶液体系化学组成有所不同，这将对脱硫石膏的溶解度产生明显不同的影响。在铜盐-硫酸-水体系中，盐效应、同离子效应同时发生，但对脱硫石膏溶解度影响程度有所不同，对溶液中离子间作用强度的影响也不相同。其中，随氯化铜、硝酸铜的加入，盐效应起主导作用，且离子间作用强度加大，从而使脱硫石膏的溶解度增大，进而使溶液体系的 Ca^{2+}浓度和电导率增量增大；而硫酸铜的加入虽然也会引起离子间作用强度增加，但因同离子效应起主导作用，反而使脱硫石膏的溶解度减小，溶液中 Ca^{2+}浓度和电导率增量也相应降低。

3.3 铜盐-硫酸-水体系中水热产物的显微结构

3.2 节的研究结果表明，不同铜盐的加入，将改变溶液体系的组成，引起溶液中 Ca^{2+}浓度变化，这必将引起脱硫石膏晶须长径比、结晶形貌与品质的变化。为进一步探明 Cl^-、SO_4^{2-}、NO_3^- 对水热产物长径比、结晶形貌与品质的影响，综合运用 SEM、DSC-TG、XRD 等测试技术，对水热产物的微观形貌、结晶水含量、物相等进行分析表征，以期阐明相同阳离子（Cu^{2+}）作用下 Cl^-、SO_4^{2-}、NO_3^- 在脱硫石膏晶须制备过程中的作用机理。

3.3.1 氯化铜用量对水热产物显微结构的影响

图 3.24 为不同氯化铜浓度条件下制备的水热产物的 SEM 照片。当不添加氯化铜时，水热产物结晶形貌呈颗粒状、短柱状、纤维状等，多种结晶形貌共存，大部分纤维状产物的长度小于 100μm，其直径、长径比差异较大，结晶品质较差。随氯化铜用量增加至 1.25×10^{-3}mol/L，纤维状产物明显增加，但仍含有一定数量的短柱状、颗粒状产物，且纤维状产物存在分叉等现象，结晶程度仍不理想。随氯化铜用量进一步增加至 2.50×10^{-3}mol/L，纤维状产物的直径均匀，晶体表面平整，但短柱状、颗粒状产物未见减少。当氯化铜用量为 3.75×10^{-3}mol/L 时颗粒状、短柱状形貌的水热产物含量明显减小，且纤维状产物表面更加平整、光洁，直径更加均匀，长度几乎均大于 100μm，晶须的长径比较大，结晶品质较

高。进一步增加氯化铜用量至 5.00×10^{-3}mol/L，水热产物的结晶形貌变化不大，但其表面出现明显的斑状杂质富集，结晶品质有所降低，直径、长径比均匀度下

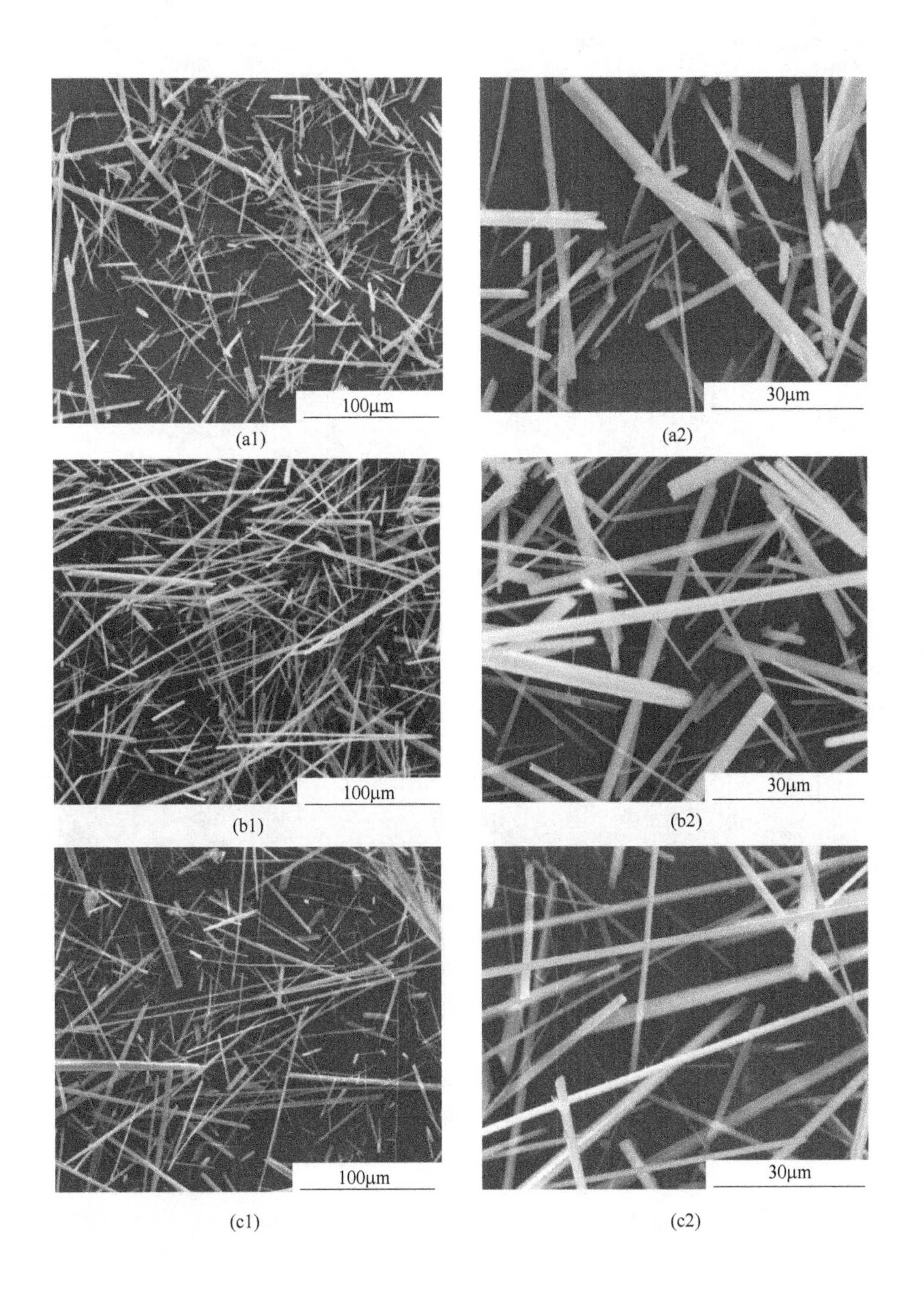

(a1) (a2)
(b1) (b2)
(c1) (c2)

图 3.24 不同氯化铜用量条件下水热产物的 SEM 照片

（a1，a2）0.00mol/L；（b1，b2）1.25×10^{-3}mol/L；（c1，c2）2.50×10^{-3}mol/L；（d1，d2）3.75×10^{-3}mol/L；（e1，e2）5.00×10^{-3}mol/L；（f1，f2）6.25×10^{-3}mol/L

降。继续增加氯化铜用量至 6.25×10^{-3}mol/L 时，水热产物结晶形貌仍以纤维状为主，但其直径、长径比更加不匀，且晶体表面出现明显的沟壑状缺陷，晶体的结晶程度劣化。由此可见，氯化铜用量对水热产物的结晶形貌影响较大，当氯化铜用量为 3.75×10^{-3}mol/L 时，水热产物几乎全部呈晶须状，直径、长径比分布相对较为均匀，晶须结晶品质较好。

利用结晶水的含量分析判断石膏的物相组成及其相转化是一种简洁有效的方法。图 3.24 所示的水热产物 SEM 照片中均含有不同数量的颗粒状、短柱状等不同形貌的产物，为探明脱硫石膏向半水石膏的转化程度，对不同氯化铜浓度条件下的水热产物进行了 DSC-TG 分析，结果如图 3.25 所示，进而对水热产物的失重率进行了统计，结果如表 3.1 所示。

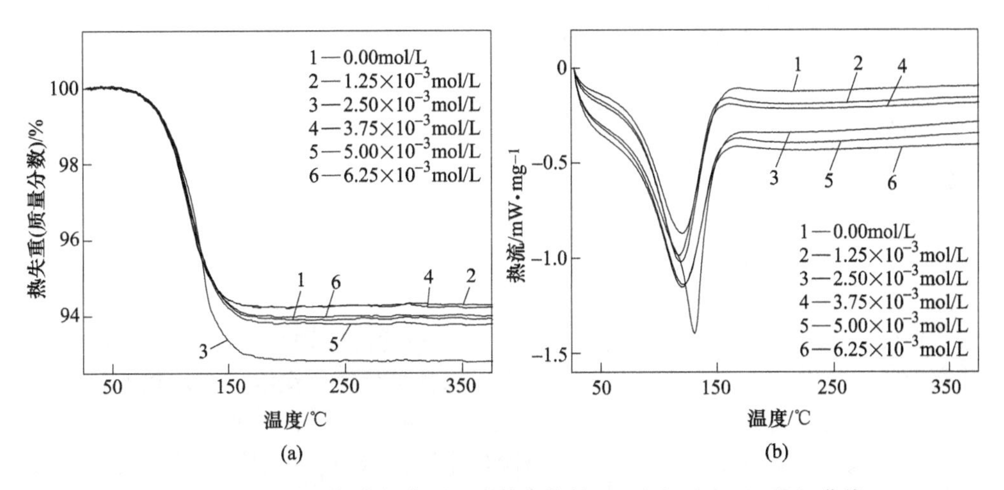

图 3.25 不同浓度氯化铜作用下水热产物的 TG（a）和 DSC（b）曲线

表 3.1 不同浓度氯化铜作用下水热产物的失重率

氯化铜用量/mol·L^{-1}	0.00	1.25×10^{-3}	2.50×10^{-3}	3.75×10^{-3}	5.00×10^{-3}	6.25×10^{-3}
失重率（质量分数）/%	6.09	5.77	7.14	5.77	6.21	6.03

由图 3.25 可知，水热产物中的结晶水在 100℃左右开始脱除，在 170℃时基本达到稳定。如表 3.1 所示，不同浓度氯化铜作用下水热产物的失重率不同，且普遍略小于 HH 的结晶水理论含量 6.21%，这可能归因于脱硫石膏中金属阳离子的存在。Cu、Fe、Al 等在酸性条件下基本以游离态存在，然而水热反应结束后溶液的 pH 会增大，使得金属阳离子发生水解，从而影响水热产物的失重率；而在氯化铜浓度为 2.50×10^{-3}mol/L 时水热产物的失重率为 7.14%，稍大于 HH 的结晶水理论含量，这可能是因为试样干燥不充分导致少量晶须水化所致。DSC 曲线在 130℃附近有明显的吸热峰，且水热产物的吸热峰强度随氯化铜浓度的增大呈增大趋势，可见氯化铜浓度的增大对水热产物结晶水的含量有一定的影响。为探明不同浓度的氯化铜对水热产物的物相组成及其结晶程度的影响，进一步证明

氯化铜浓度为 2. 50×10^{-3}mol/L 时水热产物中是否存在 DH 晶体，对水热产物进行了 XRD 分析，结果如图 3. 26 所示。

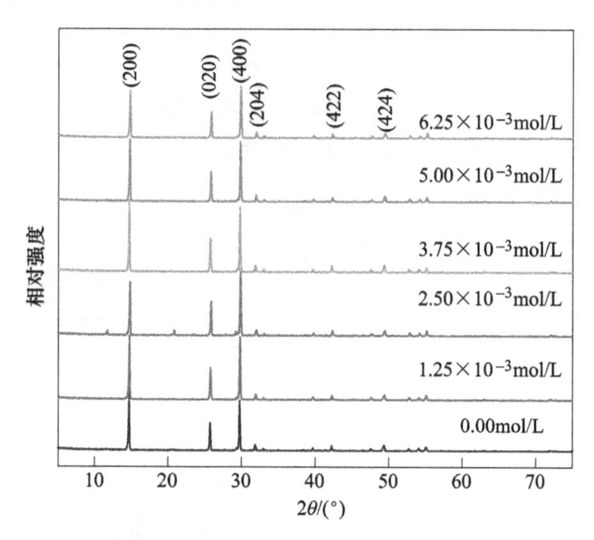

图 3. 26 不同浓度氯化铜作用下水热产物的 XRD 分析

由图 3. 26 可知，水热产物在 14. 74°、25. 66°和 29. 74°处均是 HH 晶体的特征衍射峰，且图谱中未出现其他物相的衍射峰，可见氯化铜浓度对水热产物的物相无显著影响，其物相均为 HH，但其特征衍射峰的峰形、强度及峰位均有一定的差别。与未添加氯化铜时制备的水热产物相比，添加氯化铜后水热产物衍射峰的强度增大，且其峰形尖锐，水热产物的结晶程度较好。随着氯化铜浓度的增大，水热产物衍射峰的峰强呈先增强后减弱的趋势，在氯化铜浓度为 3. 75×10^{-3}mol/L 时峰强相对最强。这与图 3. 24 所示的 SEM 照片结果是一致的。由此可见，氯化铜用量对水热产物的物相无明显影响，适宜的氯化铜用量有利于 HH 的结晶生长。

3. 3. 2 硫酸铜用量对水热产物显微结构的影响

图 3. 27 不同硫酸铜浓度条件下制备的水热产物的 SEM 照片。当不添加硫酸铜时，水热产物结晶形貌呈颗粒状、短柱状、纤维状等多种形貌共存，大部分纤维状水热产物的长度小于 100μm，其直径、长径比差异较大，结晶品质较差。随硫酸铜用量增加至 1. 25×10^{-3}mol/L，纤维状产物的比例增大，但颗粒状、短柱状结晶形貌数量仍然较多，纤维状产物长度较小，存在分叉等现象。增加硫酸铜用量至 2. 50×10^{-3}mol/L，纤维状产物直径较为均匀，晶体表面平整，但仍存在较多的短柱状、颗粒状等产物。进一步增加硫酸铜用量至 3. 75×10^{-3}mol/L，纤维状产物长度变化不大，但其直径普遍变粗，长径比有所减小。当硫酸铜用量增加至 5. 00×10^{-3}mol/L 时，水热产物结晶形貌变化不大，但其表面出现明显的斑状杂质

富集，“沟壑”状缺陷开始出现，结晶品质有所降低。继续增加硫酸铜用量至6.25×10^{-3}mol/L，水热产物中纤维状结晶形貌反而减少，且其表面出现明显的缺陷，晶体的结晶程度变差。由此可见，硫酸铜虽然可提高纤维状水热产物的长径比，但对颗粒状、短柱状水热产物的抑制效果较弱，在硫酸铜用量为2.50×10^{-3}mol/L时，水热产物以纤维状为主，且其结晶品质相对较好。

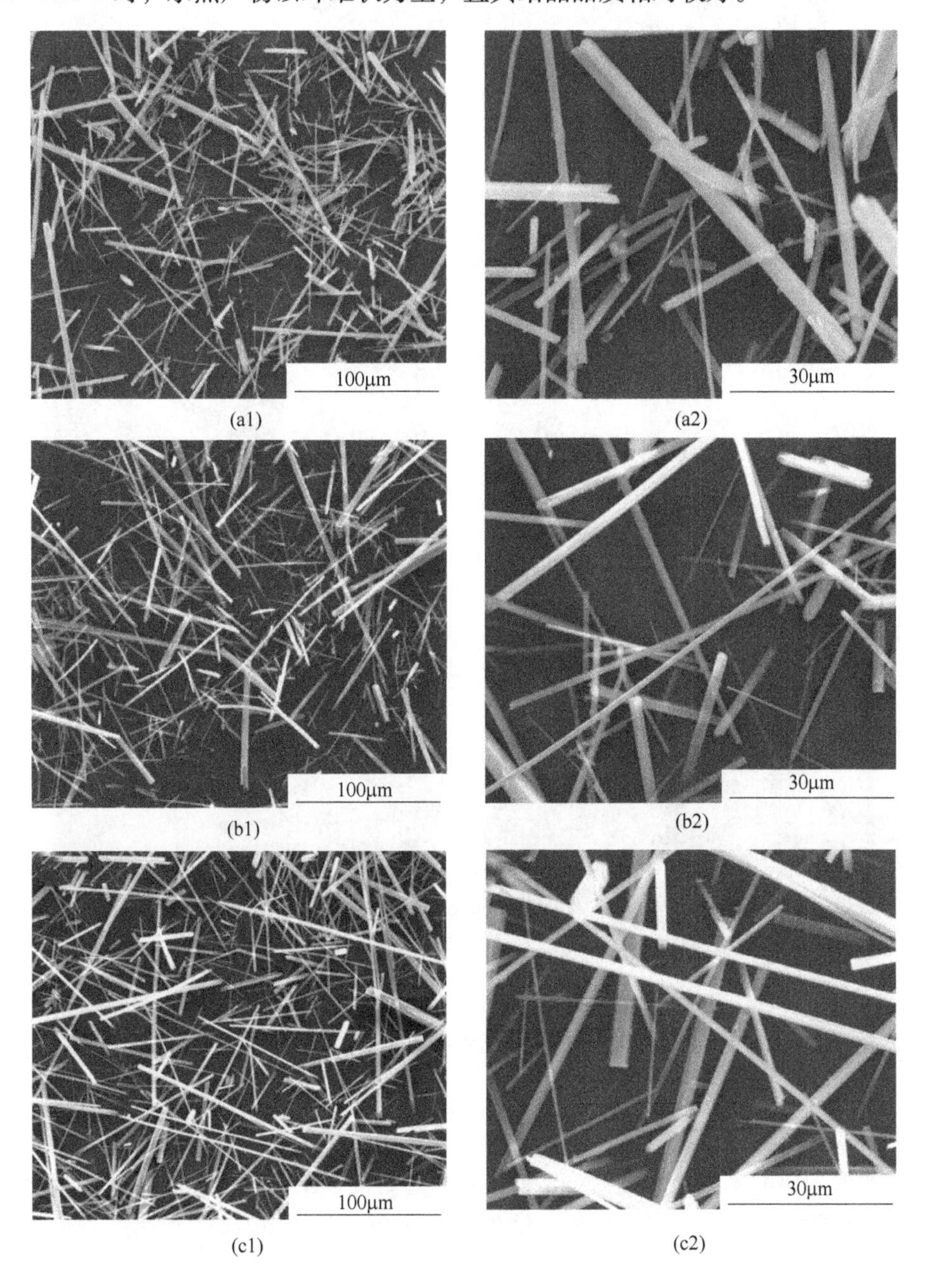

(a1) (a2)
(b1) (b2)
(c1) (c2)

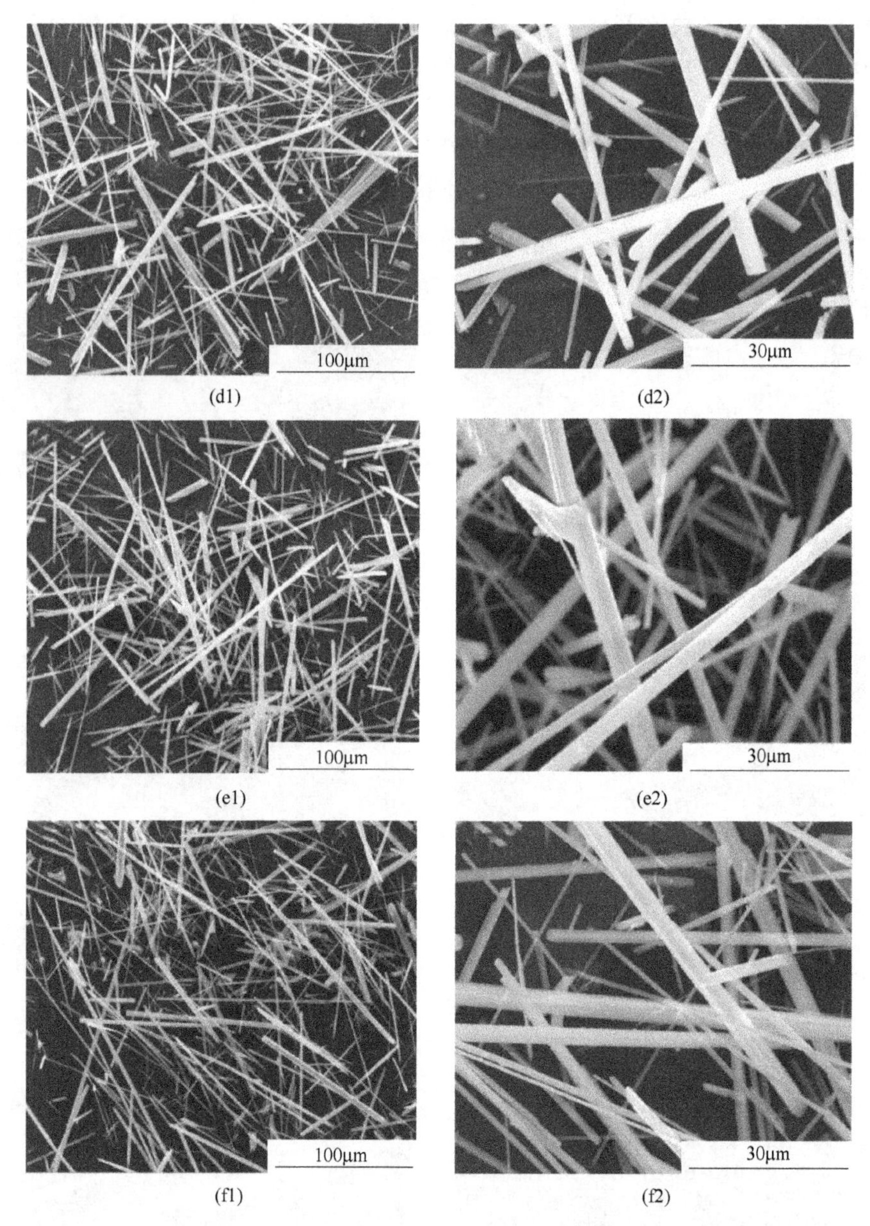

图 3.27　不同硫酸铜用量条件下水热产物的 SEM 照片

（a1，a2）0.00mol/L；（b1，b2）1.25×10^{-3}mol/L；（c1，c2）2.50×10^{-3}mol/L

（d1，d2）3.75×10^{-3}mol/L；（e1，e2）5.00×10^{-3}mol/L；（f1，f2）6.25×10^{-3}mol/L

为深入研究不同硫酸铜浓度条件下脱硫石膏向半水石膏的转化程度，对制备的水热产物进行了 DSC-TG 分析，结果如图 3.28 所示，相应的水热产物失重率统计结果如表 3.2 所示。

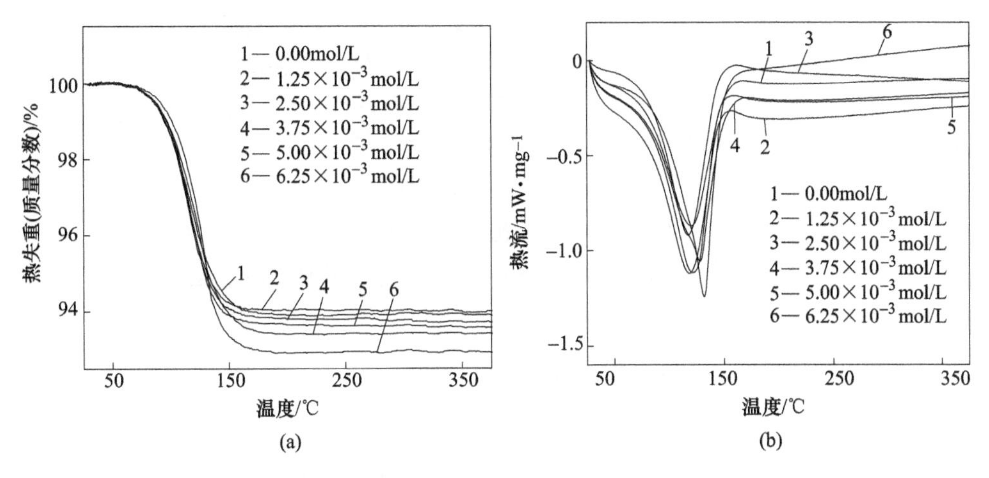

图 3.28 不同浓度硫酸铜作用下水热产物的 TG（a）和 DSC（b）曲线

表 3.2 不同浓度硫酸铜作用下水热产物的失重率

硫酸铜用量/mol · L^{-1}	0.00	1.25×10^{-3}	2.50×10^{-3}	3.75×10^{-3}	5.00×10^{-3}	6.25×10^{-3}
失重率（质量分数）/%	6.09	5.95	6.18	6.59	6.35	7.05

不同硫酸铜浓度条件下制备的水热产物的 DSC-TG 分析结果与相应的失重率统计结果，与不同氯化铜浓度条件下制备的水热产物分析结果基本一致。这表明硫酸铜浓度对水热产物中结晶水的含量也有一定的影响。为探明不同浓度的硫酸铜对水热产物的物相组成及其相转化影响的程度，对水热产物也进行了 XRD 分析，结果如图 3.29 所示。

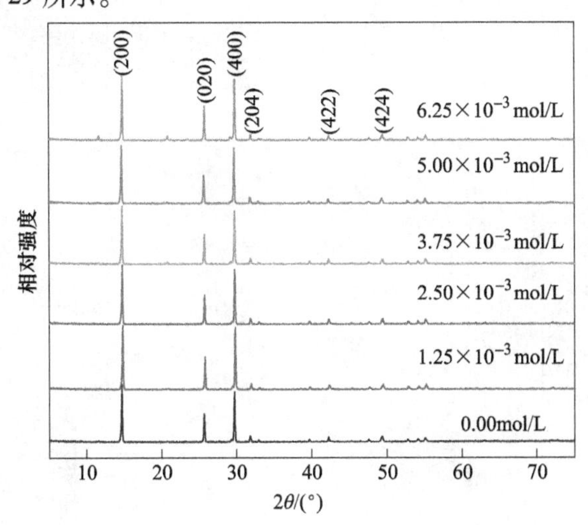

图 3.29 不同浓度硫酸铜作用下水热产物的 XRD 分析

由图 3.29 可知，水热产物在 14.74°、25.66°和 29.74°处均是 HH 晶体的特征衍射峰，且图谱中未出现其他物相的衍射峰，可见硫酸铜浓度对水热产物的物相也无显著影响，其物相均为 HH，但其特征衍射峰的峰形、强度略有差别。与未添加硫酸铜时制备的水热产物相比，添加硫酸铜后水热产物衍射峰的强度有所增强，且随硫酸铜浓度的增大而增强，当硫酸铜浓度增大至 2.50×10^{-3}mol/L 时衍射峰强度的变化渐趋平稳，继续增大硫酸铜浓度至 6.25×10^{-3}mol/L，衍射峰强度反而减小。因此，硫酸铜用量对水热产物的物相无明显影响，适宜的硫酸铜浓度有利于脱硫石膏生长成 HH 晶须。

3.3.3 硝酸铜用量对水热产物显微结构的影响

图 3.30 不同硝酸铜浓度条件下水热产物的 SEM 照片。当不添加 $Cu(NO_3)_2$ 时，大部分水热产物呈短柱状、颗粒状等形貌，纤维状晶须相对较少。在不同用量的 $Cu(NO_3)_2$ 调控下，纤维状水热产品的比例逐渐增大。当 $Cu(NO_3)_2$ 添加量小于 2.50×10^{-3}mol/L 时，水热产物结晶形貌以纤维状为主，并伴随少量的短柱

(c1) (c2)

(d1) (d2)

(e1) (e2)

图 3.30 不同硝酸铜用量条件下水热产物的 SEM 照片

(a1, a2) 0.00mol/L; (b1, b2) 1.25×10^{-3}mol/L; (c1, c2) 2.50×10^{-3}mol/L

(d1, d2) 3.75×10^{-3}mol/L; (e1, e2) 5.00×10^{-3}mol/L; (f1, f2) 6.25×10^{-3}mol/L

状产品，且晶须直径粗细不均。当 $Cu(NO_3)_2$ 用量进一步增大至 3.75×10^{-3}mol/L 时，水热产物直径分布较为均匀，为 2~5μm，几乎无颗粒状和无定形状结晶形貌出现；进一步增加 $Cu(NO_3)_2$ 用量至 5.00×10^{-3}mol/L 以上时，水热产品反而出现短柱状产物，表明过量的 $Cu(NO_3)_2$ 恶化了晶须结晶。这与硫酸铜、氯化铜用量对脱硫石膏晶须结晶形貌与品质的影响类似。

为深入研究不同硝酸铜浓度条件下脱硫石膏向半水石膏的转化程度，对制备的水热产物进行了 DSC-TG 分析，结果如图 3.31 所示，相应的水热产物失重率统计结果如表 3.3 所示。

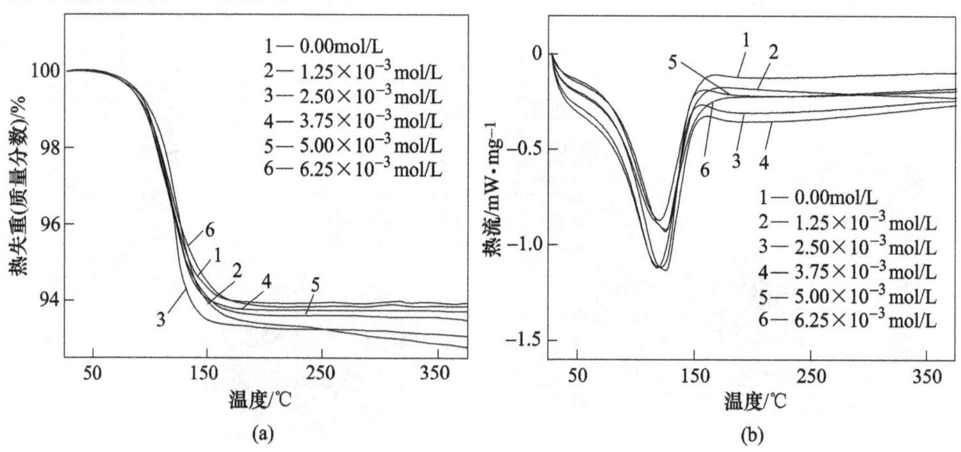

图 3.31 不同浓度硝酸铜作用下水热产物的 TG (a) 和 DSC (b) 曲线

表 3.3 不同浓度硝酸铜作用下水热产物的失重率

硝酸铜用量/mol·L^{-1}	0.00	1.25×10^{-3}	2.50×10^{-3}	3.75×10^{-3}	5.00×10^{-3}	6.25×10^{-3}
失重率(质量分数)/%	6.09	6.47	6.69	6.21	6.37	6.14

由于不同硝酸铜浓度条件下制备的水热产物的DSC-TG分析结果与相应的失重率统计结果，与前述氯化铜、硝酸铜条件下制备的水热产物分析结果基本一致，在此不再赘述。

图3.32是不同硝酸铜浓度条件下制备的水热产物的XRD图谱。随着$Cu(NO_3)_2$用量的增大，水热产物的特征衍射峰的峰强度先增强后减弱，这与氯化铜对水热产物相结构的影响相似。由于$Cu(NO_3)_2$可以促进脱硫石膏的溶解，增加溶液中Ca^{2+}浓度，提高溶液中$[Ca^{2+}]/[SO_4^{2-}]$浓度之比，从而促进脱硫石膏晶须沿c轴方向生长，使得制备的晶须长径比增大，结晶状况得以改善。因此，当$Cu(NO_3)_2$添加量为3.75×10^{-3}mol/L时，其特征衍射峰强度最大，峰形更为尖锐，水热产物的结晶程度相对较好。

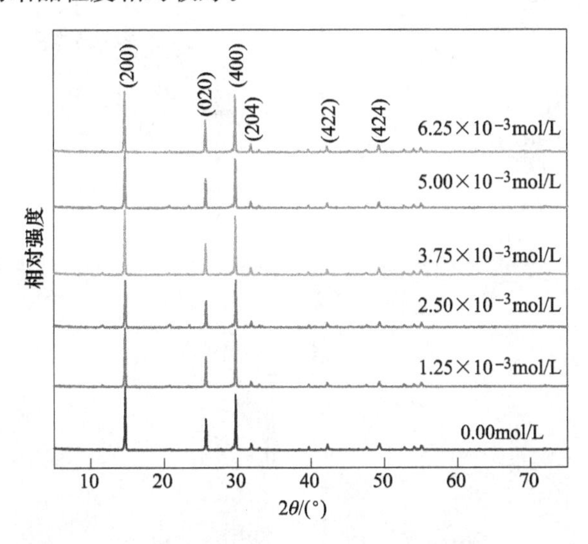

图3.32 不同浓度硝酸铜作用下水热产物的XRD分析

3.4 阴离子作用机理研究

已有研究表明，Cu^{2+}在（110）和（100）晶面可能存在优先吸附，从而促进晶须沿c轴的生长。同时，利用无机盐调控石膏晶须结晶生长时，尽管阳离子作用明显，但阴离子对石膏溶解特性和晶须结晶生长的影响不容忽视，有时其作用程度甚至超过阳离子，如SO_4^{2-}的阴离子同离子效应远强于Mg^{2+}、Ba^{2+}等阳离子的同离子效应。此外，现有关于无机盐调控晶须结晶生长的研究主要集中于阳离子对晶须结晶形貌的影响及其作用机理研究，而对于阴离子在晶须结晶过程中的作用机理研究仍有待深入；并且在阴、阳离子共同存在的条件下，单一地讨论阳离子对晶须结晶的影响，很难客观、准确地评价其在晶须结晶过程中的作用机理。鉴于此，本节以氯化铜、硫酸铜和硝酸铜为添加剂，系统研究阴离子和 Cu^{2+} 对脱硫石膏晶须显微结构与表面特性、脱硫石膏溶解特性的影响，重点讨论阴离子及阴离子存在条件下 Cu^{2+} 在脱硫石膏晶须结晶过程的作用机理。

3.4.1 阴离子对脱硫石膏晶须结晶形貌的影响

不同添加剂作用下采用水热法制备的脱硫石膏晶须试样的 SEM 照片如图 3.33 所示。

图 3.33 脱硫石膏晶须试样的 SEM 图

(a) 对照组；(b) $CuCl_2$；(c) $CuSO_4$；(d) $Cu(NO_3)_2$

由图 3.33 可知，无添加剂作用时制备的脱硫石膏晶须试样直径、长径比差异较大，且存在颗粒状、短柱状、晶须等多种形貌共存的现象。加入氯化铜后，除晶须外水热产物中几乎无其他形貌出现，且晶须长径比较大，直径分布均匀。

加入硫酸铜后，水热产物中颗粒状形貌增多，晶须直径、长径比分布较宽，并出现粗化、分叉现象。加入硝酸铜后，颗粒状产物较少，但水热产物明显粗化，晶须长度、长径比减小。

已有研究表明，Cu^{2+}可以改善石膏晶须的结晶状况，提高其品质。然而上述试验结果表明，尽管都采用了铜盐作为添加剂，但水热产物的微观形貌仍存在显著差异，这说明在水热反应过程中不仅阳离子对水热产物结晶有较大影响，阴离子对其结晶的影响也不容忽视。在同一水热反应过程中，不同结晶形貌水热产物的化学组成必将有所差异。为进一步研究不同铜盐添加剂对水热产物化学组成的影响，分别对试样进行了 XRF 分析，其结果如表 3.4 所示。

表 3.4 试样 XRF 分析结果

添加剂	主要组成（质量分数）/%			CaO/SO_3
	CuO	CaO	SO_3	
对照组	—	42.6464	55.3226	0.77
$CuCl_2$	0.0162	42.6268	55.7964	0.76
$CuSO_4$	0.0316	42.1100	55.6202	0.76
$Cu(NO_3)_2$	0.0422	41.8340	55.9942	0.75

当无添加剂作用时水热产物中 CaO 和 SO_3 的质量比为 0.77，而经铜盐作用后试样中 SO_3 含量提高，CaO 含量下降，CaO/SO_3 更接近 0.70（$CaSO_4 \cdot 0.5H_2O$ 中 CaO/SO_3 为 0.70），且在硝酸铜作用下 CaO/SO_3 最小为 0.75，这可能是不同阴离子作用下脱硫石膏溶解行为的差异造成的。此外，添加铜盐后在晶须试样中均检测出了不同含量的铜元素，且 NO_3^- 作用下最多，SO_4^{2-} 作用下次之，Cl^- 作用下最少。由此可见，阴离子会影响 Cu^{2+}在水热产物表面的吸附。

3.4.2 阴离子对脱硫石膏晶须表面特性的影响

采用铜盐为添加剂时，Cu^{2+}的选择性吸附会影响晶须不同晶面的生长速率，进而改变其结晶形貌。为了研究在阴离子和 Cu^{2+}共同存在的条件下阴、阳离子对晶须结晶状况和表面特性的影响，对脱硫石膏晶须试样进行了 FTIR 分析，其结果如图 3.34 所示。

图 3.34 中波数 3609.79cm^{-1}和 1619.47cm^{-1}为晶须试样中结晶水的吸收峰，分别是结晶水的羟基伸缩振动峰和变角振动吸收峰；波数 3555.60cm^{-1}的吸收峰为试样表面吸附水中的羟基吸收峰。波数 1006.80cm^{-1}和 1176.28cm^{-1}的吸收峰分别是 SO_4^{2-} 的对称和反对称伸缩振动吸收峰；波数 658.43cm^{-1}和 599.85cm^{-1}的吸收峰是 SO_4^{2-} 的不对称变角振动吸收峰。与无添加剂作用下制备的晶须试样相比，加入铜盐后，试样所含结晶水的羟基峰位未发生明显变化，但其强度有所降低，

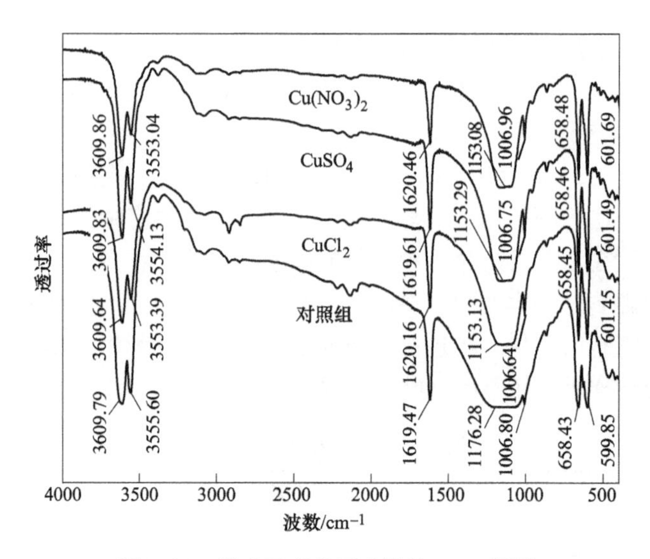

图 3.34　脱硫石膏晶须试样的 FTIR 谱图

而 SO_4^{2-} 的振动吸收峰明显增强，且其反对称伸缩振动吸收峰出现窄化及向右漂移的现象，这可能是电负性比 Ca^{2+}(1.00) 更大的 Cu^{2+}(1.90) 在晶体表面的化学吸附造成的。与 Ca^{2+} 相比，Cu^{2+} 会使 S—O 键的电子云向 Cu^{2+} 方向偏移，从而减小 S—O 键的反伸缩振动频率。

由此可见，铜盐引入的阴离子、Cu^{2+} 将对脱硫石膏晶须的表面特性产生一定的影响，但通过 FTIR 分析无法确定 Cu^{2+} 在脱硫石膏晶须表面的作用方式及作用程度。为证实 Cu^{2+} 在晶须表面的作用机理并揭示阴离子对 Cu^{2+} 作用程度的影响，对晶须试样又进行了 XPS 分析，其结果如图 3.35 所示。

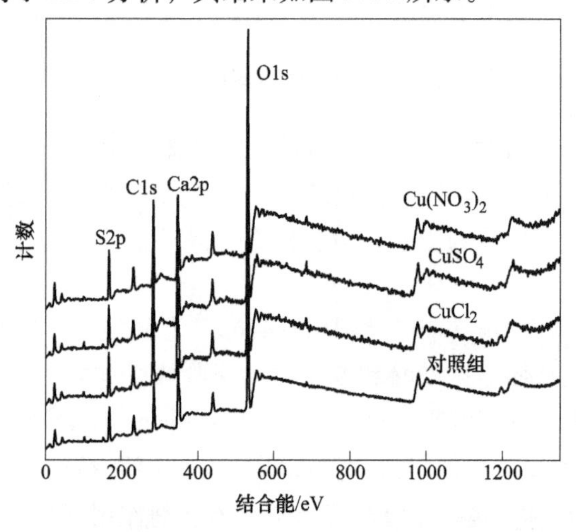

图 3.35　晶须试样 XPS 全谱图

由图3.35可知，晶须表面主要由钙、硫、氧等元素组成，在铜盐作用下，硫元素的特征峰峰形更尖锐，且钙元素和氧元素特征峰强度增大。为进一步说明铜盐对晶须表面结合能的影响，对试样表面氧元素的电子结合能进行了窄谱分析，结果见图3.36、表3.5。

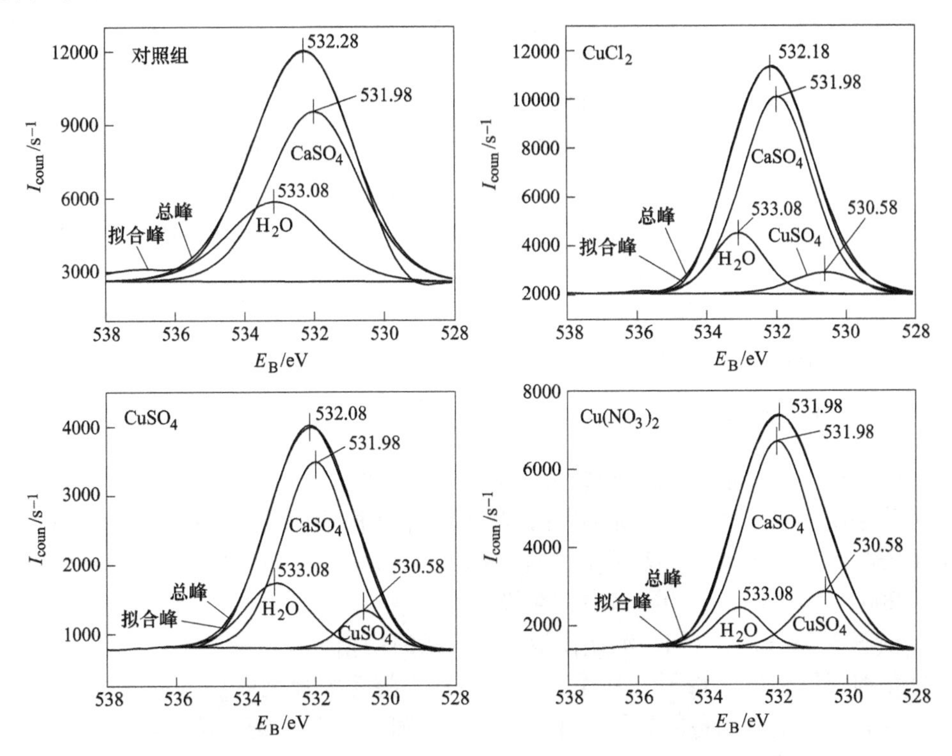

图3.36 氧元素电子结合能窄谱分析

表3.5 氧元素电子结合能窄谱分析

添加剂	面积/cps·eV				面积比/%		
	Ca—O和S—O	H—O	Cu—O	总峰	Ca—O和S—O	H—O	Cu—O
对照组	22712.23	11225.51	—	33937.74	66.93	33.08	—
$CuCl_2$	20630.9	4659.09	2153.43	27443.42	75.18	16.98	7.85
$CuSO_4$	6536.45	2188.39	889.42	9614.26	67.99	22.76	9.25
$Cu(NO_3)_2$	12767.34	2096.98	3465.00	18329.32	69.66	11.44	18.90

表3.5和图3.36所示的试样氧元素电子结合能窄谱分析结果表明，晶须试样表面氧元素存在Ca—O、S—O、H—O等三种结合能，经Cl^-、SO_4^{2-}和NO_3^-作用后O1s的电子结合能发生了漂移，分别从532.28eV漂移至532.18eV、532.08eV和531.98eV（仪器的检测误差小于0.1eV）。由于结合能位移大于设备

检测误差，故可认为是环境变化引起的。加入铜盐后，电负性更强的 Cu^{2+} 在试样表面发生了化学吸附并产生 Cu—O 键，从而降低了晶须表面氧元素的电子结合能。在 Cl^-、SO_4^{2-} 和 NO_3^- 作用下 Cu—O 结合能的比例分别为氧元素电子结合能状态的 7.85%、9.25%和 18.90%，这表明阴离子对 Cu^{2+} 在晶须表面的吸附程度有显著影响，导致其表面 Cu—O 结合能的比例明显不同。在 NO_3^- 作用时晶须试样表面吸附的 Cu^{2+} 较多，SO_4^{2-} 作用时次之，Cl^- 作用时最少。

在水热过程中 Cu^{2+} 会选择性吸附在晶体表面，促进晶须沿 c 轴方向生长。然而，本研究结果表明，Cu—O 键的形成会改变晶须表面的化学环境，相比于 Ca—O 键，Cu—O 键的电子云偏离氧原子，降低了氧元素的电子结合能，从而使 SO_4^{2-} 的电子结合能降低，这不利于晶须的生长。由 FTIR 和 XPS 分析可知，在 NO_3^- 作用下试样表面 Ca—O 键较多，不利于脱硫石膏晶须的生长，而在 Cl^- 和 SO_4^{2-} 作用下试样表面 Cu^{2+} 的吸附量较少，有利于晶须的结晶。因此，在复杂的水热反应溶液体系中，阴离子对 Cu^{2+} 在晶须表面作用的影响仍需深入研究。

3.4.3 阴离子对脱硫石膏晶须物相的影响

Cu^{2+} 在晶须表面的吸附及其 Cu—O 的产生必将影响晶须晶体结构的变化。为进一步阐明阴离子和 Cu^{2+} 对脱硫石膏晶须晶体结构的影响，对晶须试样进行了 XRD 分析，结果如图 3.37 所示，其中图 3.37（b）~（d）分别为图 3.37（a）中（200）、（020）、（400）对应衍射峰峰位的窄谱图。

由图 3.37（a）可知，铜盐作用前后试样的物相未发生显著变化，但其主要特征衍射峰的强度、峰形及峰位有一定差别。与无添加剂时制备的晶须试样相比，加入氯化铜后制备的晶须试样，其衍射峰强度增大，峰形更加尖锐，晶须的结晶程度得到了改善，如图 3.33（b）所示。加入硫酸铜或硝酸铜后，晶须试样的特征衍射峰均出现峰形钝化、强度减小的现象，这表明硫酸铜或硝酸铜的加入，恶化了脱硫石膏晶须的结晶状况。图 3.33（c）中大量颗粒状产物的出现和图 3.33（d）中晶须的粗化也证实了这一点。在不同阴离子和 Cu^{2+} 作用下，晶须试样的衍射峰峰位均发生了偏移，其中晶须试样特征峰的 2θ 角在 Cl^- 和 SO_4^{2-} 作用后略有增大，而在 NO_3^- 作用后明显减小。主要是因为在 Cl^- 和 SO_4^{2-} 作用下，Cu^{2+} 化学吸附于试样表面，键能更大的 Cu—O 的键长较短，从而减小了晶面间距，增大了特征峰的 2θ 角；而在 NO_3^- 作用下特征峰的 2θ 角减小，这说明 Cu^{2+} 不仅会化学吸附于试样表面，还会进入晶体晶格并取代半径更大的 Ca^{2+}（$r_{Cu^{2+}}=0.073nm$，$r_{Ca^{2+}}=0.100nm$），最终导致晶面间距增大。由此可见，Cl^- 作用可以改善晶须的结晶程度，而 NO_3^- 作用会导致 Cu^{2+} 进入晶体晶格。

3.4.4 阴离子对脱硫石膏溶解特性的影响

由上述研究可知，加入不同的无机盐可改变水热反应的溶液组成，使得所制

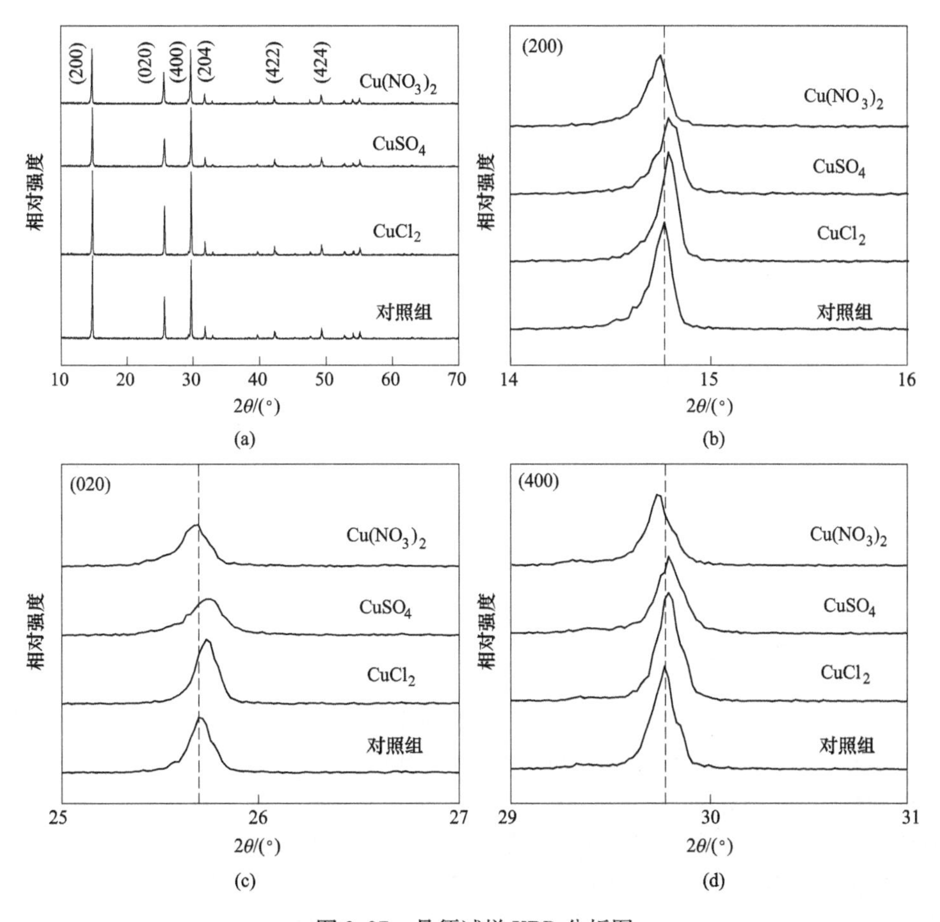

图 3.37 晶须试样 XRD 分析图

备的脱硫石膏晶须的化学组成、结晶形貌、表面特性、晶体结构均存在明显差异。因此，测定不同水热反应溶液体系中 Ca^{2+} 的浓度，有助于探明溶液中阴、阳离子对脱硫石膏溶解度及其对脱硫石膏晶须结晶的影响，以揭示其作用机理。图 3.38 为不同水热反应溶液体系下，溶液中 Ca^{2+} 浓度的测定结果。

由图 3.38 可知，与无添加剂下脱硫石膏的溶解度相比，硝酸铜的加入明显提高了脱硫石膏的溶解度；氯化铜虽然也可以提高脱硫石膏的溶解度，但作用并不明显；而硫酸铜的加入反而降低了其溶解度。无机盐在石膏溶液体系中主要通过其盐效应、同离子效应和其离子极化作用对脱硫石膏的溶解度产生影响。由于三种铜盐均易溶于水，在水中将完全电离进而发生水解。然而，当向反应溶液加入硫酸后，溶液中的 Cu 几乎完全以游离的 Cu^{2+} 形式存在，并不能发生水解。因此，Cu^{2+} 的存在对脱离石膏溶解度的影响相对较小，而在引入同种阳离子的条件下阴离子对脱硫石膏的溶解度影响更加显著。

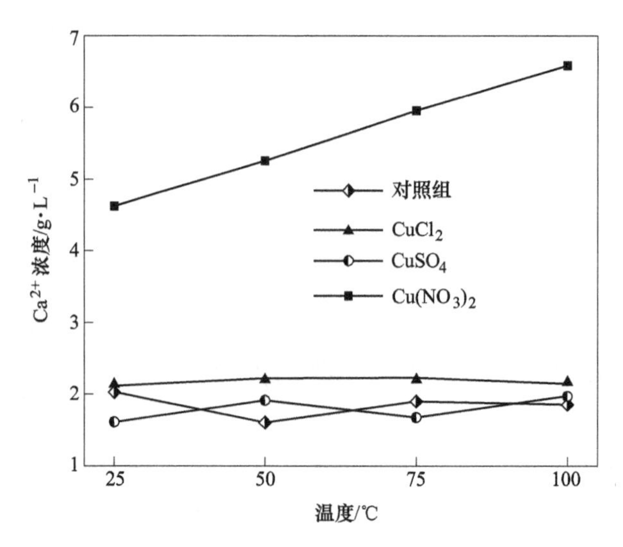

图 3.38 不同水热反应溶液体系下溶液中 Ca^{2+}浓度的测定结果

3.4.5 阴离子作用机理分析

当不加无机盐时，由于没有产生盐效应而降低脱硫石膏的溶解度，故加入少量的硫酸即可将脱硫石膏的溶解度提高至反应所需浓度，使得优化工艺后反应溶液的 pH 相对较高；而三种铜盐进入溶液后均会产生盐效应，其电离产生的离子通过静电作用在 Ca^{2+}和 SO_4^{2-} 周围聚集，会减小 Ca^{2+}与 SO_4^{2-} 的碰撞概率，降低二水硫酸钙的活度系数，从而增大脱硫石膏的溶解度。NO_3^- 因具有平面三角形结构，将会对 SO_4^{2-} 产生屏蔽作用，且其在 Ca^{2+}周围的聚集对 Ca^{2+}有较大的静电作用，从而增大了二水硫酸钙的溶解度，使其对脱硫石膏溶解的促进作用较为明显。SO_4^{2-} 因同离子效应，其浓度的增大将导致二水硫酸钙溶解平衡反应向沉淀方向进行，从而减少了溶液中 Ca^{2+}的数目，使脱硫石膏溶解度降低。为降低同离子效应对脱硫石膏溶解度的影响，进而影响晶须的结晶，适当降低硫酸的用量是极为必要的。Cl^-因电价低、离子半径大，对 SO_4^{2-} 的阻碍作用较小，对脱硫石膏溶解度的影响不大。由此可见，加入不同的无机盐，因其电离和水解特性差异，使得反应溶液化学组成也有所不同，对脱硫石膏溶解度的影响也明显不同。这也使得优化工艺后硫酸用量有所不同，导致反应溶液 pH 存在差异，进而对晶须结晶形貌产生影响。此外，溶液中的 Ca^{2+}会对阴离子产生极化作用，使阴离子发生不同程度的变形，其中 Cl^-较强，NO_3^- 次之，SO_4^{2-} 较弱。极化作用会使离子的电子云发生偏移，促使键型从离子键向共价键转化，降低离子间的晶格能，对脱硫石膏的溶解有抑制作用。

在反应溶液体系中，Ca^{2+}和 SO_4^{2-} 聚集速度越快，形成颗粒状、短柱状等形貌的概率越小，但杂质离子易进入晶体；而聚集速度过小则会导致颗粒状等形貌的产生。硫酸铜的加入导致 SO_4^{2-} 浓度相对较高而 Ca^{2+} 数目较少，使得 Ca^{2+} 的聚集速度较慢，不利于晶核的生成及晶须的生长，造成了较少纤维状产品与大量颗粒状、短柱状形貌共存的现象。氯化铜的加入可在一定程度上促进脱硫石膏的溶解，适度地加快 Ca^{2+} 和 SO_4^{2-} 聚集速度，促进脱硫石膏晶须的成核及生长，从而生成长径比较大、结晶较好的脱硫石膏晶须。加入硝酸铜后，在 NO_3^- 作用下 Ca^{2+} 和 SO_4^{2-} 聚集速度过快，导致 Cu^{2+} 进入晶体晶格，并造成晶须产品粗化。图 3.33 的 SEM 照片也证实了这一点。此外，Cl^- 和 NO_3^- 对 Ca^{2+} 的静电作用以及 SO_4^{2-} 的阻溶作用均在一定程度上阻碍 Ca^{2+} 在晶体表面的聚集生长，降低试样中 CaO 和 SO_3 的质量比。

因此，在水热反应溶液体系中，无机盐产生的盐效应、同离子效应和离子极化均会影响脱离石膏的溶解，三者的协同作用最终决定了脱硫石膏的溶解度。这需进一步深入研究。

3.5 阳离子作用机理研究

近年来，采用水热法并通过阳离子调控晶须的结晶，进而探讨其作用机理已成为该领域研究的热点。如 Liu 等以分析纯 $CaSO_4 \cdot 2H_2O$ 为原料制备半水硫酸钙晶须，研究了 $Al_2(SO_4)_3 \cdot 18H_2O$、$Fe_2(SO_4)_3$、$Na_2SO_4$ 和 $MgSO_4$ 对晶须结晶形貌的影响；Mao 等以分析纯 $CaCl_2$ 和 H_2SO_4 为原料，系统地研究了 NaCl、KCl、$MgCl_2 \cdot 6H_2O$、$AlCl_3 \cdot 6H_2O$、$FeCl_3$、$CaCl_2$、Na_2SO_4 和 $MgCl_2$ 浓度对半水石膏晶须形貌和尺寸的影响；Hou 等以纯度为 99.0%的 $CaSO_4 \cdot 2H_2O$ 为原料，分别研究了 $MgCl_2$、$CuCl_2 \cdot 2H_2O$ 和 NaCl 对制备硫酸钙晶须长径比的影响；Yang 等以脱硫石膏为原料，分别研究了 NaCl、KCl、K_2SO_4、$MgSO_4$、$CuCl_2 \cdot 2H_2O$ 和 $MgCl_2 \cdot 6H_2O$ 对硫酸钙晶须生长行为和结晶的影响；Zhao 以牡蛎壳制备的二水硫酸钙为原料，采用水热法研究了 $AlCl_3$ 对半水硫酸钙晶须的形态和长径比的影响。

上述研究还较为深入地探讨了阳离子在晶须结晶过程中的作用机理。如 Liu 等认为，Na^+ 的存在不影响晶须的结晶形态，Mg^{2+}、Fe^{3+} 和 Al^{3+} 不进入晶须晶格，而是选择性吸附在（002）晶面上，从而抑制晶须沿 *c* 轴生长。Mao 等研究认为，Na^+ 可进入晶须晶格，Mg^{2+} 和 K^+ 可以吸附到晶体新形成的表面上；Hou 的研究发现，Mg^{2+} 通过吸附和掺杂促进了晶须的一维生长。Yang 的研究表明，Mg^{2+} 与 Ca^{2+} 易发生类质同晶取代现象，对晶须的生长无明显促进作用。Guan 的研究结果表明，Cu^{2+} 通过在脱硫石膏晶须侧面配位吸附而阻碍 Ca^{2+} 的吸附，促使晶须沿 *c* 轴方向生长。Wang 的结果表明，适量的 $CuCl_2$ 可以改善脱硫石膏晶须的结晶及其长径比的均匀性；但进一步增加 $CuCl_2$ 用量将会引起反应溶液中离子强度和溶解度的显著改变，使得脱硫石膏晶须长径比降低。

综上可见，对于相同的阳离子，由于原料性质的差异和制备工艺技术的不同，可能呈现出不同的作用机制。此外，前述研究还表明：以预处理后的脱硫石膏为原料，采用无机盐调控水热制备脱硫石膏晶须时，阴离子不仅会影响脱硫石膏晶须结晶形貌，还会影响阳离子与晶须表面作用形式和作用程度，进而影响晶须的结晶；与 SO_4^{2-} 和 NO_3^- 相比，Cl^-对阳离子与晶须表面作用形式和作用程度的影响较小，有利于高品质晶须的制备。因此，现有阳离子调控晶须结晶的研究成果是否适用于脱硫石膏晶须的水热制备，仍需进一步探讨。

鉴于此，以脱硫石膏为原料，研究 Cl^-存在条件下，Na^+、Cu^{2+}和 Al^{3+}对晶须结晶的影响，综合运用多种先进表征技术，结合溶液化学分析，以探讨并揭示其在脱硫石膏晶须水热制备过程中的作用机理。

3.5.1 阳离子对脱硫石膏晶须结晶形貌的影响

为研究阳离子对晶须结晶形貌和品质的影响，对不同水热条件下制备的晶须试样进行了 SEM 分析，其结果如图 3.39 所示。

图 3.39 不同阳离子作用下水热制备脱硫石膏晶须的 SEM 照片

（a）对照组；（b）NaCl；（c）$CuCl_2$；（d）$AlCl_3$

由图3.39可知，在Cl^-存在条件下，Na^+、Cu^{2+}、Al^{3+}均可改善晶须的结晶品质，但作用效果明显不同，所制备的水热产物微观形貌差异显著。无添加剂时，水热产物存在颗粒状、短柱状等多种形貌共存的现象；经Na^+作用后水热产物中颗粒状形貌基本消失，但水热产物出现粗化现象；经Cu^{2+}作用后水热产物长度显著增加、直径明显减小，其分布更加均匀，此时晶须表面更加光洁，无明显缺陷存在，并且除晶须外水热产物中无其他形貌出现；经Al^{3+}作用后水热产物出现分叉现象。这表明，在Cl^-存在条件下，水热反应过程中Na^+、Cu^{2+}、Al^{3+}对脱硫石膏晶须的结晶和品质影响较大。

脱硫石膏晶须长径比与阳离子的关系如图3.40所示。当无添加剂时，制备出的脱硫石膏晶须长径比较小，约54；经Na^+、Cu^{2+}和Al^{3+}作用后的脱硫石膏晶须长径比分别为70、200和85。结合图3.39可以发现，以预处理后的脱硫石膏为原料，采用水热法制备脱硫石膏晶须时，NaCl、$CuCl_2$、$AlCl_3$均可提高晶须长径比并改善其品质，但作用效果差异明显，呈Cu^{2+}、Al^{3+}、Na^+依次减弱的规律。

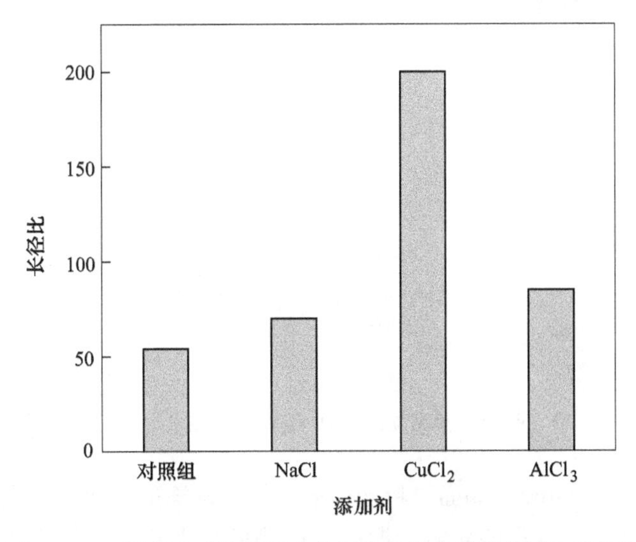

图3.40 不同阳离子作用下水热制备的脱硫石膏晶须的长径比

3.5.2 阳离子对脱硫石膏晶须物相的影响

为阐明阳离子对晶须晶体结构的影响，对脱硫石膏晶须样品进行了XRD分析，结果如图3.41所示，其中图3.41（b）~（d）分别为图3.41（a）中（200）、（020）、（400）对应特征衍射峰峰位的窄谱图。

由图3.41可知，经不同阳离子作用后的水热产物均未有其他物相出现，但其主要特征衍射峰的强度、峰形及峰位存在一定差别。与无添加剂时制备的晶须样品相比，经Na^+作用后水热产物的特征衍射峰峰位未发生偏移，但其

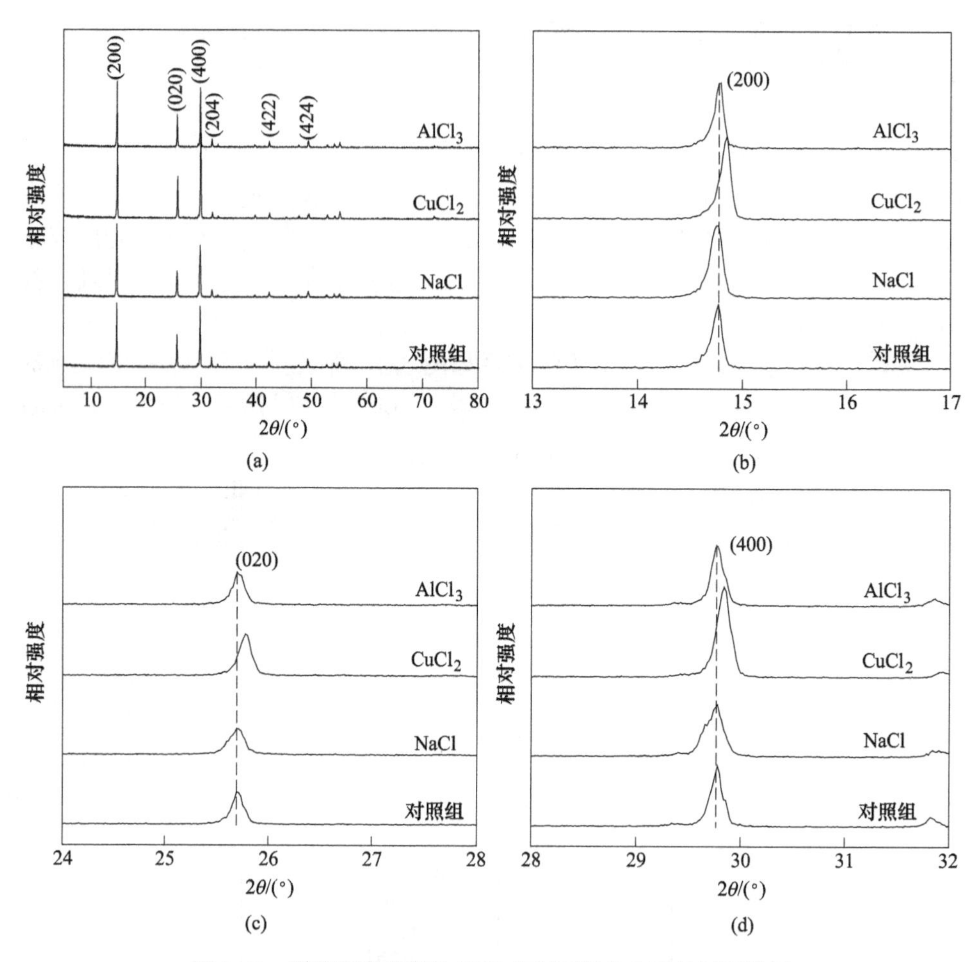

图 3.41 脱硫石膏晶须的 XRD 衍射图谱和主要晶面窄谱图

(200)、(020) 和 (400) 晶面的特征衍射峰均出现峰形钝化、强度减弱的现象，表明 Na^+并未进入晶体晶格，但会抑制上述晶面的生长，使晶须结晶程度劣化。在 Cu^{2+}作用下，水热产物的结晶程度较好，其主要晶面特征衍射峰峰形尖锐，峰位发生明显偏移，对应的 2θ 角均呈增大趋势。表明少量的 Cu^{2+}取代 Ca^{2+}进入晶须晶格，改善了晶须结晶程度，使晶面间距缩小，晶须直径细化。而经 Al^{3+}作用后晶须特征衍射峰强度、峰形及峰位并未发生明显改变。由此可见，在 Cl^-存在条件下，Na^+、Cu^{2+}和 Al^{3+}对脱硫石膏晶须结晶形貌和晶体结构的影响并不完全相同，这可能是阳离子自身性能差异所致。

3.5.3 阳离子对脱硫石膏晶须结晶表面特性的影响

为研究 Cl^-存在条件下，Na^+、Cu^{2+}、Al^{3+}对脱硫石膏晶须表面特性的影响，揭示其作用机理，对脱硫石膏水热产物进行了 FTIR 分析和局部放大，结果如图 3.42 所示。

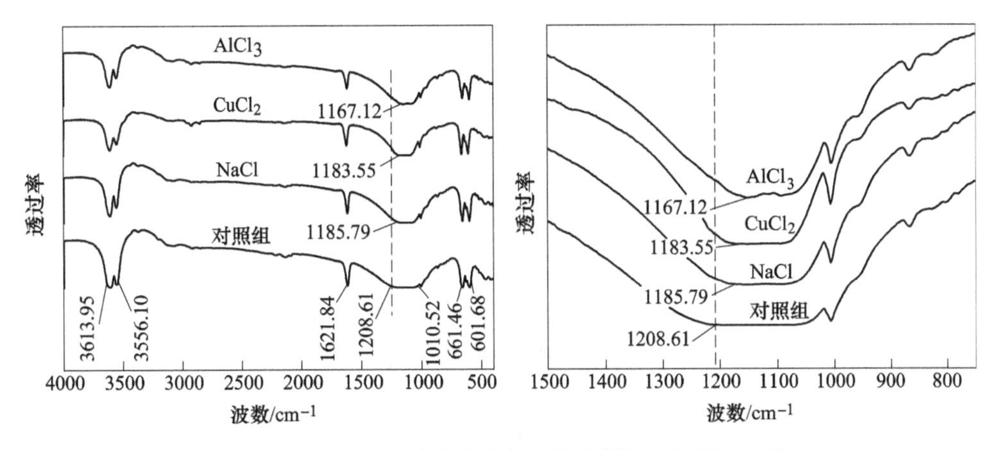

图 3.42 脱硫石膏水热产物的红外光谱图和局部放大图

由图 3.42 可知，在不同阳离子作用下制备的水热产物，其红外光谱特征峰峰位和峰强均发生不同程度的变化。与未添加阳离子制备的水热产物相比，经 Na^+、Cu^{2+} 和 Al^{3+} 作用后的水热产物，位于 3613.95cm^{-1} 和 1621.84cm^{-1} 处结晶水的羟基伸缩振动峰和变角振动吸收峰、3556.10cm^{-1} 处吸附水的羟基吸收峰的峰位均无明显变化；位于 664.16cm^{-1} 和 601.68cm^{-1} 处 SO_4^{2-} 的不对称变角振动吸收峰峰强均增强。同时，位于 1208.61cm^{-1} 处的 SO_4^{2-} 基团的反对称伸缩振动吸收峰的峰位均出现了向低波数偏移的现象，而位于 1010.52cm^{-1} 处的 SO_4^{2-} 对称伸缩振动吸收峰强度明显增强，其中 Cu^{2+} 的增强现象更显著。由此可见，Cu^{2+} 对脱硫石膏晶须的表面特性影响显著，Al^{3+}、Na^+ 次之。为深入探索阳离子对 SO_4^{2-} 基团的作用，对其进行了分峰处理，结果如图 3.43 所示。

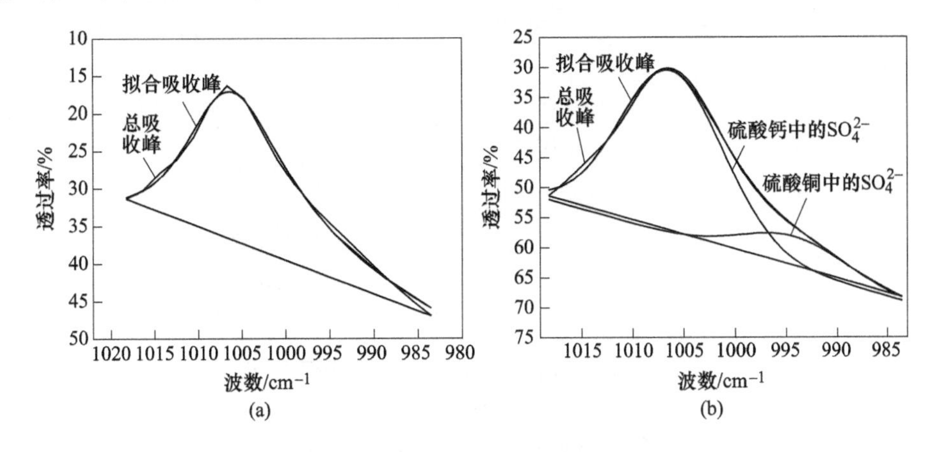

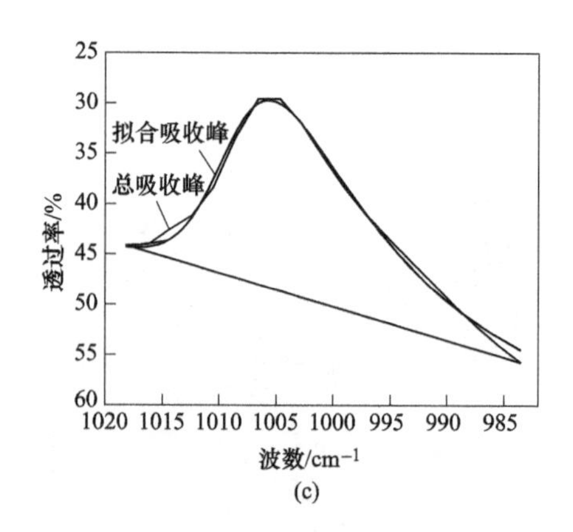

(c)

图 3.43　不同阳离子作用下 SO_4^{2-} 官能团的红外分峰拟合图

(a) NaCl；(b) $CuCl_2$；(c) $AlCl_3$

由图 3.43 可以看出，经 Na^+和 Al^{3+}作用后水热产物表面未出现新的 SO_4^{2-} 的特征吸收峰，经 Cu^{2+}作用后水热产物表面新出现了硫酸铜中 SO_4^{2-} 的特征吸收峰，这表明 Cu^{2+}化学吸附于脱硫石膏晶须表面，与 SO_4^{2-} 发生反应生成 $CuSO_4$。由于 Cu^{2+}的极化率大于 Ca^{2+}，与 SO_4^{2-} 的反应可使其电子云发生漂移，导致其键型由离子键向共价键转化，从而降低了离子间的晶格能，使 SO_4^{2-} 的键长增大，进而使其吸收峰增强。Na^+和 Al^{3+}因与 Ca^{2+}的电价差异，更易在晶须表面发生物理吸附，从而使 SO_4^{2-} 基团峰位均向低波数漂移。由此可见，Cu^{2+}通过化学吸附作用于脱硫石膏晶须表面，Na^+和 Al^{3+}则通过物理吸附作用于脱硫石膏晶须表面。

为进一步研究阳离子与脱硫石膏晶须表面的作用方式和作用程度，对水热产物进行了 XPS 分析，结果如图 3.44 和图 3.45 所示。

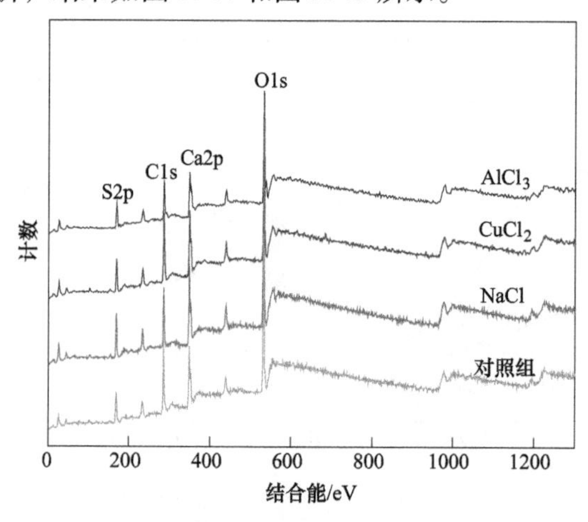

图 3.44　脱硫石膏晶须 XPS 全谱图

由图 3.44 可知，脱硫石膏晶须表面主要由 Ca、S 和 O 等元素组成。与无阳离子作用下水热产物相比，经 Na^{+}、Cu^{2+}、Al^{3+} 分别作用下的水热产物，其 XPS 全谱图未发现明显区别。然而，图 3.45 与表 3.6 所示的试样氧元素电子结合能窄谱分析结果表明，经 Cu^{2+} 和 Al^{3+} 作用后的水热产物表面分别出现了 Cu—O 键和 Al—O 键，结合能比例分别为氧元素电子结合能状态的 10.71%和 16.74%。这表

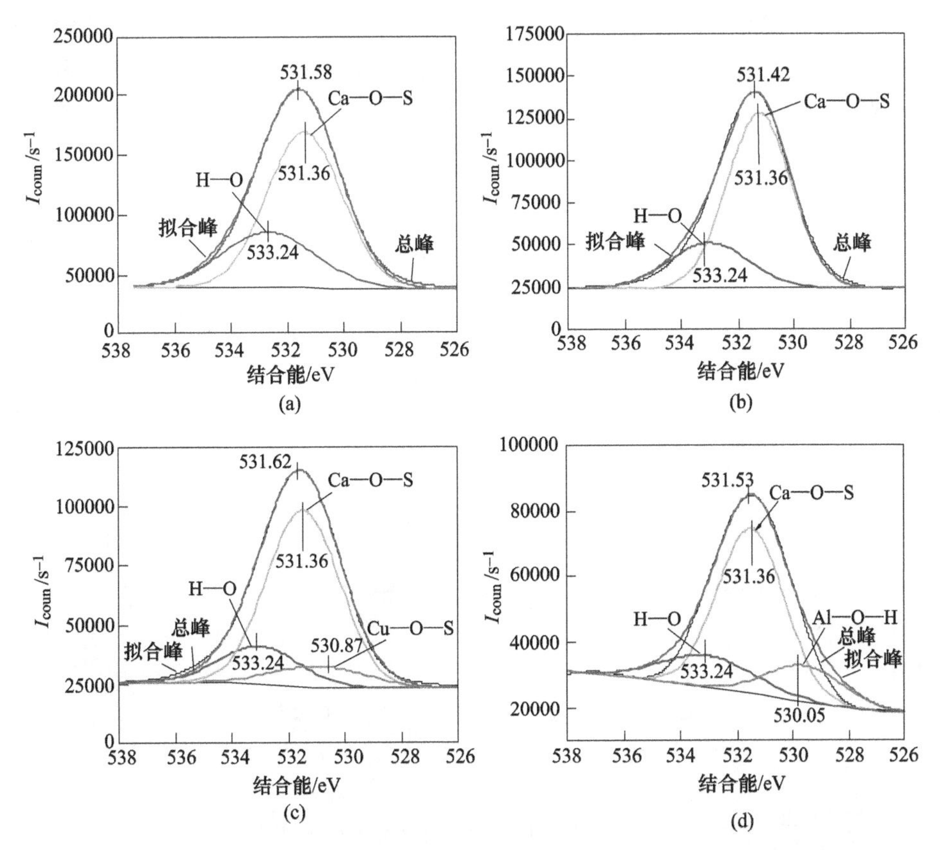

图 3.45 不同阳离子作用下脱硫石膏晶须样品中氧元素的 XPS 窄谱图

（a）无添加剂时氧元素的 XPS 窄谱图；（b）NaCl 作用下样品氧元素的 XPS 窄谱图

（c）$CuCl_2$ 作用下样品氧元素的 XPS 窄谱图；（d）$AlCl_3$ 作用下样品氧元素的 XPS 窄谱图

表 3.6 氧的价键形式及其分布

添加剂	面积/cps · eV				面积比/%		
	Ca—O—S	H—O	R—O	总峰	Ca—O—S	H—O	R—O
对照组	435646.30	193732.74	—	629379.04	69.22	40.78	—
NaCl	296950.41	94892.78	—	378005.79	75.78	24.22	—
$CuCl_2$	240580.59	55997.44	35539.94	332117.97	72.44	16.86	10.71
$AlCl_3$	150731.44	39263.23	38190.37	228185.04	66.06	17.21	16.74

注：表中 R—O 依次为 Cu—O、Al—O；“—”表示未发现。

明 Cu^{2+} 和 Al^{3+} 均可吸附在晶须表面与 SO_4^{2-} 相互作用。此外，经 Na^+、Cu^{2+}、Al^{3+} 作用后的晶须样品表面氧元素结合能发生了漂移，分别从 531.58eV 漂移至 531.42eV、531.62eV 和 531.53eV。

3.5.4　阳离子作用机理分析

上述研究结果表明，在 Cl^- 存在条件下，Na^+、Cu^{2+}、Al^{3+} 对脱硫石膏晶须结晶形貌、结晶程度、表面特性均有一定影响，且其与晶须表面作用方式和作用程度明显不同。这可能与阳离子自身特性及其在反应溶液中的存在形式有重要关系。为深入探索阳离子在脱硫石膏晶须水热制备过程中的作用机理，分别对 Cu^{2+} 和 Al^{3+} 的成分相对含量与 pH 值的关系进行了研究，其结果如图 3.46 所示。

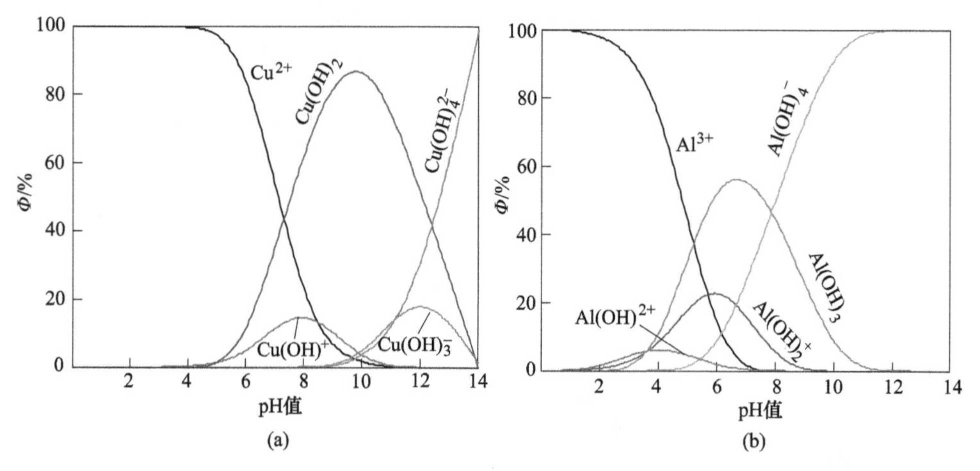

图 3.46　pH 值与 Cu^{2+} 和 Al^{3+} 成分分布系数图

（a）Cu^{2+} 的成分分布系数图；（b）Al^{3+} 的成分分布系数图

由图 3.46（a）可知，Cu^{2+} 在溶液中以 Cu^{2+}、$Cu(OH)^+$、$Cu(OH)_2$、$Cu(OH)_3^-$、$Cu(OH)_4^{2-}$ 形式存在。当以 $CuCl_2$ 为添加剂时，反应溶液的 pH 值为 2，此时溶液中全部为 Cu^{2+}。溶液中的 Cu^{2+} 进入晶体晶格，其与 Ca^{2+} 竞争结合水的能力加强，促进了 Ca^{2+} 的去溶剂化，加快晶须的形核与生长。由于 Cu^{2+}（0.073nm）的半径小于 Ca^{2+}（0.100nm）的半径，其半径差为 26.8%，与 SO_4^{2-} 作用时会导致其键强增大，使平行于 c 轴的晶面呈收缩趋势，导致（200）、（020）和（400）晶面间距缩小，从而阻碍了生长基元 Ca^{2+} 和 SO_4^{2-} 在这些晶面的生长，使得脱硫石膏晶须径向生长受阻，长径比增大。这与 XRD 和晶须的长径比分析结果一致。同时，由于脱硫石膏晶须的（200）面、（400）面和（020）面均平行于 c 轴，这三个晶面 Ca^{2+} 与 SO_4^{2-} 的数量之比分别为 0.79、0.79 和 0.91，整体均呈负电。因此溶液中 Cu^{2+} 可与上述晶面发生化学吸附形成 $CuSO_4$ 膜层，图 3.43 中 SO_4^{2-} 官能团的红外分峰图谱证实了这一点。此外，由于（002）晶面具有更高的原子排列密度，（020）晶面次之，（200）晶面则最低，使得反应溶液中 Na^+、Cu^{2+}、Al^{3+}更易在（200）晶面周围聚集，（020）次之，迫使 Ca^{2+} 向（002）晶面移动，加快晶须沿 c 轴生长，导致（002）晶面附近溶液中 Ca^{2+}和 SO_4^{2-} 浓度相对降低，在浓度梯度的作用下，Ca^{2+}和 SO_4^{2-} 向（002）晶面迁移速度加快，进一步促使晶须沿 c 轴生长。因此，Cu^{2+}不仅可以进入晶须晶格，还在晶须表面形成 $CuSO_4$ 膜层，在两者协同作用下促进了脱硫石膏晶须的结晶生长。

由图 3.46（b）还可知，Al^{3+}在溶液中主要以 Al^{3+}、$Al(OH)^{2+}$、$Al(OH)_2^+$、$Al(OH)_3$、$Al(OH)_4^-$ 形式存在。当以 $AlCl_3$ 为添加剂时，反应溶液 pH 值为 5，此时 Al^{3+}和 $Al(OH)_3$ 占优，同时溶液中存在少量 $Al(OH)_2^+$、$Al(OH)^{2+}$。因此，综合图 3.46(b)Al^{3+}的成分分布系数和图 3.45(d)XPS 分析结果可知，Al^{3+}的羟基化反应是导致晶须表面 Al—O 键形成的原因所在。为了证实 $AlCl_3$ 的加入会影响水热产物表面羟基的存在形式，进一步对不同阳离子作用下试样的羟基官能团进行了红外分峰拟合，其结果如图 3.47 所示。

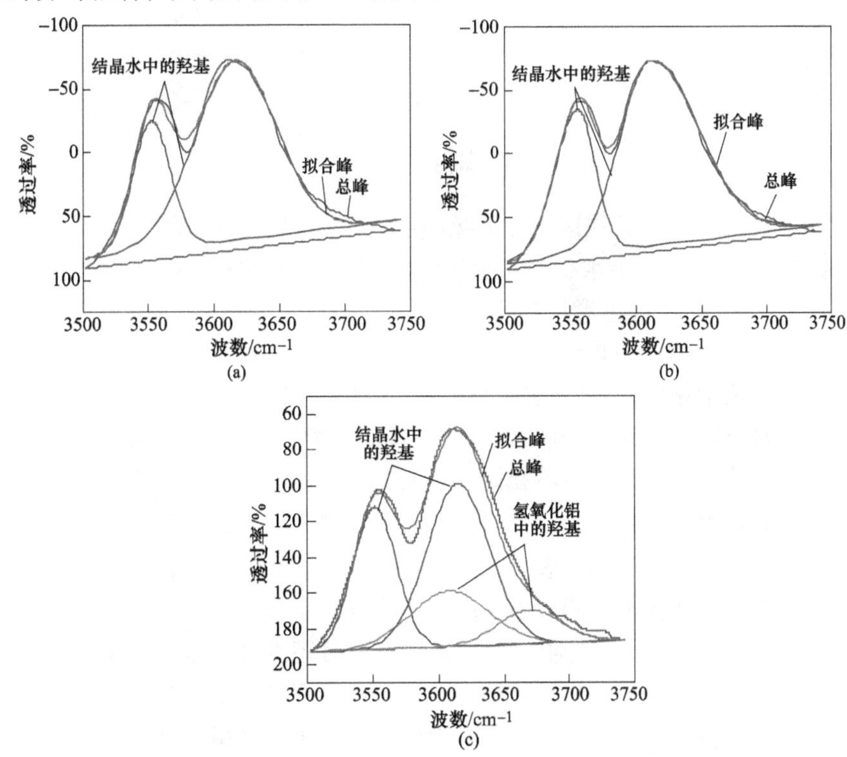

图 3.47　不同阳离子作用下试样羟基官能团的红外分峰拟合图

（a）NaCl 作用下试样的分峰拟合图；（b）$CuCl_2$ 作用下试样的分峰拟合图；

（c）$AlCl_3$ 作用下试样的分峰拟合图

由图 3.47 可以发现，经 NaCl 和 $CuCl_2$ 作用后水热产物表面未出现新的羟基基团，而以 $AlCl_3$ 为添加剂制备的脱硫石膏晶须表面出现了氢氧化铝的羟基。由于 Al^{3+} 可吸附在带负电的（200）、（400）和（020）晶面，与反应溶液中的 OH^- 发生羟基化反应生成 $Al(OH)^{2+}$ 和 $Al(OH)_2^+$，降低这些晶面的表面能。同时，结合 XPS 分析可知，Al—O 间形成羟基化同时，由于 Al^{3+}（0.054nm）与 Ca^{2+}（0.100nm）相比，半径更小，且电价更高，极化力远强于 Ca^{2+}，使其很难取代 Ca^{2+} 进入晶须晶格，这与 XRD、XPS 和红外光谱分析结果一致。

Mao 和本研究结果表明，Na^+ 和 Al^{3+} 在晶须不同晶面上的选择性吸附是造成水热产物结晶形貌和长径比差异的主要原因；然而，Rabizadeh 等研究认为 Na^+ 可以进入晶须晶格，而 Al^{3+} 通过在（100）、（110）晶面的吸附和在晶体中的掺杂改变产物的结晶形貌。Guan 的研究表明，Cu^{2+} 可优先吸附在（110）晶面上促使 α-$CaSO_4 \cdot 0.5H_2O$ 晶须沿 c 轴生长；本研究则表明，Cu^{2+} 不仅可化学吸附在晶须表面，还可取代 Ca^{2+} 进入晶须晶格，从而形成 Cu—O—S 键；而 Na^+ 和 Al^{3+} 均通过静电吸附形式作用于晶须，且 Al^{3+} 的羟基化反应导致了晶须表面 Al—O—H 的产生，这也是 Na^+ 和 Al^{3+} 降低晶须表面氧元素的结合能，而 Cu^{2+} 增加其结合能的原因所在。因此，现有的研究结果表明，原料性质的差异和制备工艺技术的不同，可能会导致相同阳离子呈现出不同的作用机制，这仍值得深入探讨。

3.6 无机盐对晶须晶体结构的影响

对于半水硫酸钙，通常以 α-、β-和 γ-半水三种晶体结构形式存在。α-半水合物、β-半水合物和 γ-半水合物分别具有单斜（PDF#83-0438，cell = 12.0317×6.9272×12.6711Å）、六边形（PDF#14-0453，p-3m1，cell = 6.931×6.344Å）和正交（PDF# 33-0310，cell = 12.031×12.695×6.934Å）结构。由于这三种晶体结构的强衍射峰位于相同的 2θ 位置，导致其 X 射线衍射（XRD）模式极其相似。

先前的研究表明，加入不同类型和用量的无机盐，对晶须的结晶形貌、物相、长径比和结晶品质影响也不相同；尤其是采用水热法在 H_2SO_4-$CuCl_2$-H_2O 溶液条件下，制备出了大长径比（大于 200）高品质的脱硫石膏晶须，$CuCl_2$ 浓度对其微观相貌、长径比影响显著。在 Cu^{2+} 的作用下，脱硫石膏的溶解度和晶须的形态受阴离子的影响较大。阴离子对脱硫石膏晶须性能的影响作用强于 Cu^{2+}，且 Cu^{2+} 在晶须表面的吸附状态受阴离子的影响。同时还发现：水热法制备的脱硫石膏晶须是单斜和六方两种晶型晶体的混合物，并且随着 $CuCl_2$ 浓度的变化，晶体结构的类型在单斜和六方两种晶型之间发生改变。虽然制备的水热产物晶体具有不同的晶体结构，但它们的主衍射峰数和 2θ 位置相似。因此，单单依据特征衍射峰位置分析判断制备的脱硫石膏晶须的晶体结构存在一定的困难。

众所周知，XRD 衍射强度与结构因子（如式（3.7）所示）成正比，结构因子可由式（3.8）计算得到。

$$I = I_0\left(\frac{e^2}{4\pi\varepsilon_0 c^2 m}\right)^2 \frac{\lambda^3}{32\pi R}\left(\frac{V}{V_{cell}}\right) | F_{HKL} |^2 P \frac{1+\cos^2 2\theta}{\sin^2\theta\cos\theta} A(\theta) e^{-2M} \tag{3.7}$$

$$F_{HKL} = \sum_{j=1}^{n} f_j e^{2i\pi}(HX_j + KY_j + LZ_j) \tag{3.8}$$

式中，f_j 为原子的 X 射线散射因子；j 与原子种类有关；H、K、L 为晶面指标；X_j、Y_j、Z_j为原子在单元细胞中的原子坐标，n 为单元细胞中的原子数。因此，通过 Rietveld 细化方法分析 XRD 衍射强度，可以深入研究单元胞内原子位置、键长、多面体等晶体结构特征。

综上所述，通过 XRD 衍射数据的深入分析获得更多的水热法制备脱硫石膏晶须晶体结构信息，对揭示水热条件下脱硫石膏晶须的形成机理具有重要意义。为此，以 1.5%的 $CuCl_2$ 为添加剂，在水热温度为 120℃，保温时间分别为 0min、40min、60min 条件下制备了脱硫石膏晶须，选取大长径比的晶须试样进行 XRD 分析，并对其谱图采用 Rietveld 细化方法进行拟合精修。根据 Rietveld 精修拟合结果，建立脱硫石膏晶须样品的晶体结构模型。分析所建立的模型与单斜晶（ICSD 79529）、六角晶（ICSD 73262）$CaSO_4 \cdot 0.5H_2O$ 以及石膏型 $CaSO_4 \cdot 2H_2O$（ICSD 2059）模型的差异，具体研究结果如下。

3.6.1　脱硫石膏晶须物相分析

图 3.48 为添加 1.5% $CuCl_2$ 在 120℃ 水热温度，不同保温时间（20min、40min、60min）下合成的脱硫石膏晶须样品的 XRD 谱图。样品的最强衍射峰的 2θ 分别为位于 14.724°、25.6336°、29.7208°、31.8632°和 49.3768°，强衍射峰的 2θ 位置没有显著差异。结果表明，随着水热保温时间的延长，衍射峰强度逐渐增大。如前所述，六方晶型结构的主衍射峰位置与单斜晶型的主衍射峰位置差异可以忽略不计，六方晶型中（200）、（020）、（220）、（204）和（424）晶面衍射峰位置分别位于 14.744°、25.699°、25.739°、31.966°和 49.421°。在单斜晶型中（100）、（110）、（200）、（102）和（212）晶面分别为 14.727°、25.576°、29.665°、31.889°和 49.154°。因此，制备的脱硫石膏晶须样品检测到的四个最强衍射峰可能与单斜晶型的（200）、（020）、（220）、（204）和（424）面有关，也可能与六方晶型的（100）、（110）、（200）、（102）和（212）面有关，因此仅根据衍射峰的位置并不能确定制备的脱硫石膏晶须晶体结构是单斜还是六方晶型。虽然六方晶型和单斜晶型的衍射峰位置没有显著差异，但衍射峰的相对强度具有显著的差异，单斜晶型（PDF# 83-0438）的最强峰位于 14.744°，而六方晶型（PDF# 14-0453）的最强峰位于 29.665°。单斜晶型中衍射峰从强到弱的顺序为 $I_{(200)} > I_{(220)} > I_{(204)} > I_{(020)} > I_{(424)}$，$2\theta$ 位置分别位于 14.744°、29.739°、

31.966°、25.699°和 49.421°。在六方晶型中，强度 $I_{(200)} > I_{(100)} > I_{(102)} > I_{(110)} > I_{(212)}$，对应 2$\theta$ 位置分别位于 29.665°、14.727°、31.889°、25.576°和 49.154°。在单斜晶型和六方晶型中，虽然最强的衍射峰来自（200）平面，但它们的位置并不相同。在单斜晶型中，它位于 14.744°，而在六方晶型中，它位于 29.665°。由于脱硫石膏晶须样品的最强峰位置为 14.724°，与单斜结构相似，因此可以以单斜晶型晶体数据为基础模型建立脱硫石膏晶须晶体结构模型。

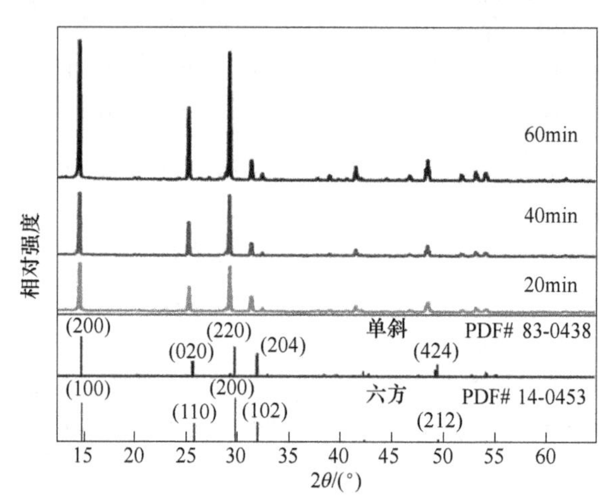

图 3.48 120℃条件下，不同保温时间（20min、40min、60min）制备的脱硫石膏晶须的 XRD 图谱

3.6.2 脱硫石膏晶须 SEM 分析

图 3.49 为 120℃条件下保温 20min、40min、60min 放大 500 倍后的 SEM 微观形貌。从图 3.49（a）可以看出，脱硫石膏水热产物颗粒呈短纤维形态，平均长径比在 50~100 范围内。当保温时间延长到 40min 时，平均长径比增加到 100~150，如图 3.49（b）所示。当保温时间为 60min 后，样品表面较光滑，平均长径比为 150~200（图 3.49（c））。随着水热保温时间的增加，纤维状脱硫石膏晶须沿一定方向生长，使平均长径比范围从 50~100 增加到 150~200，这与 XRD 谱图一致（图 3.48）。即随着水热时间的延长，衍射峰的强度增大。

3.6.3 脱硫石膏晶须 XRD 数据精修

对添加 1.5% $CuCl_2$ 在 120℃下合成 60min 的样品所测定的 XRD 数据，利用 GSAS 软件进行 Rietveld 拟合精修。采用 $CaSO_4 \cdot 0.5H_2O$ 单斜晶型（C2（CIF 79529）空间群）作为精修的基础模型。拟合结果如图 3.50 所示，实线和十字标记分别代表 Rietveld 拟合和测定数据的 XRD 谱图。图片底部的黑色实线表示拟合

图 3.49 120℃条件下不同保温时间制备的样品的 SEM 照片
（a）20min；（b）40min；（c）60min

和测定数据之间的差异。拟合参数 R_{wp}因子值为 6.55%，小于 10%，说明了拟合结果的可靠性和本研究基本模型的有效性。根据拟合结果，建立了所制备的脱硫石膏晶须样品的晶胞结构模型，如图 3.51 所示。Ca 原子在脱硫石膏晶须的晶胞中占据两个不同的位置，S 原子在脱硫石膏晶须的晶胞中位于三个不同的位置。脱硫石膏晶须的晶胞中有两种 Ca—O 多面体，其中八个 O 原子围绕一个 Ca 原子，表明这两种多面体是 Ca—O 12 面多面体。沿 c 轴方向上有一个 H_2O 通道，周围的 Ca—O—S 键形成“O”形的 H_2O 通道。图 3.52 为制备的脱硫石膏晶须的晶胞中各原子键合结构模型。在图 3.52 中，“O”形 H_2O 通道周围有 4 个 Ca—O—S 键，计算所得的 Ca—O—S 键长度平均值为 0.42085nm。

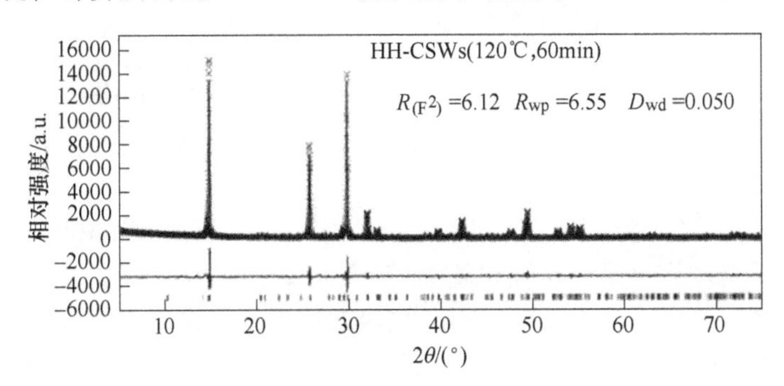

图 3.50 脱硫石膏晶须的 Rietveld 拟合曲线
（实线和交叉标记分别表示计算拟合和检测曲线，图底部显示的是拟合和检测的强度差（锯齿线），下方的短棒标记了布拉格衍射峰的位置）

3.6.4 六方和单斜 $CaSO_4 \cdot 0.5H_2O$ 晶体结构的区别

为了将制备的脱硫石膏晶须样品的晶体结构与 ICSD 数据库中的六方晶型（ICSD73262）和单斜晶型（ICSD79529）的晶体结构进行比较，建立了六方

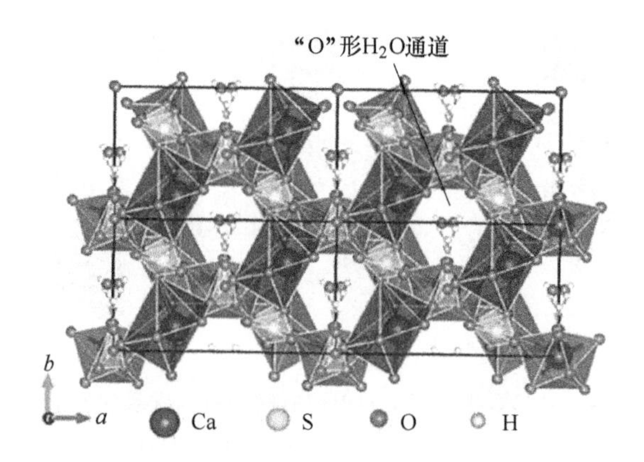

图 3.51 基于 Rietveld 拟合结果建立的脱硫石膏晶须的晶胞结构模型

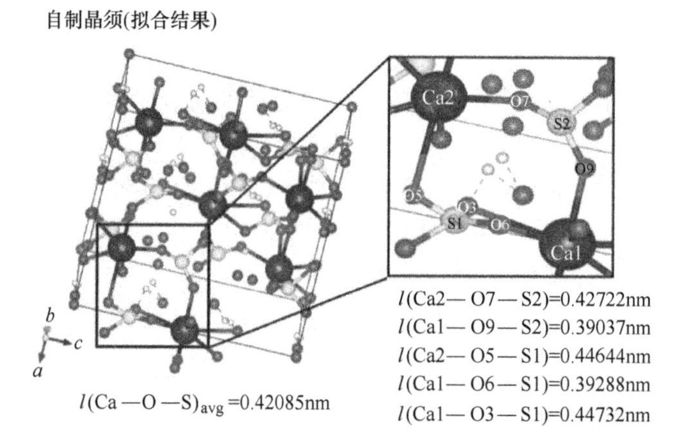

图 3.52 所制备脱硫石膏晶须的晶胞中原子键合结构模型

和单斜晶型的晶体结构模型，如图 3.53 所示。沿 *c* 轴方向观察可以发现，无论在单斜晶型还是六方晶型中水通道均为“Y”形，这与所制备的脱硫石膏晶须的晶体结构模型（“O”形通道）不同。在六方晶型结构模型中，Ca 在晶胞中占据一个位置，9 个 O 原子围绕着一个 Ca 原子，形成一个 Ca—O 14 面多面体。在单斜晶型结构模型中，沿从 *b* 轴方向观察可以发现，Ca 在晶胞中占据着 4 个不同的位置，9 个 O 原子围绕一个 Ca 原子形成一个 Ca—O 14 面多面体（如图 3.53 右侧所示）。在单斜晶型的晶胞中有四个 Ca—O—S 键构成了“Y”形的 H_2O 通道；在六方晶型的晶胞中有两个 Ca—O—S 键构成了 H_2O 通道。在单斜和六方晶型中构成 H_2O 通道的 Ca—O—S 键的平均键长分别是 0.40775nm 和 0.40414nm（见图 3.54、图 3.55）。

所制备的脱硫石膏晶须、六方和单斜晶型结构模型的差异见表 3.7。表 3.7 中列出了在所制备 HH-脱硫石膏晶须晶体、六方和单斜晶型三个晶体结构模型

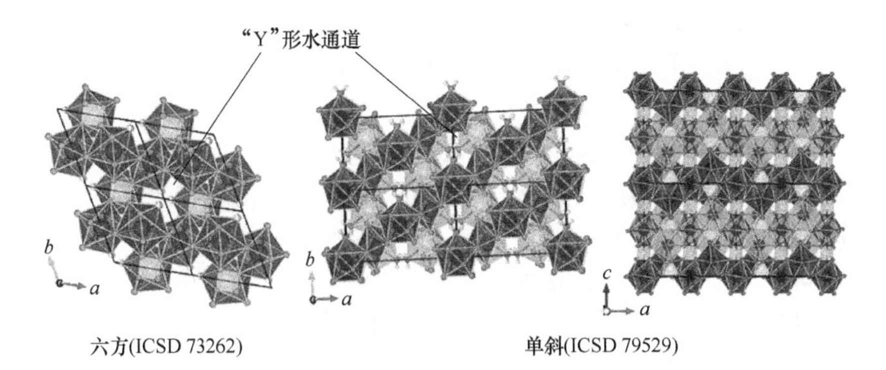

图 3.53 基于 ICSD 7326 和 ICSD 79529 数据，构建的 $CaSO_4 \cdot 0.5H_2O$ 多面体的结构模型

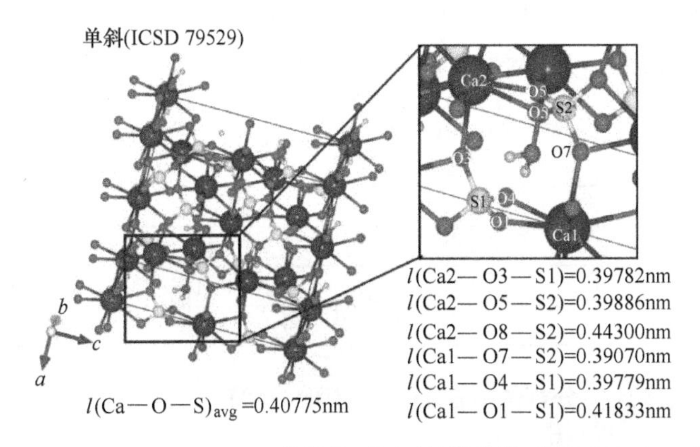

图 3.54 $CaSO_4 \cdot 0.5H_2O$ 单斜晶型原子键结构模型（ICSD 79529）

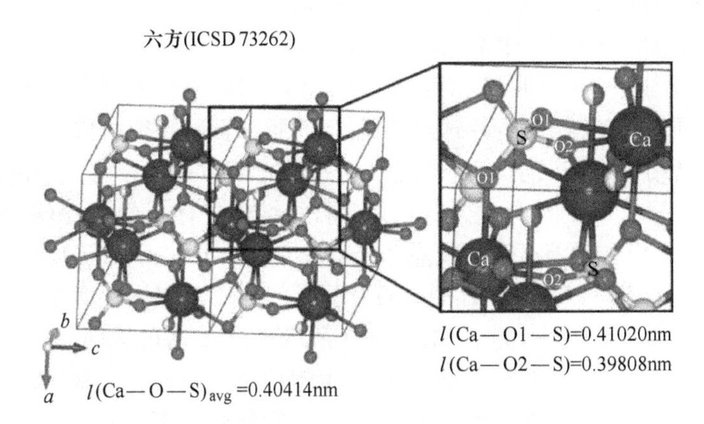

图 3.55 $CaSO_4 \cdot 0.5H_2O$ 六方晶型的原子键结构模型（ICSD 7326）

中，存在 Ca 原子占据的位置、Ca—O 多面体类型、Ca—O—S 键长、H_2O 通道形

状四个方面的不同。Ca 原子在六方晶型的晶胞中占据 1 个位置，在单斜晶型晶胞中占据 4 个位置，在制备的脱硫石膏晶须的晶胞中占据 2 个位置，因此其结构对称性高于单斜晶型，低于六方晶型。在六方晶型和单斜晶型结构中，Ca—O 多面体均为 14 面多面体，而在脱硫石膏晶须的晶胞中，Ca—O 多面体为 12 面多面体。六方晶型和单斜晶型结构的 H_2O 通道为“Y”形，在脱硫石膏晶须的晶胞结构中 H_2O 通道为“O”形。脱硫石膏晶须晶体结构中的 Ca—O—S 键的键长（0.42085nm）大于六方晶型结构（0.40775nm）和单斜晶型结构的键长（0.40414nm），说明脱硫石膏晶须晶体结构中 H_2O 通道大于其他两种晶型结构中的 H_2O 通道，因此，脱硫石膏晶须晶体结构比其他两种晶体结构更为松散。综合以上分析可知，尽管所制备脱硫石膏晶须的 XRD 谱图极为相似，但其晶型并不能简单地识别为六方晶型或单斜晶型。

表 3.7 所制备脱硫石膏晶须晶体与 $CaSO_4 \cdot 0.5H_2O$ 六角形、单斜晶型之间结构差异

区别	制备的脱硫石膏晶须（精修结果）	六方晶型（ICSD73262）	单斜晶型（ICSD79529）
晶格中 Ca 离子数	2	1	4
多面体类型	12	14	14
Ca—O—S 键长	0.42085nm	0.40414nm	0.40775nm
H_2O 通道形状	“O”形	“Y”形	“Y”形

3.6.5 基于晶体结构分析的脱硫石膏晶须形成机理

所制备脱硫石膏晶须的原料为纯化后的脱硫石膏（$CaSO_4 \cdot 2H_2O$），其结构为单斜晶型，具有 C_2 空间群，与制备的脱硫石膏晶须相似。基于 ICSD 数据库（ICSD2059），建立其结构模型如图 3.56 所示。在结构模型中，Ca 原子占据一个位置，周围有 8 个 O 原子，Ca—O 多面体为 Ca—O 12 面多面体，与制备的脱硫石膏晶须结构相似。石膏结构与所制备的脱硫石膏晶须结构具有两个显著差异：一是石膏结构中有两个 H_2O 通道（分别沿 c 轴和 a 轴方向），而脱硫石膏晶须晶体结构中只有一个 H_2O 通道；二是在石膏结构中有 6 个 Ca—O—S 键和 2 个 Ca—O—H 键，而在脱硫石膏晶须晶体结构中有 8 个 Ca—O—S 键。

综合上述分析可以推断，在脱硫石膏晶须的形成过程中，两个 Ca—O—H 键断裂，形成两个 Ca—O—S 键，如图 3.57 所示。沿 a 轴形成两个 Ca—O—S 键，导致 a 轴的 H_2O 通道被阻断，c 轴的 H_2O 通道保留。然而，二水石膏结构中两个 Ca—O—H 键断裂，沿 c 轴释放 H_2O，因此，制备的脱硫石膏晶须晶体结构中的 H_2O 通道比六方晶型和单斜晶型结构中的 H_2O 通道更大。由于二水石膏中释放出来的水改变了一个 Ca 的位置，这是钙在二水石膏结构中有两个位置的原因，但在制备的脱硫石膏晶须晶体结构中，仅保持一个位置。

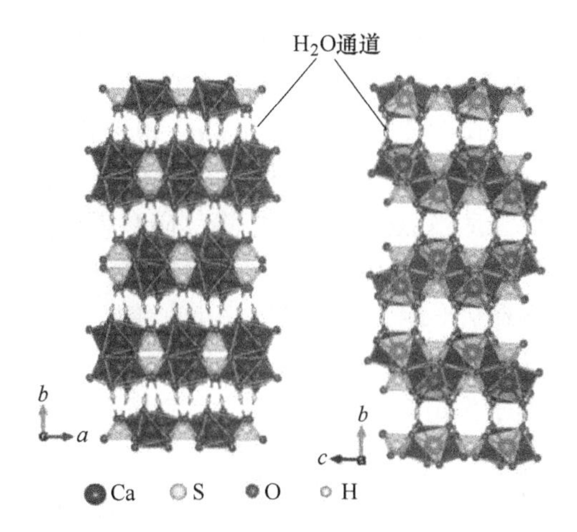

图 3.56 $CaSO_4 \cdot 2H_2O$ 单斜晶型的多面体结构模型（ICSD 79529）

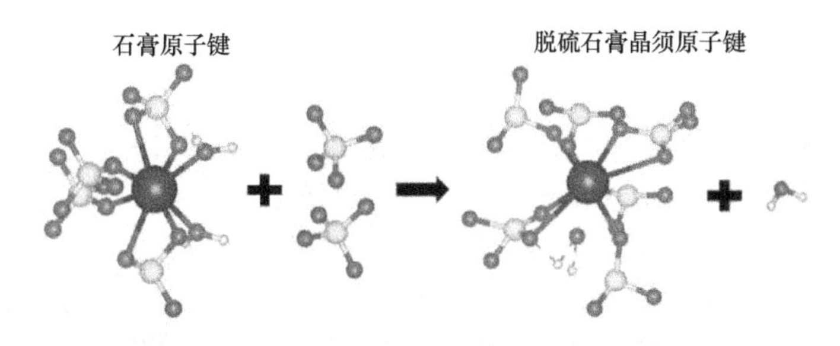

图 3.57 脱硫石膏晶须晶体中键形成及脱水机理

因此，脱硫石膏晶须形成机制是：二水石膏结构中两个 Ca—O—H 键断裂释放出 H_2O，并与 S 结合形成两个新的 Ca—O—S 键，H_2O 沿 c 轴方向排出。在脱硫石膏晶须晶体结构中，1/2 的 H_2O 通过氢键与硫酸根离子结合。

3.7 本章小结

（1）无机盐中阴阳离子对脱硫石膏溶解度、反应溶液组成与电导率等影响较大，且其作用机制有所不同。Cl^- 和 NO^{3-} 均可增大溶液中的 Ca^{2+} 浓度，促进脱硫石膏的溶解，增大脱硫石膏反应溶液的电导率；而 SO_4^{2-} 则会阻碍脱硫石膏的溶解，减少溶液中的 Ca^{2+} 浓度，降低脱硫石膏反应溶液的电导率。在 Cu^{2+} 存在的情况下，NO_3^- 促进了脱硫石膏的溶解，盐效应起主导作用；SO_4^{2-} 则阻碍了脱硫石膏的溶解，同离子效应起主导作用；Cl^- 对脱硫石膏溶解度略有提高，离子极化作用较大，但盐效应起主导作用。

（2）铜盐中阴离子对脱硫石膏晶须的结晶形貌和发育状况具有显著影响，但对其物相影响并不明显，仍呈半水石膏相。加入铜盐在一定程度上均有利于脱硫石膏晶须的结晶生长，且水热产物的结晶品质均随着铜盐浓度的增大呈先变优后变差的趋势。在 Cl^- 的作用下，水热产物形貌较为单一，几乎全部为长径比较大的晶须，且直径均匀；在 SO_4^{2-} 作用下，水热产物中颗粒状形貌较多，且晶须直径分布不均；在 NO^{3-} 作用下，水热产物颗粒状形貌较少，晶须直径较均匀，但存在粗化、短化等现象。当氯化铜、硫酸铜、硝酸铜的浓度分别为 3.75×10^{-3} mol/L、2.50×10^{-3} mol/L、3.75×10^{-3} mol/L 时水热产物中颗粒状、短柱状形貌的产物含量较少，而以纤维状形貌为主，其特征衍射峰较强。其中，以氯化铜为添加剂时，制备的晶须发育良好，长径比较大、直径较为均一、品质更优。

（3）无机盐阴阳离子作用机理不同。Cu^{2+} 主要吸附在晶须表面，少部分 Cu^{2+} 将进入晶须晶格，从而影响水热产物的结晶形貌；但阴离子的存在将会影响 Cu^{2+} 在晶须表面的吸附状态。在不同阴离子作用下，氧的电子结合能均不同程度的减小，Cu—O 结合能的强度也有所不同，呈 NO_3^- 最强，SO_4^{2-} 次之，Cl^- 最弱的变化规律。此外，铜盐中阴离子对 Cu^{2+} 在水热产物表面的作用行为有一定的影响。不同阴离子作用下 Cu^{2+} 在水热产物表明的吸附程度不同，其中 Cl^- 作用时吸附程度最小，SO_4^{2-} 作用时次之，NO_3^- 作用时最大。

（4）在 Cl^- 存在条件下，Na^+、Cu^{2+}、Al^{3+} 对晶须的结晶形貌、物相、表面特性和长径比均有影响，但作用效果明显不同，呈 Cu^{2+}、Al^{3+}、Na^+ 依次减弱的规律；其与晶须表面作用形式也不相同，Cu^{2+} 不仅可以化学吸附在晶须（200）、（400）和（020）晶面，从而形成 $CuSO_4$ 膜层使其径向生长受阻，少部分还可取代 Ca^{2+} 进入晶须晶格，两种方式协同作用改善了 FGD 晶须的结晶生长，提高了其长径比；而 Na^+ 和 Al^{3+} 均通过静电吸附形式作用于脱硫石膏晶须（200）、（400）和（020）晶面而阻碍其径向生长。此外，Al^{3+} 与溶液中的 OH^- 通过羟基化反应生成 $Al(OH)^{2+}$ 和 $Al(OH)_2^+$ 并吸附在带负电的（200）、（400）和（020）晶面，降低了这些晶面的表面能，从而促进脱硫石膏晶须沿 c 轴生长。

（5）脱硫石膏水热制备的晶须晶体结构中 Ca—O 多面体的类型、H_2O 通道的形状、大小和 Ca 原子在晶胞中占据的位置与 ICSD 数据库中六方晶型和单斜晶型的晶胞结构有所不同。脱硫石膏晶须晶体结构的对称性介于六方与单斜晶型之间，晶须晶胞内 Ca—O 以 8 面体存在，不同于六方与单斜的 14 面体。Ca—O 8 面体以共 O 顶点链接，结合较为松散，Ca—O—S 键长呈 0.44731（7）nm（精修）>0.40045（9）nm（六方）>0.3879（9）nm（单斜）的变化规律。Ca—O—S 键长、键型的变化而导致多面体构型的变化，进而导致 H_2O 通道截面形状由“Y”形向“O”形转变，且通道变大；两个 Ca—O—H 键断裂释放 H_2O，并与 S 结合，形成两个新的 Ca—O—S 键，沿 c 轴释放 H_2O 分子，疏水通道截面形状和疏水方式的改变是脱硫石膏晶须水热形成的机理所在。

4 $CuCl_2$ 作用下脱硫石膏晶须水热生长过程及动力学研究

水热条件下脱硫石膏晶须的形成过程对制备高品质晶须以及探究脱硫石膏晶须形成的动力学有至关重要的作用。前述研究表明，以氯化铜为添加剂调控脱硫石膏晶须作用效果较为明显，故下述研究选择以氯化铜为添加剂调控脱硫石膏晶须的结晶形貌，以硫酸调节溶液的 pH，根据拟定的工艺参数，研究脱硫石膏晶须的生长过程，系统探究温度、硫酸和氯化铜用量对脱硫石膏晶须生长过程中物相、形貌、长径比随时间演变的影响，旨在探索脱硫石膏晶须的水热转化机制、水热环境对脱硫石膏晶须生长的作用机制。

在此基础上，根据初步优化条件下脱硫石膏晶须形成过程溶液中固-液两相的演化规律及自催化反应的原理和特点，设计了一种新颖可行的、用于探索水热条件下脱硫石膏晶须的转化动力学的自催化动力学模型，并验证了温度、$CuCl_2$ 和 H_2SO_4 浓度对脱硫石膏向晶须结晶转化动力学的影响，以便更好地理解并控制其转化过程。

4.1 脱硫石膏晶须水热生长过程研究

脱硫石膏晶须的水热形成过程主要涉及反应溶液中的固-液两相的组成变化，因此必须以脱硫石膏晶须生长过程固-液两相中离子的迁移和分布为线索来追踪晶须的形成。选择 120℃的温度、0.5mmol/L 硫酸和质量分数 1.5%氯化铜的混合溶液的反应条件是为了让脱硫石膏转化为晶须的过程不至于太快或过于缓慢，以方便采集实验数据，并且在该水热环境下可以制备出较好晶型和尺寸的脱硫石膏晶须。

4.1.1 脱硫石膏晶须水热生长过程中的固相变化

图 4.1 是 120℃条件下 0.5mmol/L 的 H_2SO_4 和质量分数 1.5%$CuCl_2$ 溶液中脱硫石膏晶须形成过程固相随时间演变的 XRD 图谱。根据 XRD 特征衍射峰在 2θ = 11.6°、23.4°、29.1°处的组成（PDF# 33-0311）可知在反应时间为 0min 时固相基本是二水硫酸钙，此时反应还未进行，固体由脱硫石膏中的二水硫酸钙组成；反应至 15min 的固相在 2θ = 14.7°处出现了一个弱峰，可与半水硫酸钙晶体

的（200）面相对应；在反应至 25min 的固体中，由半水硫酸钙的 XRD 特征衍射峰 2θ=14.8°、25.5°、31.7°（PDF# 45-0848）的显现可知半水硫酸钙晶体逐渐开始形成；在 35min 时的固体，半水硫酸钙特征衍射峰的增长和半水硫酸钙特征衍射峰的下降意味着脱硫石膏晶须的生长是以脱硫石膏的消失为代价的；在 60min 和 90min 时的固体中，二水硫酸钙的特征衍射峰彻底消失，这意味着大多数脱硫石膏转化成了晶须。此外，通过 XRD 分析可以发现在水热结晶反应过程中仅出现二水硫酸钙和半水硫酸钙的特征衍射峰，这表明在脱硫石膏晶须生长过程中没有其他中间相的产生。

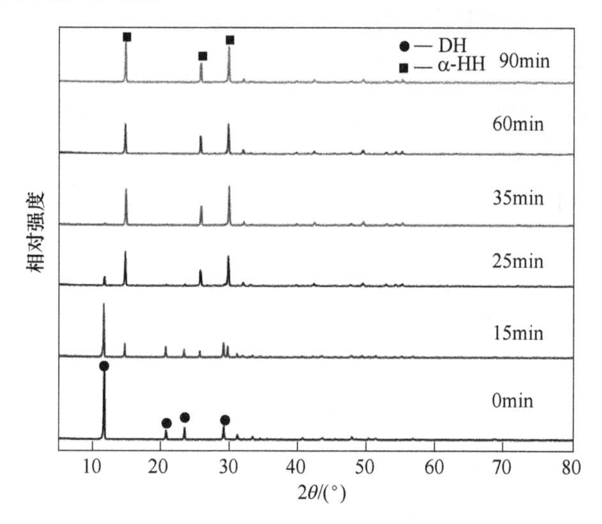

图 4.1　120℃，0.5mmol/L H_2SO_4 和质量分数 1.5%$CuCl_2$ 溶液中固相在不同反应时间的 XRD 图谱

为了进一步了解脱硫石膏晶须生长过程中固相的演变，通过 SEM 观察了该水热环境下脱硫石膏晶须形成过程固相形貌的变化，结果如图 4.2 所示。在 0min 时固体为不规则形状的板状、颗粒状或片状形态脱硫石膏晶体（见图 4.2（a））；15min 后固体中首先出现了具有光滑表面形态的纤维状晶须，此时固体中仍以脱硫石膏原料为主（见图 4.2（b））；随着转化的进一步进行，在 25min 和 35min 时固体中出现了更多的晶须（见图 4.2（c）和（d））；在转化结束后，固体主要由纤维形态的晶须组成（见图 4.2（e）和（f））。固体的形态演化结果与图 4.1 中的 XRD 结果相一致，脱硫石膏在水热环境下是逐渐地转化为纤维状脱硫石膏晶须。

通过 TG 分析追踪了该水热环境下脱硫石膏晶须形成过程中结晶水含量的变化，结果如图 4.3（a）所示。二水硫酸钙和半水硫酸钙结晶水含量不同（DH 含有 2.0 个结晶水，HH 含有 0.5 个结晶水），随着温度的升高二水硫酸钙损失 20.93%的重量，半水硫酸钙损失 6.21%的重量。图 4.3（a）中不同时间的固体重

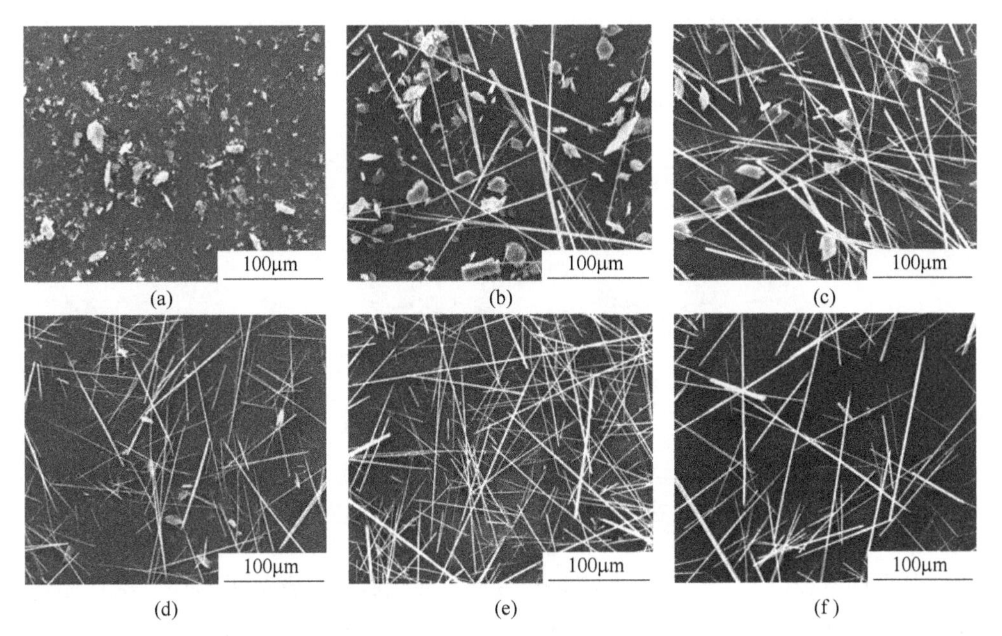

图 4.2 120℃，0.5mmol/L H_2SO_4 和质量分数 1.5%$CuCl_2$ 溶液中固相在不同反应时间的 SEM 照片

(a) 0min；(b) 15min；(c) 25min；(d) 35min；(e) 60min；(f) 90min

量损失可以得出结论：固体在 0min 时主要为二水硫酸钙，在 15min、25min、35min 时由二水硫酸钙和半水硫酸钙的混合物组成，在 60min、90min 时为半水硫酸钙。

根据固体随温度升高损失结晶水的量计算得到不同反应时间固体中二水硫酸钙和半水硫酸钙摩尔质量分数，图 4.3（b）为 120℃条件下 0.5mmol/L 的 H_2SO_4 和质量分数 1.5%$CuCl_2$ 溶液脱硫石膏晶须形成过程中晶须摩尔质量分数变化曲线图，也即是反应过程中脱硫石膏晶须的转化曲线。由图 4.3（b）可以发现，脱硫石膏晶须的转化曲线呈 S 形：在水热反应的前 8min 内未观察到半水硫酸钙生成；反应进行至大约 10min 时脱硫石膏晶须开始出现；反应进行至 15~45min 之间时脱硫石膏晶须的生成急剧加快并随后降低；直到反应进行至大约 50min 时完全转化为脱硫石膏晶须。

图 4.4 是 120℃条件下 0.5mmol/L 的 H_2SO_4 和 1.5%的 $CuCl_2$ 溶液中脱硫石膏晶须形成过程晶须平均直径、平均长度和平均长径比的变化。由图 4.4（a）可知：在脱硫石膏晶须的形成过程中晶须的平均直径在逐渐增大、晶须的平均长度先增大后减小、晶须的平均长径比先升高后减小。在一定的反应时间范围内，晶须持续长大，其平均直径和长度也随着反应的进行而增大，晶须的长径比也随之增大；当脱硫石膏完全反应结束后，溶液中的脱硫石膏晶须的尺寸会继续变

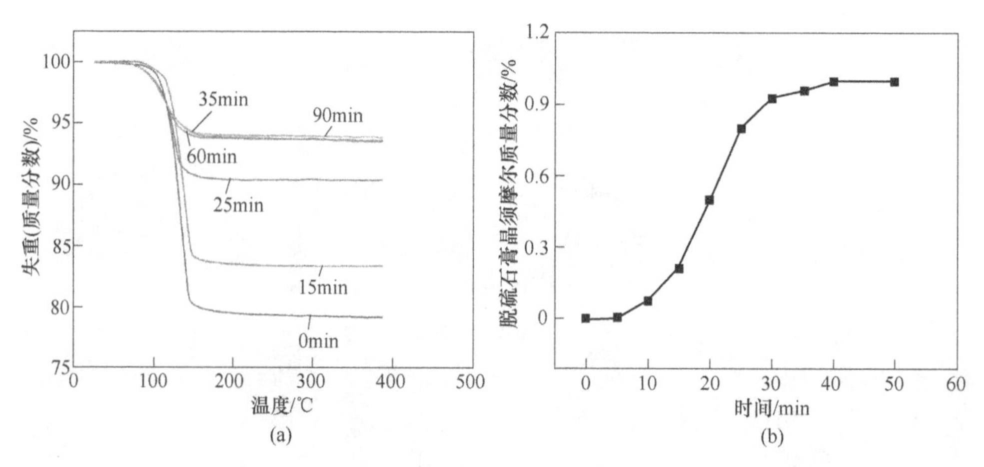

图 4.3　120℃，0.5mmol/L H_2SO_4 和质量分数 1.5%$CuCl_2$ 溶液中固相变化的 TG 图谱（a）和脱硫石膏晶须摩尔质量分数变化曲线图（b）

化，其平均直径越来越大，但反应时间过长会导致脱硫石膏晶须出现二次结晶现象，使得较长的晶须发生溶解或断裂，造成晶须的平均长径比下降。这与图 4.4（b）中晶须平均长径比的变化是一致的，因此可以认为脱硫石膏晶须的形成是由结晶而来的细小半水硫酸钙晶体逐渐长大而来。此外，半水硫酸钙晶体为六方短柱状晶型，由于其生长过程中各晶面的生长速率不一样，且在添加剂的作用下进一步扩大了晶须不同晶面之间的生长速率之差，导致其沿 c 轴方向晶面的生长速率过快，因此形成了长纤维状的半水脱硫石膏晶须。

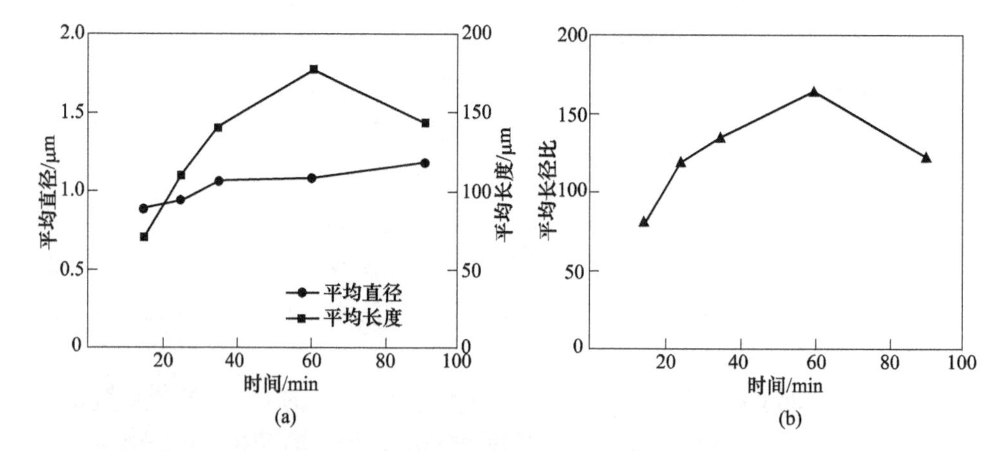

图 4.4　120℃，0.5mmol/L H_2SO_4 和质量分数 1.5%$CuCl_2$ 溶液中晶须平均直径、平均长度（a）和平均长径比（b）随时间的演变图

根据脱硫石膏晶须生长中固相随时间的演变可知脱硫石膏晶须的形成是一个脱硫石膏中的二水硫酸钙逐渐转化为半水硫酸钙的过程，溶液中生成的半水

硫酸钙晶体由细小的晶粒逐渐长大形成纤维状的脱硫石膏晶须，且脱硫石膏晶须的转化曲线呈 S 形。为了进一步探明晶须的形成机制及添加剂的作用机理，探究了脱硫石膏晶须生长过程中液相的 Ca^{2+}、SO_4^{2-}、Cu^{2+} 浓度随时间的迁移、分布规律。

4.1.2　脱硫石膏晶须水热生长过程中的液相变化

图 4.5 为 120℃条件下 0.5mmol/L 的 H_2SO_4 和 1.5%的 $CuCl_2$ 溶液中脱硫石膏晶须的形成过程液相 Ca^{2+}浓度（a）和 SO_4^{2-} 浓度（b）随时间的演变图。液相中的 Ca^{2+}是脱硫石膏中二水硫酸钙溶解而来，SO_4^{2-} 是二水硫酸钙溶解和加入的硫酸释放而来。根据图 4.5（a）：在反应的 0～50min 范围内，液相中的 Ca^{2+} 在 0.66g/L 的浓度附近波动，此时的 Ca^{2+}浓度可能是在该水热反应条件下脱硫石膏在反应溶液中的溶解度；根据图 4.5（b）：在反应的 0～50min 范围内，液相中的 SO_4^{2-} 在 2.03g/L 的浓度附近波动，但波动幅度稍大，此时的 SO_4^{2-} 浓度是脱硫石膏溶解和加入的硫酸释放出来的 SO_4^{2-} 浓度之和，因此液相中 SO_4^{2-} 浓度远大于 Ca^{2+}浓度。液相中 SO_4^{2-} 浓度波动幅度较大的原因可能是由于 SO_4^{2-} 浓度较高，使用重量法测量滤液中的 SO_4^{2-} 浓度易产生一定的测量误差，导致 SO_4^{2-} 浓度在理论浓度值附近波动较大。

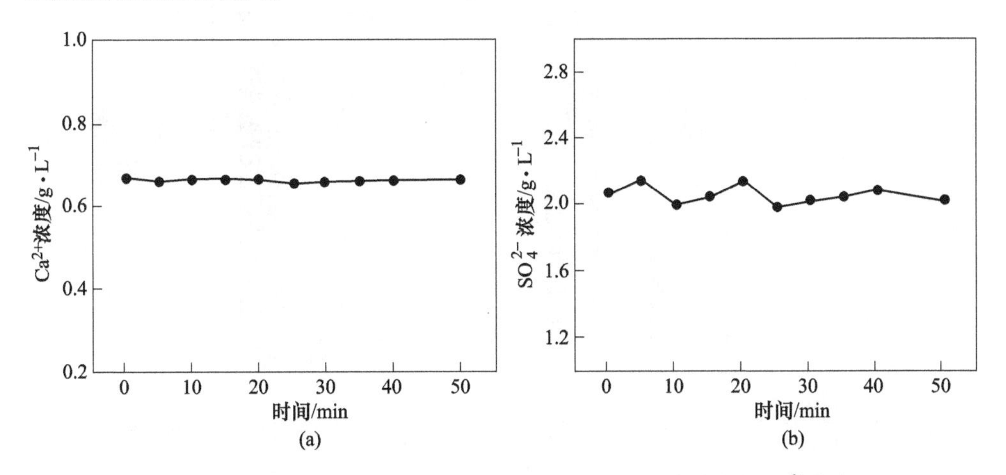

图 4.5　120℃，0.5mmol/L H_2SO_4 和 1.5%$CuCl_2$ 溶液中液相 Ca^{2+}浓度（a）和 SO_4^{2-} 浓度（b）随时间的演变图

在水热反应过程中，脱硫石膏溶解并释放 Ca^{2+}和 SO_4^{2-} 到溶液中，达到相对于脱硫石膏晶须过饱和状态并经过一定的诱导时间后，脱硫石膏晶须从溶液中沉淀出来。根据图 4-5 中 Ca^{2+}和 SO_4^{2-} 浓度随时间的变化，在脱硫石膏转变为脱硫石膏晶须的过程中，脱硫石膏溶解的 Ca^{2+}和 SO_4^{2-} 基本保持稳定，这说明在水热反

应中脱硫石膏晶须的形核驱动力几乎是恒定的，这也证明了该反应过程是由脱硫石膏晶须成核-生长步骤控制的。

根据固-液两相中 Ca^{2+} 和 SO_4^{2-} 随时间的演变规律可知，以脱硫石膏为原料水热合成脱硫石膏晶须是一个溶液介导的从二水硫酸钙向半水硫酸钙的转化过程。水热反应中有如图 4.6 所示的三种形式的 Ca^{2+} 分布：二水硫酸钙中的 Ca^{2+}，半水硫酸钙中的 Ca^{2+} 以及液相中游离的 Ca^{2+}。脱硫石膏溶解释放 Ca^{2+} 和 SO_4^{2-} 到溶液后，液体将成为脱硫石膏向脱硫石膏晶须转化的介质中的介质，随着反应的进行半水硫酸钙从溶液中结晶析出会消耗溶液中的 Ca^{2+} 和 SO_4^{2-}，脱硫石膏持续溶解补充液相中消耗的 Ca^{2+} 和 SO_4^{2-} 直至脱硫石膏完全消耗，此时除液相中游离的 Ca^{2+} 和 SO_4^{2-} 外，其余全部转化为脱硫石膏晶须。由图 4.5 中 Ca^{2+} 和 SO_4^{2-} 浓度在一定范围内保持稳定的波动，说明脱硫石膏的溶解速率是恒定的，脱硫石膏晶须形核-生长的速率较慢，形核-生长消耗 Ca^{2+} 和 SO_4^{2-} 的速率小于脱硫石膏溶解释放 Ca^{2+} 和 SO_4^{2-} 的速率。综合来看，脱硫石膏晶须的形成过程符合溶解-再结晶机理，且该过程是受形核-生长步骤所控制。

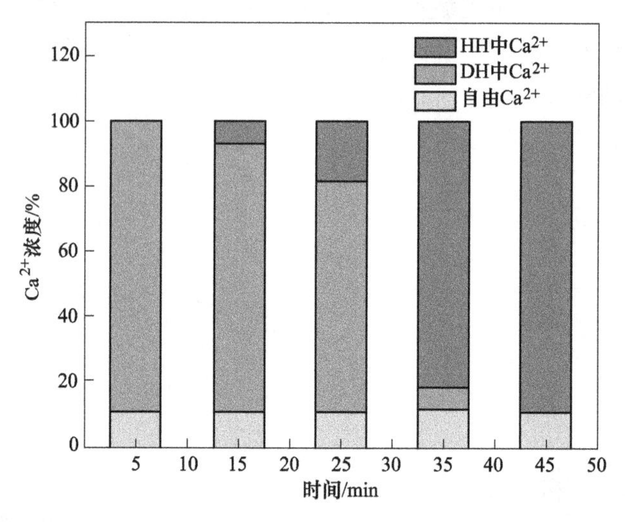

图 4.6　120℃，0.5mmol/L H_2SO_4 和 1.5%$CuCl_2$ 溶液中 Ca^{2+} 随时间的分布图

制备脱硫石膏晶须的水热反应中加入了硫酸用于调节溶液的 pH 值，为了探究反应溶液 pH 值随时间的变化，使用 pH 仪测量了反应过程中不同时间滤液的 pH 值，结果如图 4.7 所示。根据图 4.7 可知：随着反应的进行溶液的 pH 值逐渐升高，且在反应的初期溶液 pH 值上升较快，反应后期溶液 pH 值上升逐渐减缓直至 pH 值趋于稳定。根据前期试验中对脱硫石膏的化学成分的分析可知纯化处理后的脱硫石膏中含有约 3%的杂质，这些杂质存通常以粉煤灰形式稳定存在且

在高温环境下不易通过酸处理去除。但是这些杂质可以在高温溶液中与 H_2SO_4 发生反应而消耗了溶液中的 H^+，因此随着反应的进行溶液的 pH 值会逐渐升高，这与图 4.7 中的研究结果一致。

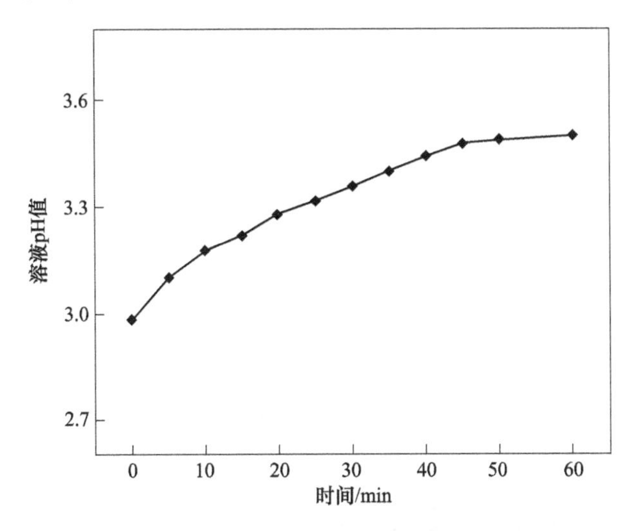

图 4.7 120℃，0.5mmol/L H_2SO_4 和 1.5%$CuCl_2$ 溶液中液相的 pH 值随时间的演变图

制备脱硫石膏晶须时加入氯化铜作为添加剂可以获得结晶形貌良好、平均长径比较高的脱硫石膏晶须已在本课题组前期的研究中已经得到很好的证实。水溶液中高长径比脱硫石膏晶须的形成是由于液态水与半水硫酸钙晶体侧面之间的相互作用较强抑制了半水硫酸钙沿径向的生长。根据半水硫酸钙的晶体理论形态，在结晶过程中存在四个主要的晶面（001）、（110）、（-110）和（200），脱硫石膏晶须晶体的（110）晶面由 Ca^{2+} 和 SO_4^{2-} 组成，Cu^{2+} 会倾向于吸附在（110）晶面上，添加的 Cu^{2+} 会进一步抑制脱硫石膏晶须沿径向的生长，促进形成平均高长径比的晶须。

图 4.8 为 120℃条件下 0.5mmol/L 的 H_2SO_4 和 1.5%的 $CuCl_2$ 溶液中脱硫石膏晶须的形成过程液相 Cu^{2+} 浓度随时间的演变图。由图 4.8 可知：随着反应的进行，溶液中 Cu^{2+} 浓度逐渐下降且 Cu^{2+} 浓度的下降曲线呈现较强的规律性，这是由于 Cu^{2+} 在脱硫石膏晶须晶面上的选择性吸附降低了溶液中的 Cu^{2+} 浓度造成的。在脱硫石膏晶须大规模形核-生长的初期，大量的 Cu^{2+} 选择性吸附到晶须的（110）晶面上改变了晶须的结晶尺寸，随着反应的进行溶液中的脱硫石膏逐渐被消耗，脱硫石膏晶须形核-生长的速率大幅减慢，Cu^{2+} 的选择性吸附减弱直至脱硫石膏完成转化为脱硫石膏晶须后溶液中的 Cu^{2+} 达到平衡。

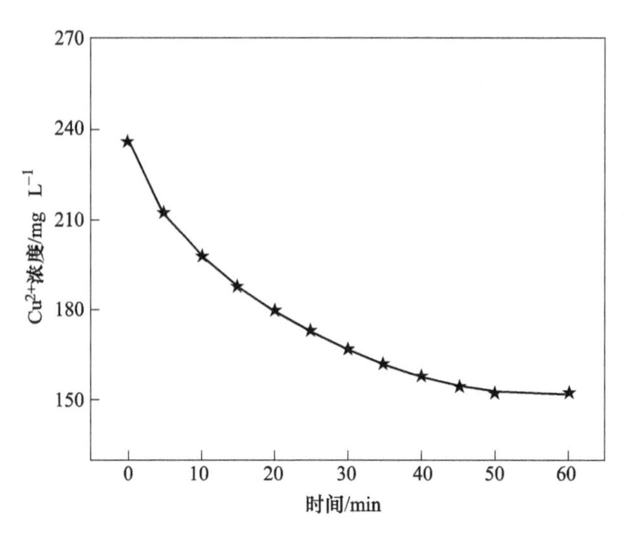

图 4.8　120℃，0.5mmol/L H_2SO_4 和 1.5%$CuCl_2$ 溶液中液相 Cu^{2+} 浓度随时间的演变图

4.2　水热环境关键参数对脱硫石膏晶须生长过程的影响

水热环境的温度、硫酸浓度、氯化铜浓度是影响脱硫石膏晶须生长关键因素，但这些因素对晶须生长的作用及作用机理尚未得到揭示，因此，该部分探究了水热环境对脱硫石膏晶须生长过程的影响。

4.2.1　温度对脱硫石膏晶须生长过程的影响

图 4.9 是在 0.5mmol/L H_2SO_4 和 1.5%$CuCl_2$ 的混合溶液中不同温度条件下样品固相随时间演变的 XRD 图谱。由图 4.9（a）可知：110℃条件下，反应 0min 时的固相为二水硫酸钙，40min 时的固相中首次出现了半水硫酸钙，80min 时固相由二水硫酸钙与半水硫酸钙的混合物组成，120min 时的固相仅有少量的二水硫酸钙。该温度下固相的演变规律与 120℃条件下类似，说明温度不会改变脱硫石膏晶须的形成过程，但会影响脱硫石膏晶须的转化速率。由图 4.9（b）可知：130℃条件下反应过程中不同时间的固相仅存在半水硫酸钙的特征衍射峰，这可能是由于反应温度过高导致脱硫石膏晶须的转化过快，在反应釜温度升至 130℃以前脱硫石膏就已经全部转化为晶须（反应釜温度升至 120℃以后温度上升较慢，120℃升至 130℃大约需要 20min），因此固相中全部为半水硫酸钙。

图 4.10 为 110℃和 130℃条件下 0.5mmol/L H_2SO_4 和 1.5%$CuCl_2$ 的混合溶液中不同反应时间固相的 SEM 照片。110℃条件下，反应 0min 时的固相主要为不规则形貌的颗粒状二水硫酸钙晶体（见图 4.10（a））；40min 时具有光滑表面的纤维状晶须首次在固相中出现，但此时固相基本仍为二水硫酸钙（见图

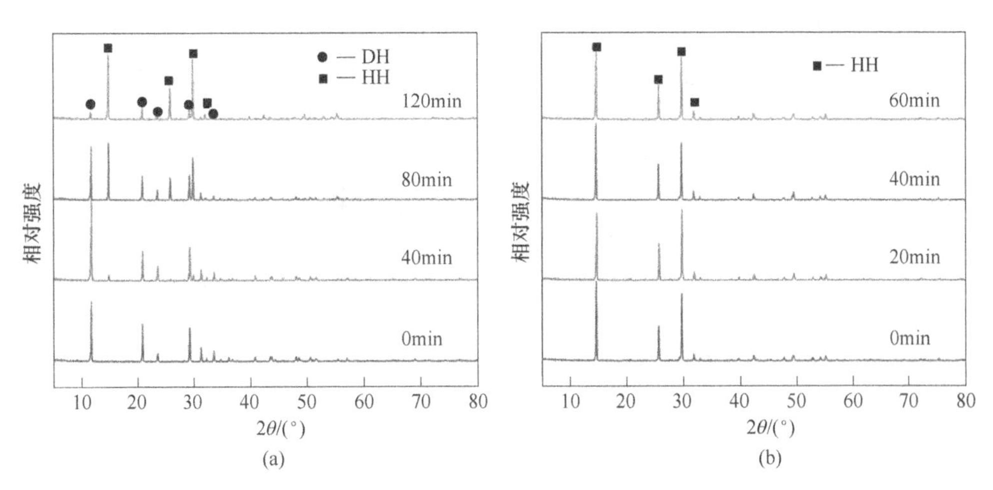

图 4.9 110℃(a) 和 130℃(b) 0.5mmol/L H_2SO_4 和 1.5%$CuCl_2$ 溶液中固相在不同时间的 XRD 图谱

4.10 (b))；随着水热反应的进展，固相中存在的脱硫石膏晶须逐渐增多（见图 4.10 (c))；120min 时几乎所有的颗粒状二水硫酸钙转化为纤维状的晶须（见图 4.10 (d))，固相形态演变结果与 XRD 分析结果相一致。130℃条件下，整个结晶反应过程中固相中只有纤维状的脱硫石膏晶须，没有颗粒状脱硫石膏，这与 110℃和 120℃时的 SEM 结果不同。此外，从 SEM 图像也可以看出，在 130℃下不同反应时间固相的形貌和尺寸并没有发生明显变化。

图 4.10 不同温度下 0.5mmol/L H_2SO_4 和 1.5%$CuCl_2$ 溶液中固相在不同时间的 SEM 照片

(a1) 110℃, 0min; (b1) 110℃, 40min; (c1) 110℃, 80min; (d1) 110℃, 120min; (a2) 130℃, 0min; (b2) 130℃, 20min; (c2) 130℃, 40min; (d2) 130℃, 60min

图 4.11 为 110℃（a）和 130℃（b）条件下 0.5mmol/L H_2SO_4 和 1.5% $CuCl_2$ 的混合溶液中脱硫石膏晶须形成过程晶须平均直径和平均长径比随时间的演变图。110℃条件下，随着反应时间的延长晶须的平均直径逐渐增大、平均长径比先增大后减小，在反应至 120～140min 时的晶须长径比达到最大值；130℃条件下晶须的平均直径也是随着反应时间的延长而增大，但其平均长径比随着反应时间的延长而逐渐降低。晶须平均长径比由于脱硫石膏转化完全之后晶须继续生长导致出现二次结晶现象，使得较长的晶须发生溶解或断裂，造成晶须的平均长度和长径比下降。

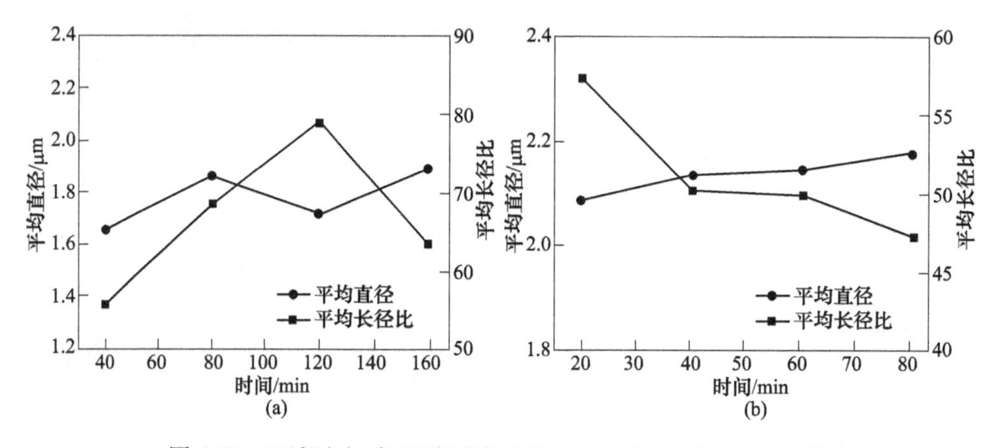

图 4.11　110℃（a）和 130℃（b）0.5mmol/L H_2SO_4 和 1.5%$CuCl_2$ 溶液中晶须平均直径和平均长径比随时间的演变图

对比不同温度下脱硫石膏晶须的形成过程可发现，温度的升高有助于脱硫石膏更快地转化为晶须，但随着温度的升高晶须的平均直径会增大，而晶须的平均长径比随着温度的升高呈现先增大后减小的趋势，这可能是由于在反应温度较低时，体系中的能量不足以提供给晶须的形核-生长，晶核的消融速率比生长速率大，能形成有效晶核的数目少，导致晶须的形成较慢，而晶核的长大过程也因温度较低而受阻，这也导致了产物的平均长径比较小。在反应温度较高时，溶液的过饱和度较大，虽然增大了晶须在 c 轴方向的生长速率，但是也促使晶须表面发生二次成核，晶体沿直径方向生长，这会导致形成晶须的粒径变大、长径比下降。

4.2.2　硫酸浓度对脱硫石膏晶须生长过程的影响

课题组前期的研究中已经证明在以脱硫石膏为原料水热制备脱硫石膏晶须时，硫酸可以营造较好的酸性环境，将有助于形成结晶良好、长径比更高、晶型更稳定的晶须。因此反应中加入了硫酸作为一种添加剂调节溶液的 pH 值，并探讨了 0mmol/L、0.5mmol/L 和 5.0mmol/L 浓度的硫酸对脱硫石膏晶须生长过程的影响。

图 4.12 为 120℃ 温度和 1.5% $CuCl_2$ 添加剂量条件下 0mmol/L H_2SO_4 和 5mmol/L H_2SO_4 溶液中不同反应时间固相的 SEM 照片。120℃温度下反应 0min 的固相形貌均如同图 4.2（a）所示，为脱硫石膏中的二水硫酸钙。根据 0mmol/L 硫酸溶液中不同反应时间固相的 SEM 照片可以发现随着反应的进行二水硫酸钙逐渐减少，晶须逐渐增多，但此时结晶形成的脱硫石膏晶须品质较差、晶体尺寸不一，且晶须产物中存在一些不规则片状、短柱状、絮状形貌的半水硫酸钙；根据 0.5mmol/L 和 5.0mmol/L 硫酸溶液不同反应时间固相的 SEM 照片，加入硫酸后脱硫石膏晶须的结晶品质得到了很大的改善，转化完全后的产物中不规则片状、絮状形貌的半水硫酸钙晶体全部消失，样品中基本为纤维状的晶须，但是随着硫酸浓度从 0.5mmol/L 升高至 5.0mmol/L 时，晶须样品的品质略微下降，产物中出现一些长径比较低的短纤维状晶须。综合来看，随着溶液 pH 值的升高，晶须的结晶品质呈现先升高后下降的趋势。

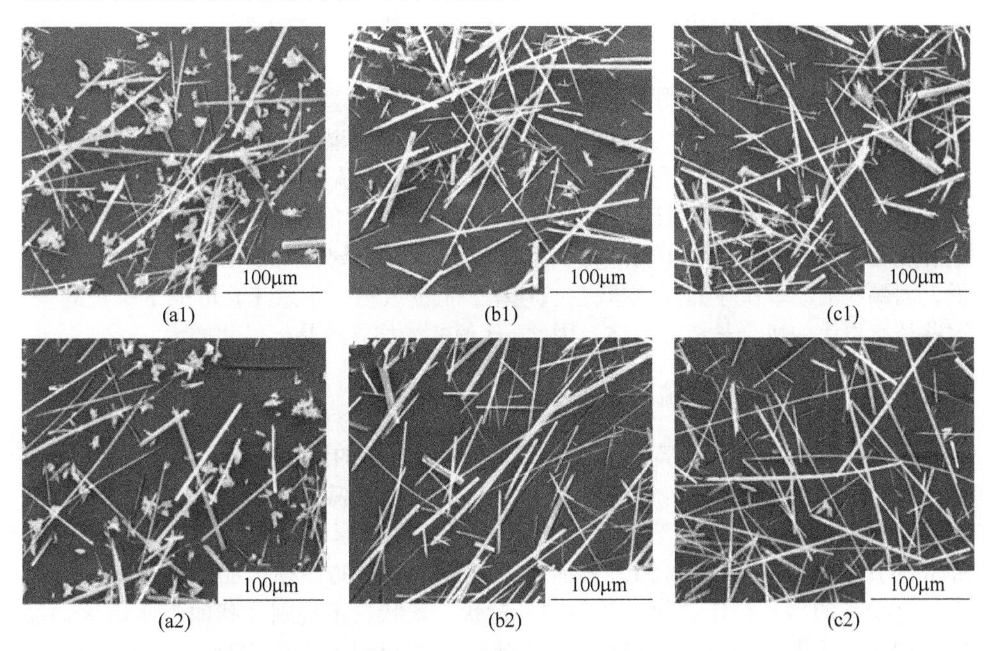

图 4.12 120℃不同 H_2SO_4 浓度的 1.5%$CuCl_2$ 溶液中固相在不同时间的 SEM 照片

（a1）0mmol/L，40min；（b1）0mmol/L，80min；（c1）0mmol/L，120min；
（a2）5mmol/L，10min；（b2）5mmol/L，20min；（c2）5mmol/L，30min

图 4.13 为 120℃温度和 1.5% $CuCl_2$ 添加剂量条件 0mmol/L H_2SO_4（a）和 5.0mmol/L H_2SO_4(b) 溶液脱硫石膏晶须形成过程晶须平均直径和平均长径比随

时间的演变图。不同浓度硫酸溶液中晶须的平均直径均随着反应时间的延长在逐渐增大，晶须的平均长径比先增大后减小；并且随着硫酸浓度的升高，晶须平均直径在逐渐降低，平均长径比先增大后减小。

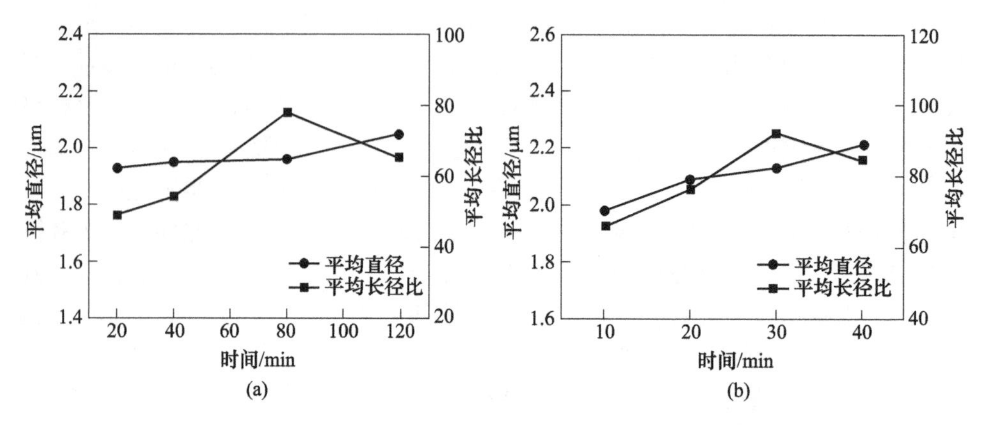

图 4.13 120℃，0mmol/L（a）和 5.0mmol/L（b）H_2SO_4 的 1.5%$CuCl_2$ 溶液中晶须平均直径和平均长径比随时间的演变图

对比不同浓度硫酸作用下晶须的 SEM 照片和平均直径、长径比的演变规律可知，随着硫酸浓度的升高，晶须的转化会加快，这意味着硫酸的加入可以促进晶须的形核-生长。除此之外，随着溶液 pH 值的增加，脱硫石膏晶须的结晶也将恶化，这主要由于 pH 值会影响脱硫石膏脱水进而改变了溶液的过饱和度，反应溶液的过饱和度随溶液 pH 值的增加而降低，且在较高 pH 值条件下晶须成核-生长速率较低，而颗粒大小取决于晶体成核-生长速率，低的成核速率意味着形成了少量的核，这些核有更大的机会长成大晶体，因此 pH 值的增加导致晶体尺寸增大。

4.2.3 氯化铜浓度对脱硫石膏晶须生长过程的影响

为了研究氯化铜浓度对脱硫石膏晶须生长过程的影响，分别探讨氯化铜用量（质量分数）为 0%、1.5%和 3%时对晶须结晶形貌的影响。图 4.14 为 120℃温度下 0%和 3%的 $CuCl_2$ 浓度溶液中脱硫石膏晶须形成过程固相在不同时间的 SEM 照片。结合图 4.12 可知，未加入氯化铜时获得的晶须样品的品质较差，其中只有少量的高长径比晶须，其余均为针状、絮状、不规则片状的半水硫酸钙晶体。加入氯化铜作为晶型调控剂后，晶须的形貌得到了明显的改善，制备的样品固相均为长纤维状的晶须，但随着氯化铜剂量的增加，晶须的结晶尺寸变大，晶须的平均直径明显增加，且晶须转化完成所需的时间在逐渐延长，这说明氯化铜会抑制晶须的形核-生长，导致晶体的粒度增大。此外，一定剂量的氯化铜可以促进晶须沿 c 轴的生长，使晶须的平均长度明显增大，可以获得较高平均长径比的晶须，随着氯化铜剂量进一步增加，晶须的平均直径提升较大、平均长度提升较小，因此导致晶须的平均长径比下降。

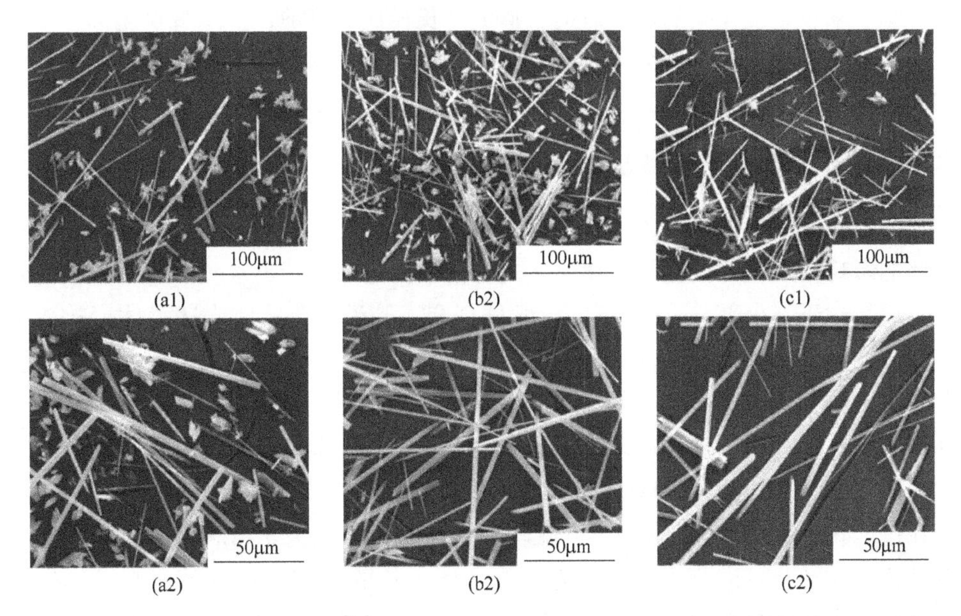

图 4.14 120℃不同 $CuCl_2$ 剂量的 0.5mmol/L H_2SO_4 溶液中固相在不同时间的 SEM 照片

(a1) 0%，10min；(b1) 0%，20min；(c1) 0%，30min；

(a2) 3%，30min；(b2) 3%，60min；(c2) 3%，90min

图 4.15 为 120℃温度下 0%和 3%的 $CuCl_2$ 剂量溶液中脱硫石膏晶须形成过程晶须平均直径和平均长径比随时间的演变图。不同剂量氯化铜溶液中晶须的平均直径均随着反应时间的延长在逐渐增大，晶须的平均长径比先增大后减小。并且随着氯化铜剂量的增加，晶须的平均直径在逐渐增大，晶须的平均长径比先增大后减小。

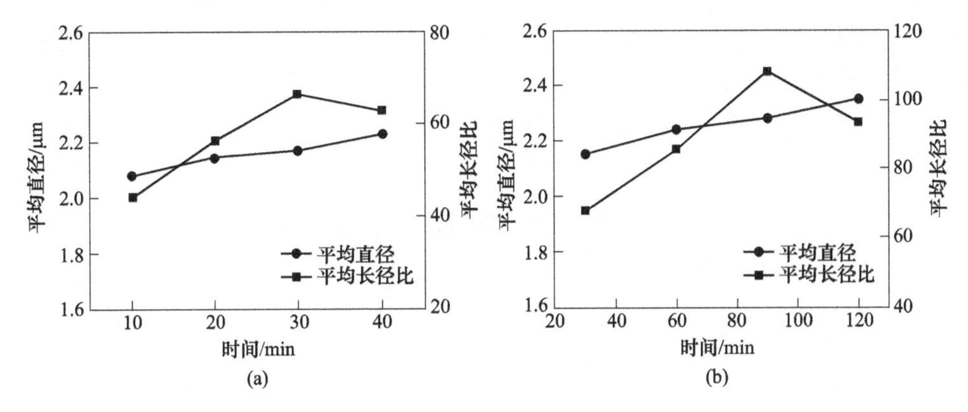

图 4.15 120℃，0%(a) 和 3%(b) 的 $CuCl_2$剂量的 0.5mmol/L H_2SO_4 溶液中晶须平均直径和平均长径比随时间的演变图

综合来看，氯化铜的加入有助于形成高长径比的晶须，但随着氯化铜剂量的增加，晶须的平均长径比会下降，剂量为 1.5%的氯化铜时制备的脱硫石膏晶须的平均长径比最高，晶须品质最优。

4.3 脱硫石膏水热制备晶须转化动力学研究

动力学是研究物理、化学因素（温度、时间、浓度、添加剂、杂质等）对速率的影响及对应的机理和数学表达式的科学。当前关于半水硫酸钙动力学的研究主要集中于三个部分：（1）以化学试剂合成硫酸钙晶体时表述晶体形核速率的形核动力学。例如，Guan 等研究了 Mg^{2+}对 α 型半水硫酸钙形核动力学的影响，发现 Mg^{2+}通过参与表面反应抑制了半水硫酸钙的形核，随着 Mg^{2+}浓度的增加会降低半水硫酸钙的形核速率。Sandhya 等研究了异丙醇溶液中二水硫酸钙的形核动力学。（2）表述半水硫酸钙晶核长大的生长动力学。例如，Feldmann 等研究了在过饱和 HCl-$CaCl_2$ 溶液中半水硫酸钙晶体的生长动力学，利用激光衍射技术对晶体的粒径分布进行了测试，得到了晶体生长的速率。Tang 等研究了烟气脱硫石膏水热制备半水硫酸钙的动力学模型，该模型通过在转化过程中获得的晶体尺寸分布（CSD）水平平移到稳定相的 CSD，用一种简单的方法获得了成核和生长速率并采用非线性优化算法确定了动力学参数；（3）表述不同硫酸钙相之间转变速率的结晶转化动力学。表 4.1 是不同硫酸钙相在不同反应体系和转化条件下的转化机制及动力学的研究结果，如研究纯水中 DH 向无水硫酸钙（AH）的转化、热酸性硫酸锰溶液中 DH 向 AH 的转化、$CaCl_2$-HCl 溶液中 DH 向 α-HH 转化等。综合不同硫酸钙相之间转变动力学的研究不难发现，大多学者认为 DH 向 α-HH 转化符合溶解-再结晶机制，DH 向 AH 的转化符合溶解-沉淀机制，而自催化动力学方程是最常用来描述硫酸钙相之间转变速率的动力学模型。其余也有一些简单的动力学模型用于硫酸钙相之间转变动力学，但这些转变大多是在低温常压条件下进行的，脱硫石膏向脱硫石膏晶须的转化是否符合溶解-结晶机制及自催化动力学模型是否可以适用于水热条件下脱硫石膏转化为脱硫石膏晶须的动力学研究尚需进一步验证。

表 4.1 不同硫酸钙相之间的转化机制及动力学文献

文献	转化方式	体系	转化条件	动力学模型	转化机制
Helen E. Farrah	DH→AH	H_2SO_4-$MgSO_4$-H_2O	95℃，124h	自催化模型	溶解-沉淀
Ghazal Azimi	DH→AH	H_2SO_4-NaCl-H_2O	80℃，2 天		溶解-沉淀
	DH→HH	H_2O	150℃，4h		

续表 4.1

文献	转化方式	体系	转化条件	动力学模型	转化机制
Thomas Feldmann	DH→α-HH	$CaCl_2$-HCl-H_2O	40℃，55℃，70℃，8h	自催化模型	溶解-沉淀
	α-HH→AH				拓扑形核生长
Hailu Fu	DH→α-HH	$CaCl_2$-H_2O	90℃，95℃，100℃，10h	分散动力学模型	溶解-再结晶
Jasminka Kontrec	AH→DH	H_2SO_4-$CaSO_4$-H_2O	10℃，20℃，40℃，20h	数学模型	AH 溶解和 DH 结晶生长

本研究采用脱硫石膏为原料制备脱硫石膏晶须，异于使用化学试剂合成脱硫石膏晶须，且反应在密闭的水热环境下进行，通过测定溶液的过饱和度来计算形核速率是难以实现的，因此本研究主要集中于脱硫石膏结晶转化为脱硫石膏晶须的过程，探索脱硫石膏晶须的转化机制及动力学。

自催化反应的特征在于明显的无活性的初始阶段，该阶段不会观察到反应物种类的变化，随后反应速度迅速加快。在水热反应过程的初始阶段，由于反应溶液中无脱硫石膏晶须的存在，脱硫石膏晶须首先从溶液中结晶出来；随着反应的进行，溶解的脱硫石膏不断供应 Ca^{2+} 和 SO_4^{2-}，新形成的硫酸钙晶体会起到一种类似晶种的作用；随着反应的进一步进行，产生的晶体的表面不断增加，为 Ca^{2+} 和 SO_4^{2-} 以及 H_2O 分子掺入晶格的结构提供了越来越多的活性表面位点，这将进一步加速转换过程，直至所有的脱硫石膏都转换为脱硫石膏晶须。此外，根据图 4.3（b）中脱硫石膏晶须的摩尔分数随时间的变化符合自催化过程特征的 S 形曲线，可解释最初产生的半水硫酸钙晶体可以作为晶种起到促进转化的作用。这为表明脱硫石膏向脱硫石膏晶须的转化符合自催化过程提供了有力的证据。

脱硫石膏向脱硫石膏晶须的转化动力学可以参照式（4.1）的自催化反应：

$$A + P \longrightarrow P + P \tag{4.1}$$

式中，A 为反应物（脱硫石膏）；P 为产物（脱硫石膏晶须）。以产物 P 表示其动力学方程，则有：

$$r_P = kC_A \cdot C_P \tag{4.2}$$

式中，r_P 为反应速率；k 为反应速率常数，k 值越大，则转化速率越快；C_A为反应中脱硫石膏中的 Ca^{2+}浓度；C_P为反应中脱硫石膏晶须中的 Ca^{2+}浓度，这样表示可以方便动力学方程的推导。反应速率既受到反应物浓度的影响，又受产物的影响。与自催化反应稍有不同的是，该反应中无须加入一些微量产物作为晶种，而是通过自然的溶解-结晶产生的晶核作为能加速转化的“晶种”，反应开始前的诱导期就是晶须形核积蓄能量所需的时间。

根据前述晶须的转化过程可知，该反应中 Ca^{2+}有三种存在形式，固相中 DH

和 α-HH 中的 Ca^{2+} 以及溶解在液相中游离的 Ca^{2+}，根据反应过程中离子浓度的守恒，则在整个反应过程中有如下的方程成立。

$$C_0 = C + C_A + C_P \tag{4.3}$$

式中，C_0 为反应中 Ca^{2+} 的总浓度；C 为溶液中测量的游离的 Ca^{2+} 浓度。

将式（4.3）代入式（4.2）并积分可得：

$$r_P = dC_P/dt = kC_P \cdot (C_0 - C - C_P) \tag{4.4}$$

移项可得：

$$kdt = dC_P/C_P \cdot (C_0 - C - C_P) \tag{4.5}$$

积分可得：

$$\int kdt = \int dC_P/C_P \cdot (C_0 - C - C_P) \tag{4.6}$$

即：

$$kt(C_0 - C) = -\ln(C_0 - C - C_P)/C_P + \text{constant} \tag{4.7}$$

而脱硫石膏晶须的转化率 X 又可以表示为：

$$X = C_P/(C_0 - C) \tag{4.8}$$

将式（4.8）代入式（4.7）可得：

$$k(C_0 - C)t = -\ln(1/X - 1) + \text{constant} \tag{4.9}$$

即：

$$X = \frac{1}{1 + \exp[-kt(C_0 - C) - b]} \tag{4.10}$$

式中，b 为常数，这里就可以得到脱硫石膏晶须的转化率 X 的与时间 t 的关系。由方程可知，转化率与时间呈现一种 S 形的曲线关系，转化率的取值范围为（0，1），这与脱硫石膏晶须的摩尔分子量变化是一致的。

在特定时间范围内，以（C_0−C)t 为 y 轴，以−ln(1/X−1）为 x 轴，可以绘制出斜率为 k 的直线。显然直线斜率的值就是转化速率常数 k 的值，直线与 y 轴的交点是常数 b 的值。图 4.16 显示了优化条件下，0～50min 时间范围内 $-\ln(1/X-1)$ 与（C_0−C)t 之间的线性关系，由图 4.16 可知在 0～50min 时间范围内，实验数据很好地分布在拟合直线附近，拟合直线与数据之间显示良好拟合度，其中 R^2= 0.990，k=1.378L/(g · min)，b = −4.741。将图 4.16 中获得的数据引入式（4.10），就可以得到水热条件下脱硫石膏晶须转化率 X 的与时间 t 之间的关系。

图 4.17 为初步优化条件下动力学模拟曲线与实验数据的对比，其中自催化动力学模拟结果呈现出 S 形曲线，模拟参数为 k=1.377，b=−4.741，R^2=0.990。通过比较实验数据可以发现自催化动力学曲线很好地契合了实验数据，因此它可以准确反映出脱硫石膏向脱硫石膏晶须转化过程中转化速率随时间的变化关系，表明该自催化动力学模型可用于描述水热条件下脱硫石膏向脱硫石膏晶须的转化动力学。

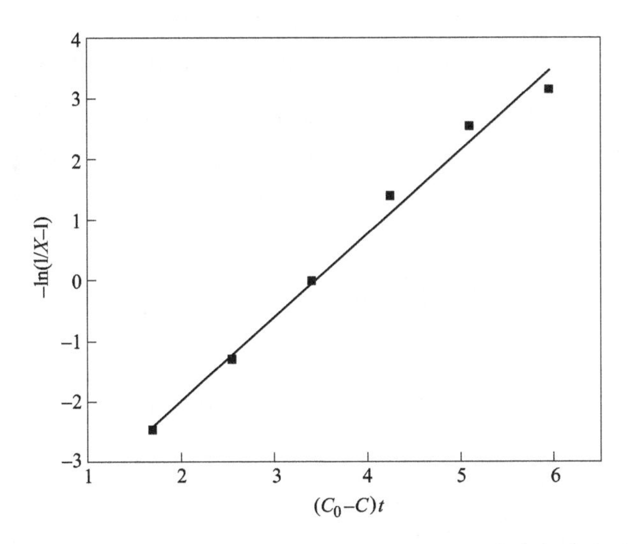

图 4.16 120℃，0.5mmol/L H_2SO_4 和 1.5%$CuCl_2$ 溶液中脱硫石膏向脱硫石膏晶须转化过程中$-\ln(1/X-1)$ 与 $(C_0-C)t$ 的关系图

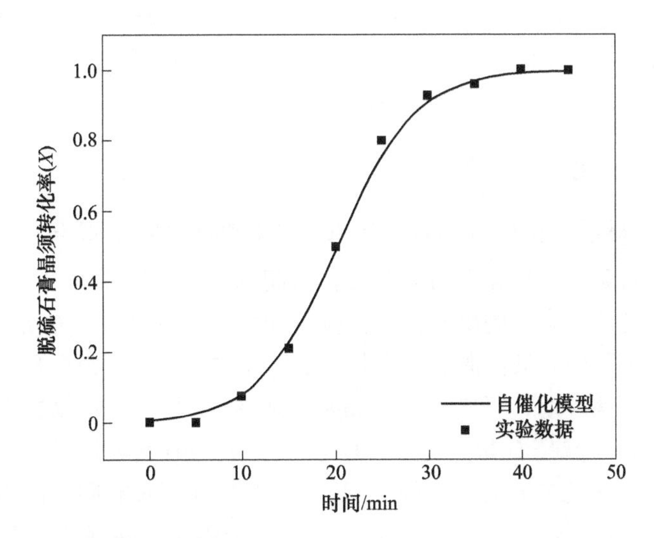

图 4.17 自催化动力学模拟 120℃，0.5mmol/L H_2SO_4 和 1.5%$CuCl_2$ 溶液中脱硫石膏向脱硫石膏晶须的转化动力学图

本研究中观察到的显著的诱导期是具有高纯度前驱体的自催化反应的特征，添加晶种也有利于提高硫酸钙相之间的转化率，在先前的研究中已得到了证实。根据均相形核和异质形核理论，异质形核过程中形成核的自由能小于均质成核过程中的自由能，这意味着在反应中添加晶种时，两种石膏相转化所需的驱动力会相对较少。脱硫石膏向脱硫石膏晶须的转化过程中，最初的溶液中无半水石膏

相，经过一定的诱导期后，晶须以均相形核的方式从溶液中结晶析出。此时，这些析出的晶核可以作为加入的晶种起到促进转化的作用，因此在诱导期后可以观察到一个转化急剧加速的过程。随着转化的进一步进行，晶须的大量产生造成反应物脱硫石膏的浓度急剧下降，溶液过饱和度降低速率降低，消除过饱和过程将十分缓慢，这时又可以观察到一个反应速率降低的过程，直至脱硫石膏消耗完全。

4.4 水热环境对脱硫石膏晶须转化动力学的影响

由于脱硫石膏晶须形成过程中，水热结晶环境的温度、溶液组成（氯化铜和硫酸浓度）是影响脱硫石膏向脱硫石膏晶须转化动力学的最主要的因素。根据脱硫石膏晶须固-液两相演化过程可知，脱硫石膏向脱硫石膏晶须转化的驱动力主要来源于温度和二水硫酸钙与半水硫酸钙之间的过饱和度之差，通过调节温度、盐溶液浓度和酸度来扩大驱动力，可以加速脱硫石膏向脱硫石膏晶须的转化。在本研究中，温度、氯化铜和硫酸浓度是水热环境的三个最主要因素，因此为了探究水热环境对转化动力学的影响，研究 110～120℃ 温度范围下 0～5mmol/L 的 H_2SO_4 和 0%～3%的 $CuCl_2$ 溶液中脱硫石膏向脱硫石膏晶须的转化动力学，选择 110～120℃的温度范围是由于在 120℃以上的温度条件下转化速率过快，难以获得有效的实验数据。

4.4.1 温度对转化动力学的影响

图 4.18 中显示了在 0.5mmol/L H_2SO_4 和 1.5%$CuCl_2$ 的混合溶液中温度对脱硫石膏向脱硫石膏晶须转化动力学和转化时间的影响。图 4.18（a）可以清楚地表明，随着温度的升高，脱硫石膏向脱硫石膏晶须的转化明显加快。为了研究其动力学规律，把脱硫石膏向脱硫石膏晶须的转化主要分为两个阶段：第一阶段是晶须形核之前的诱导期；第二阶段是晶须的成核-生长期。根据文献，定义从恒温开始到反应物（脱硫石膏）完成 10%转化之前的时间为诱导时间，而完成脱硫石膏剩余 90%转化的时间为形核-生长期，即晶须生长时间。晶须诱导时间和生长时间的减少表明促进了脱硫石膏晶须的成核-生长。温度对脱硫石膏向脱硫石膏晶须的转化时间的影响如图 4.18（b）所示，当温度由 110℃提高到 120℃时，晶须形成的诱导时间由 55min 减少到 10min，同时生长时间由 95min 减少到 30min。图 4.18（a）和（b）中的结果表明温度升高将促进脱硫石膏向脱硫石膏晶须的转化过程，大幅减少转化所需的时间。

水溶液中的过饱和度主要受温度和溶液组成的影响，这两者是影响晶须形核-生长的关键因素。温度在 110～120℃ 之间时，脱硫石膏中的二水硫酸钙（DH）和脱硫石膏晶须（α-HH）的溶解度均随温度升高而降低，但 α-HH 溶解

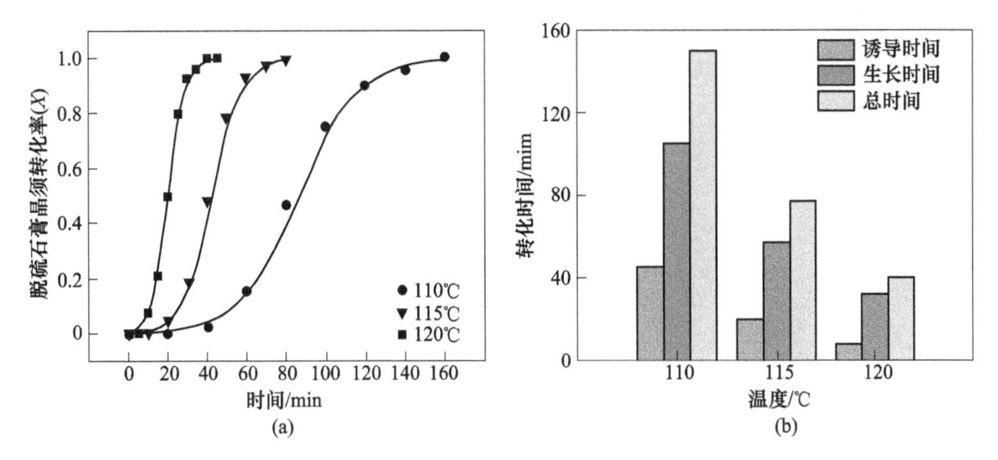

图 4.18 0.5mmol/L H_2SO_4 和 1.5% $CuCl_2$ 的混合溶液中温度对脱硫石膏向脱硫石膏晶须的转化动力学（a）和转化时间（b）的影响

度的降低趋势则随温度升高而加快，温度的升高就造成了 DH 和 α-HH 的过饱和度之差增大进而增大了 DH 向 α-HH 转化的驱动力。此外，脱硫石膏向脱硫石膏晶须的转化过程中，DH 和 α-HH 之间可能存在竞争性形核，合适的过饱和范围可以降低 DH 形核对 α-HH 形核的影响，而温度的升高有助于 α-HH 晶核的形成。因此，升高温度通过扩大溶液的过饱和度、降低 DH 形核对 α-HH 形核的影响从而加速脱硫石膏向脱硫石膏晶须的转化。

根据 Arrhenius 方程：

$$k = A\exp\left(-\frac{E_a}{RT}\right) \tag{4.11}$$

即：

$$\ln k = \ln A - \frac{E_a}{RT} \tag{4.12}$$

式中，k 为转化速率常数；R 为气体摩尔常数，8.314J/(mol·K)；T 为热力学温度；E_a 为表观活化能；A 为指前因子（也称为频率因子）。测定不同温度下的转化速率常数 k 就可以计算得到了反应的活化能 E_a 和指前因子 A。

将 110~120℃ 的温度下获得的转化速率常数的数据绘制 $\ln k$ 与 $1/RT$ 的关系，其结果如图 4.19 所示。根据计算可知在 0.5mmol/L H_2SO_4 和 1.5%$CuCl_2$ 的混合溶液中脱硫石膏向脱硫石膏晶须的反应活化能 E_a 为（151±8）kJ/mol，远高于在 80~100℃ 的温度范围内的 Ca(3.74mol/L)-Mg（0.20mol/L)-K（0.09mol/L）氯化物溶液中 α-HH 生长的活化能 40kJ/mol，也高于在 40~70℃ 温度范围内的（0.25~4.97mol/L$CaCl_2$ 和 0~9.43mol/L HCl）的混合溶液实现从 α-HH 到 AH 相变的活化能（107±17）kJ/mol，这表明水热条件对脱硫石膏向脱硫石膏晶须的转化有重要影响。此外，高活化能值通常认为是反应控制相变机理，这与研究中发现的通过溶解在晶须表面上形成的扭结位点上的成核-生长步骤控制相变的机理是一致的。

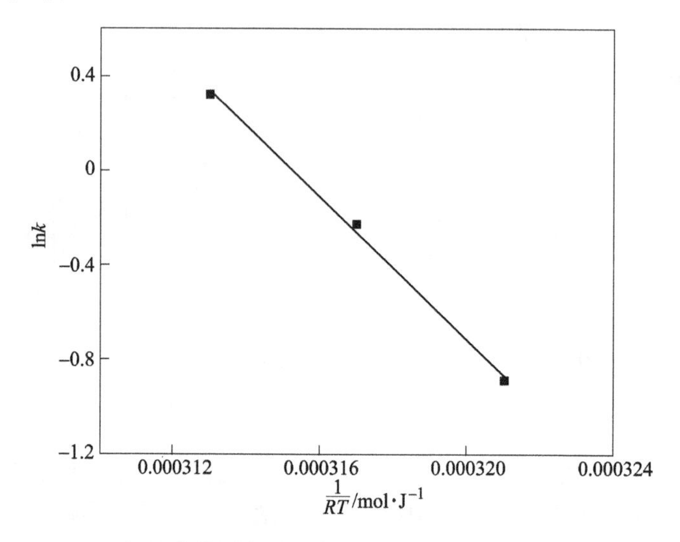

图 4.19 110~120℃温度范围内的 0.5mmol/L H_2SO_4 和 1.5%$CuCl_2$ 的混合溶液中脱硫石膏向脱硫石膏晶须转化过程中 ln*k* 与 1/*RT* 的关系图

4.4.2 硫酸浓度对转化动力学的影响

图 4.20 显示了在 120℃下的 1.5%$CuCl_2$ 溶液中 H_2SO_4 浓度对脱硫石膏向脱硫石膏晶须的转化动力学和转化时间的影响。如图 4.20 所示，添加 H_2SO_4 会促进脱硫石膏向脱硫石膏晶须的转化，且转化速率随着 H_2SO_4 浓度的增加而增大。在该水热条件下加入的 H_2SO_4 浓度由 0mmol/L 增加到 5mmol/L 时，晶须的形核诱导时间从 35min 缩短到 7min，晶须生长的时间从 81min 缩短到 17min，图 4.20（a）也可以看出 H_2SO_4 浓度的增加将明显加速转化动力学。H_2SO_4 浓度对硫酸钙相转变的影响在之前的研究中就有过相关讨论：Feldmann 等研究了 H_2SO_4 浓度对 DH 向 HH 及 AH（无水硫酸钙）转化过程的影响，研究发现随着酸浓度的增加均加速了 DH 向 AH 转化过程中三个阶段的（DH→HH、HH→AH 及 DH→AH）转化动力学。造成这个现象的原因主要在 H^+浓度的增加会导致亚稳相的溶解度增加，在很大程度上要比 AH 更大，因此为转化创造了更大的驱动力。Guan 等研究表明 pH 值（H_2SO_4 浓度）影响脱硫石膏（DH）脱水的主要原因是 pH 值影响了溶液的过饱和浓度，随着反应溶液中 H^+浓度的增加，DH 的溶解度比 α-HH 的溶解度增加得多，这导致转化的驱动力增加，H^+的增加（pH 值的降低）促进了 SO_4^{2-} 向 HSO^{4-}的转化，从而促进了 DH 的溶解。

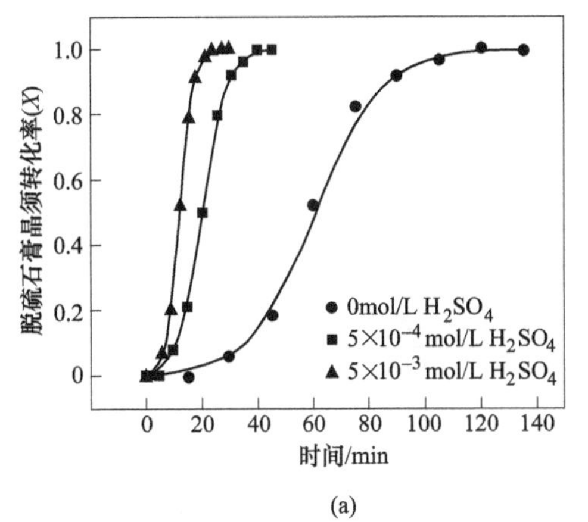

(a)

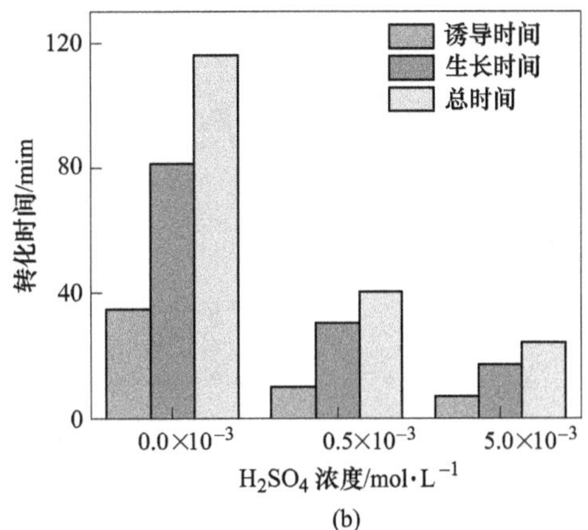

(b)

图 4.20 120℃，1.5% $CuCl_2$ 的溶液中 H_2SO_4 浓度对脱硫石膏向脱硫石膏晶须的转化动力学（a）和转化时间（b）的影响

由图 4.20 可以发现，增加 H_2SO_4 浓度将加速转化动力学，这主要是由于随着反应溶液中 H^+浓度的增加，DH 的溶解度比 α-HH 的溶解度增加得多，转化的驱动力增加。H_2SO_4 浓度的增加也将导致溶液的水活度的降低，水活度的降低将导致水分子实现晶体水合的可用性降低，因此，由 DH（2 结晶水）转变为 α-HH（0.5 结晶水）将更加容易。此外由图 4.7 可知，随着反应的进行溶液的 pH 值会增加，溶液中的 H^+浓度下降，这可能也是造成脱硫石膏向脱硫石膏晶须的转化速率在反应的后期会明显降低的原因。

4.4.3 氯化铜用量对转化动力学的影响

图 4.21 显示了 $CuCl_2$ 用量对脱硫石膏向脱硫石膏晶须的转化动力学和转化时间的影响。如图 4.21（a）所示，添加 $CuCl_2$ 会抑制脱硫石膏向脱硫石膏晶须的转化，且转化速率随着 $CuCl_2$ 用量的增大而降低。如图 4.21（b）所示，在 120℃下的 0.5mmol/L H_2SO_4 溶液中，随着 $CuCl_2$ 的用量从 0%到 3%的增加，诱导时间将从 8min 增加到 32min，生长时间从 25min 增加到 55min。盐溶液浓度对硫酸钙相变动力学的影响在得到了广泛的关注，添加 KCl 将会促进二水合硫酸钙（DH）的溶解并产生更高的超饱和度，这可能为 DH 向 α-HH 相转变的更大驱动力；并且添加 NaCl 会促进 DH 向 AH 的转化，添加 $NiSO_4$ 会抑制 DH 向 AH 的转化也已经在研究中得到了充分证实。

同样，添加 $CuCl_2$ 也是通过改变反应溶液的过饱和度来抑制了脱硫石膏向脱硫石膏晶须的转化。无机盐的存在改变了 DH 和 α-HH 的溶解度和溶液的水活度，降低了转化的驱动力，但是 H_2SO_4 和 $CuCl_2$ 之间的协同作用有助于维持反应

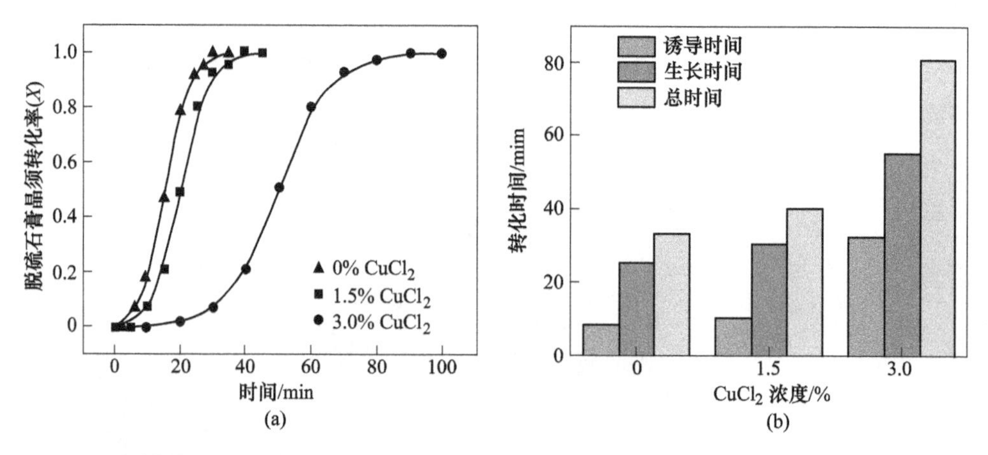

图 4.21　120℃，0.5mmol/L H_2SO_4 的溶液中 $CuCl_2$ 浓度对脱硫石膏向脱硫石膏晶须的转化动力学（a）和转化时间（b）的影响

溶液系统中 Ca^{2+} 的稳定性，有助于获得具有更好晶体形态的脱硫石膏晶须。对比不同的水热条件对脱硫石膏晶须转化动力学的影响可知：与 H_2SO_4 和 $CuCl_2$ 相比，温度对转化速率的影响最为严重，H_2SO_4 浓度的影响次之，$CuCl_2$ 用量的影响较弱；调节温度、盐溶液浓度和酸度来增加驱动力可以加速脱硫石膏向脱硫石膏晶须的转化。

表 4.2 显示了在 110~120℃下 0~5mmol/L H_2SO_4 和 0%~3%$CuCl_2$ 溶液中自催化动力学模型拟合的动力学参数。由拟合结果可见，自催化动力学模型很好地拟合了脱硫石膏向脱硫石膏晶须的转化过程，所有的确定系数 $R^2>0.96$。其中参数 k 是转化动力学的速率常数，k 的值越大表示同一单位时间内的转化速率越快。当绘制 $-\ln(1/X-1)$ 与 $(C_0-C)t$ 之间的线性关系时，参数 b 是直线 y 轴的截距，这是一个与诱导时间有关的物理量，b 越大意味着从溶液中析出晶须所需的时间越长。由表 4.2 中的数据可知：随着温度和 H_2SO_4 浓度增加，参数 k 明显增大同时参数 b 明显减小；随着 $CuCl_2$ 用量的增加对于参数 k 和参数 b 会产生相反的影响。参数 k 和参数 b 的变化与水热环境下脱硫石膏晶须转化动力学和转化时间结果相一致。

表 4.2　不同水热条件下脱硫石膏向脱硫石膏晶须转变的动力学参数

温度/℃	H_2SO_4 /mmol · L^{-1}	$w(CuCl_2)$/%	k /L · g^{-1} · min^{-1}	b	R^2
110	0.5	15	0.411	−5.846	0.969
115	0.5	15	0.795	−5.576	0.992
120	0.5	15	1.377	−4.741	0.990

续表 4.2

温度/℃	H_2SO_4 /mmol·L^{-1}	$w(CuCl_2)$/%	k /L·g^{-1}·min^{-1}	b	R^2
120	0	15	0.496	-5.139	0.989
120	5	15	2.554	-5.106	0.997
120	0.5	0	1.609	-4.115	0.998
120	0.5	30	0.740	-6.275	0.998

理论上来说，对于给定的温度下 DH 和 α-HH 的溶度积不会随溶液中流体化学组分的变化而改变，因此加入一些酸或盐作为添加剂后 DH 向 α-HH 转化的驱动力应不受其影响。然而，在复杂的水热体系下脱硫石膏向脱硫石膏晶须转化的驱动力会随着流体化学的变化发生变化。例如，在常压条件下，添加 H_2SO_4 和 $CaCl_2$ 会增大 DH 向 α-HH 转化的驱动力，从而促进 DH 向 α-HH 的转化。因此，可以通过调节反应溶液的温度、盐溶液浓度和酸度来增加脱硫石膏向晶须转化的驱动力，进而加速其转化。

4.5 本章小结

（1）以脱硫石膏为原料采用水热法制备脱硫石膏晶须的过程是一个溶液介导的从 DH 到 α-HH 的转化过程。在转化过程中，DH 溶解并释放 Ca^{2+} 到溶液中，达到相对于 α-HH 的过饱和状态，在经过一定的诱导时间后，晶须从溶液中结晶析出。在 120℃、0.5mmol/L 的 H_2SO_4 和 1.5%$CuCl_2$ 的条件下，脱硫石膏晶须生长过程中固-液两相随时间的演变是一个溶液介导的从 DH 到 α-HH 的转化过程，符合溶解-结晶机理且转化速率受成核-生长步骤控制。

（2）在脱硫石膏晶须的生长过程中，晶须的平均直径随着反应时间的延长逐渐增大，晶须的平均长径比随着反应时间的延长逐渐增大呈现先增大后减小；在 110~130℃、0~5mmol/L H_2SO_4 和 0%~3%$CuCl_2$ 的反应溶液中，晶须的平均长径比随着反应温度的升高、H_2SO_4 及 $CuCl_2$ 浓度以增加先增大后减小。

（3）改变晶须制备水热环境，将影响脱硫石膏晶须的转化动力学，进而影响其结晶形貌的控制。根据脱硫石膏晶须的摩尔分数随时间变化建立了自催化动力学方程，拟合结果为 $k=1.377$，$b=-4.741$，$R^2=0.990$，与优化条件下晶须转化的实验数据良好吻合，证实了自催化模型用于脱硫石膏晶须转化动力学的可靠性。水热环境的温度、H_2SO_4 浓度及 $CuCl_2$ 用量将影响脱硫石膏晶须的转化动力学；升高温度、增加 H_2SO_4 浓度、降低 $CuCl_2$ 用量会缩短脱硫石膏晶须的成核-生长时间，产生更大的驱动力促使 DH 转变为 α-HH，从而加速脱硫石膏向脱硫石膏晶须的转变。

（4）根据 Arrhenius 方程计算得到 0.5mmol/LH_2SO_4 和 1.5%$CuCl_2$ 的混合溶

液中脱硫石膏转化为脱硫石膏晶须的反应活化能为 $E_a=(151\pm8)$ kJ/mol。对比不同水热条件下的转化动力学可知：温度对转化速率的影响最为严重，H_2SO_4 浓度的影响次之，$CuCl_2$ 用量的影响较弱；调节溶液的温度、盐溶液浓度和酸度来增加驱动力可以加速脱硫石膏向脱硫石膏晶须的转化。

5　水热环境与晶须品质参数的定量关系研究

自催化动力学模型虽然可以很好的描述脱硫石膏晶须制备过程中水热环境与转化速率随时间变化的关系，但很难反映出水热参数对晶须平均直径和平均长径比的影响，而长径比又是评价脱硫石膏晶须品质的重要参数；此外，脱硫石膏晶须是在高温高压密闭的水热环境中形成，晶须的生长过程难以探明，其品质也难以预测，如何建立起晶须的水热生长环境与其品质参数之间定量关系并优化出最佳的水热制备工艺成为高品质脱硫石膏晶须工业化生产道路上亟需解决的难题。人工神经网络（artificial neural network，ANN）和遗传算法（genetic algorithm，GA）能通过黑箱模型来处理独立变量和因变量之间高度复杂的非线性关系，因此可以利用人工神经网络预测脱硫石膏晶须的品质，建立起晶须制备的水热环境参数与晶须品质参数之间定量关系，并结合遗传算法进一步优化水热制备脱硫石膏晶须的工艺参数，为高品质脱硫石膏晶须的工业化生产提供技术支撑。

5.1　利用BP神经网络预测脱硫石膏晶须品质

ANN作为一种信息处理技术，因具有高度的并行性、高度的非线性全局性、良好的容错性以及良好的自适应和自学习等特点，被广泛应用于生物学、医学、能源和信息技术等诸多科学和工业领域。在材料科学的研究中，由于材料设计的复杂性，材料成分、工艺、组织、性能之间往往难以建立良好的关系，并且某些材料需要在高温、高压以及强磁场的环境下制备，材料的性能与制备工艺参数之间的关系将更加难以控制。运用人工神经网络进行建模，通过对已有的实验数据进行训练，可以建立起材料性能与工艺参数之间复杂的非线性关系，因此人工神经网络在材料科学的研究中同样得到广泛应用。

目前，人工神经网络在材料科学领域主要应用于材料性能预测、材料设计和工艺优化等方面。李红等研究了BP、RBF神经网络在混凝土抗压强度预测中的应用，预测结果与实验验证对比发现，模型预测结果与真实实验的误差较小，ANN模型可以很好地用于材料的性能预测。以往材料设计中通常通过理论分析和经验积累来获得优化的工艺参数，利用神经网络可以快速地优化材料制备的工艺参数，节省大量的人力、物力、材料和时间。Han等利用MLR（多元线性回归）和FNN（模糊神经网络）技术建立钛合金Ti-10V-2Fe-3Al工艺参数与力学性能关系模型，利用这些模型可以快速地选择最优的工艺参数，以达到预期的力学性能。与 MLR 方法相比，FNN 方法与实验结果吻合较好，相对误差小于 7%，较好地满足了预测精度的要求。此外，ANN 还可用于新材料的发现、改进材料的理论模拟计算方法、研究材料的相变规律等方面。综合来看，ANN 技术在金属材料、锂电材料、高分子复合材料、催化材料等材料的研究与设计中均有很好的应用。

以脱硫石膏晶须水热生长的环境参数为输入层，以表征晶须品质性能参数为输出层，通过人工神经网络对实验数据进行学习、训练可以建立起晶须的水热生长环境与其品质参数之间非线性关系，还可以弥补自催化动力学在描述晶须晶粒尺寸上的不足。其中，BP 神经网络是人工神经网络中的一种误差反向传播的多层前馈式网络，研究中采用 MATLAB 软件实现预测脱硫石膏晶须品质的 BP 神经模型。

5.1.1　BP 神经网络模型建立

本节建立了如图 5.1 所示的 3 层 BP 神经网络模型，其中输入层有 4 个神经元，隐含层有 9 个神经元，输出层有 2 个神经元，使用 MATLAB 软件对模型进行训练、仿真。图 5.1 中的 ANN 主要有三层结构：输入层、隐含层和输出层。输入层是代表水热环境的四个主要参数：温度、时间、$CuCl_2$ 用量、H_2SO_4 浓度；输出层是代表晶须品质的两个主要参数：平均直径、平均长径比；BP 网络每层由一定的神经元组成，每个神经元与下层所有神经元相互连接，这些神经元可以对数据进行记忆、学习，然后建立起输入和输出之间的非线性关系。其中，隐含层神经元的个数对网络训练的精度影响较大：当隐含层神经元数太少时，网络学

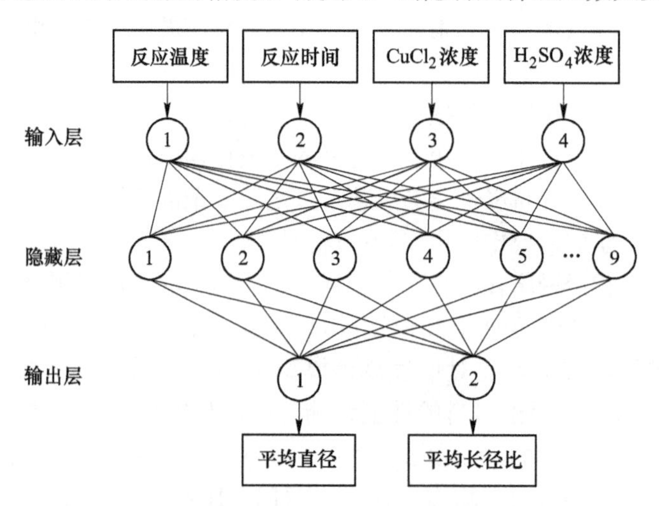

图 5.1　预测脱硫石膏晶须平均直径和平均长径比的 BP 神经网络模型

习效果较差，训练迭代的次数较多，训练精度也不高；当隐含层神经元数太多时，网络的功能越强大，精确度也更高，但训练迭代的次数也大，可能会出现过拟合（over fitting）现象。目前，对于如何确定隐含层中神经元数目并没有明确的公式，只有一些经验公式，神经元个数的最终确定还是需要根据网络训练后验证来确定。本设计中选择如公式（5.1）所示的经验公式：

$$l = \sqrt{n + m} + a \tag{5.1}$$

式中，n 为输入层神经元个数；m 为输出层神经元个数；a 为［1，10］之间的常数。根据上式可以计算出神经元个数为4~13，本次实验中经过训练验证以后选择隐含层神经元个数为9。

表5.1为前述中获得的脱硫石膏晶须实验数据结果，使用Randperm函数随机选取表5.1中的24组数据作为神经网络的训练集，剩余5组数据作为审计网络的预测集。使用Mapminmax函数进行数据归一化处理；设定网络隐含层和输出层激励函数分别为Tansig和Logsig函数，网络训练函数为Traingdx，网络性能函数为MSE，隐含层神经元数为9。使用Newff函数创建神经网络，设置迭代次数为8000次，训练目标最小误差为0.001，学习步长为0.01。使用Train函数进行网络训练，Sim函数对训练好的网络进行对比验证，Mapminmax函数进行数据反归一化。使用MATLAB软件实现程序运行。

表5.1 脱硫石膏晶须实验数据结果

试验编号	参数指标					
	温度/℃	时间/min	H_2SO_4 浓度/mmol·L^{-1}	$CuCl_2$ 用量（质量分数）/%	平均直径/μm	平均长径比
1	110	40	0.5	1.5	1.65	55.5
2	110	80	0.5	1.5	1.86	68.4
3	110	120	0.5	1.5	1.71	78.8
4	110	160	0.5	1.5	1.89	63.5
5	120	15	0.5	1.5	0.89	79.3
6	120	25	0.5	1.5	0.94	117.2
7	120	35	0.5	1.5	1.06	132.5
8	120	60	0.5	1.5	1.08	163.1
9	120	90	0.5	1.5	1.18	120.6
10	130	20	0.5	1.5	2.09	57.4
11	130	40	0.5	1.5	2.14	50.4
12	130	60	0.5	1.5	2.15	50.1
13	130	80	0.5	1.5	2.18	47.4

续表 5.1

试验编号	参数指标					
	温度/℃	时间/min	H_2SO_4 浓度 /mmol · L^{-1}	$CuCl_2$ 用量 (质量分数)/%	平均直径 /μm	平均长径比
14	120	20	0	1.5	1.93	49.2
15	120	40	0	1.5	1.95	54.2
16	120	80	0	1.5	1.96	78.3
17	120	120	0	1.5	2.05	64.9
18	120	10	5	1.5	1.98	66
19	120	20	5	1.5	2.09	76.3
20	120	30	5	1.5	2.13	92.3
21	120	40	5	1.5	2.21	84.5
22	120	10	0.5	0	2.08	44.2
23	120	20	0.5	0	2.15	56.3
24	120	30	0.5	0	2.17	66.4
25	120	40	0.5	0	2.23	62.8
26	120	30	0.5	3	2.15	67.8
27	120	60	0.5	3	2.24	85.4
28	120	90	0.5	3	2.28	108.2
29	120	120	0.5	3	2.35	93.2

5.1.2 BP 神经网络模型预测结果

为了验证 BP 神经网络模型的拟合效果，通过 Randperm 函数选择训练集之外的第 2、10、15、20、27 实验数据进行对比验证。图 5.2 为不同水热环境下制备的脱硫石膏晶须的平均直径（a）和平均长径比（b）测试值和实验值的对比，根据对比可以发现 5 组不同水热环境下的测试值数据较好的符合实验值数据，同样的 ANN 测试值数据曲线与实验值数据曲线也比较吻合。表 5.2 为 BP 神经网络对脱硫石膏晶须平均直径和长径比的预测结果，根据表 5.2 中的值，测试值数据与实验值数据之间的相对误差较小，一般不高于 8%，但有个别数据出现波动，如第一组测试结果显示中晶须的平均长径比的测试值与实验值之间的相对误差达到了 26.7%。造成这种情况的原因可能有两种：一是模型使用的学习样本较为分散，设计的水热环境体系的实验点不够完善导致样本在数量上不够丰富，网络训练的数据较少而导致模型出现误差；二是在实验过程的参数测量时存在实验误差，比如测量样品的平均直径、平均长度时选取的晶须数量不足导致计算的平均长径比不准确。

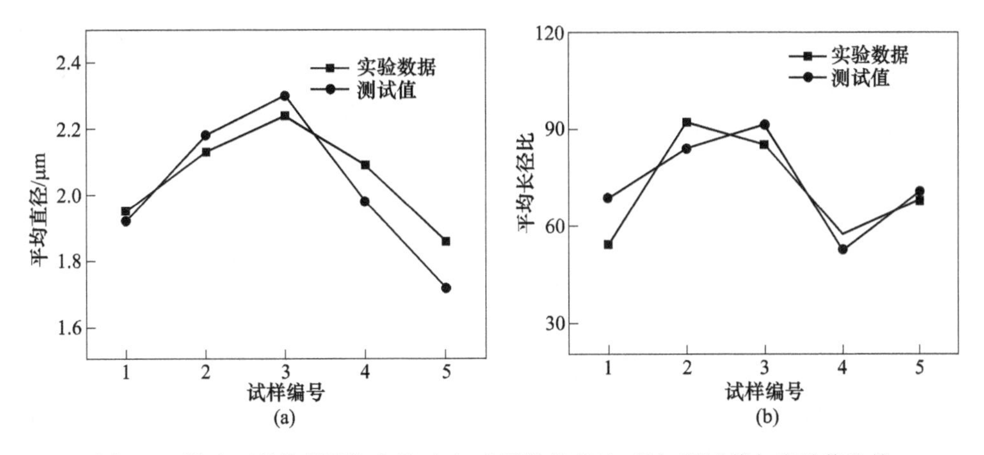

图 5.2 脱硫石膏晶须平均直径（a）和平均长径比（b）测试值与实验值比较

表 5.2 BP 神经网络对脱硫石膏晶须平均直径和平均长径比预测结果

试样编号	平均直径/μm	直径 ANN 值/μm	直径相对误差/%	平均长径比	长径比 ANN 值	相对误差/%
1	1.95	1.92	1.6	54.2	68.7	26.7
2	2.13	2.18	2.2	92.3	84.1	8.9
3	2.24	2.30	2.8	85.4	91.3	6.9
4	2.09	1.98	5.1	57.4	52.6	8.4
5	1.86	1.72	7.5	68.4	70.7	3.3

综合来看，ANN 预测结果与实验值相差不大，在误差允许的前提下，该模型可以较好的用于脱硫石膏晶须微观品质参数的预测。因此，利用人工神经网络可以预测脱硫石膏晶须的品质参数，建立起晶须制备的水热环境参数与晶须微观品质参数之间定量关系。

5.2 利用遗传算法优化脱硫石膏晶须水热制备工艺

遗传算法是一种借鉴生物进化论的自然选择和遗传机制、通过模拟自然进化过程搜索最优解的方法。遗传算法具有智能式搜索、渐进式优化、全局最优解、黑箱式结构、并行式运算、通用性强等特点，通常用于研究非线性、多变量、多目标、复杂的自适应系统问题，因此在实验数据处理、图像处理、数值拟合、固体材料的模型求数值解、人工生命设计的研究等领域有着广泛的应用。

在材料科学研究领域中，遗传算法因可以用于求解材料制备工艺与材料性能之间的最优关系而得到了材料相关研究者的关注。阎加强等应用人工神经网络对反应烧结 ZrO_2-SiC 材料制备中工艺参数与原位 SiC 颗粒生成量的关系进行拟合和预测，并结合遗传算法优化出了最佳制备工艺，得出在烧结温度为 1574℃、烧结时间为 4.21h、成型压力为 1.68MPa、C/$ZrSiO_4$ 摩尔比为 3.94、Fe 粉加入量（质量分数）为 6.54%实验条件下原位 SiC 生成量最大值为 23.17。Chen 等提出了一种将人工神经网络与遗传算法相结合的注射成型工艺优化方法，该方法建立了一个 BP 神经网络模型来映射注塑件工艺条件与质量指标之间复杂的非线性关系，并将遗传算法应用于基于 ANN 模型的适应度函数的注塑件工艺条件优化，结合人工神经网络/遗传算法对某工业零件进行了工艺优化，提高了零件体积收缩变化的质量指标。Nandi 等对两种基于人工智能的混合过程建模与优化策略 ANN-GA 和 SVR-GA 进行了比较研究，以用于 Hbeta 催化过程中苯异丙基化的建模与优化，结果表明使用 ANN-GA 和 SVR-GA 方法，获得了一系列优化的操作条件，使苯异丙基化反应产物即枯烯的收率和选择性最大化，并且通过实验验证，优化后的溶液在异丙烯收率和选择性方面都有显著提高。综合来看，遗传算法结合人工神经网络模型对材料工艺的优化有较好的效果。

5.2.1 遗传算法优化工艺参数

为进一步优化脱硫石膏晶须的水热制备工艺，以反应温度、反应时间、$CuCl_2$ 用量和 H_2SO_4 浓度四个水热工艺参数为决策变量，以晶须的平均直径、平均长径比两个粒径参数为品质目标，结合实验获取的数据样本和已建立的神经网络模型，利用遗传算法的全局寻优功能，在给定的工艺范围内进行全局寻优。水热制备脱硫石膏晶须的工艺参数的取值范围如表 5.3 所示。

表 5.3 水热制备工艺参数的取值范围

工艺参数	反应温度/℃	反应时间/min	H_2SO_4 浓度/mmol · L^{-1}	$CuCl_2$ 用量（质量分数）/%
范围	110 ~ 130	10 ~ 180	0 ~ 5	0 ~ 3

遗传算法优化工艺参数的目的是为了寻找适宜的反应温度、反应时间、$CuCl_2$ 用量和 H_2SO_4 浓度，使平均直径取得最小值、平均长径比取得最大值。由此本节建立了如图 5.3 所示的遗传算法模型图，求解优化性能参数和工艺参数的具体计算过程如下。

（1）编码、初始化种群。采用二进制编码方式进行编码，每个变量的编码位数取 20；种群规模取 100，遗传代数取 2000，同时确定水热工艺参数的上下界并构成初始种群。由于已对数据进行归一化处理，此时的寻优参数的上下界取［0，1］。

（2）计算适应度。个体对环境的适应程度叫作适应度（fitness），为了体现染色体的适应能力，引入了对问题中的每一个染色体都能进行度量的函数叫适应度函数，这个函数是用来计算个体在群体中被使用的概率。

（3）选择。根据种群中个体的适应度大小，通过轮盘赌等方式将适应度高的个体从当前种群中选择出来。其中，轮盘赌即是与适应度成正比的概率来确定各个个体遗传到下一代群体中的数量。

（4）交叉。先对群体随机配对，按交叉概率在两两配对的个体编码中随机设置一个交叉点，然后在该点相互交换两个配对个体的部分基因，从而形成两个新的个体。

（5）变异。先随机产生变异点，再根据变异概率阈值将变异点的原有基因取反形成新的个体。

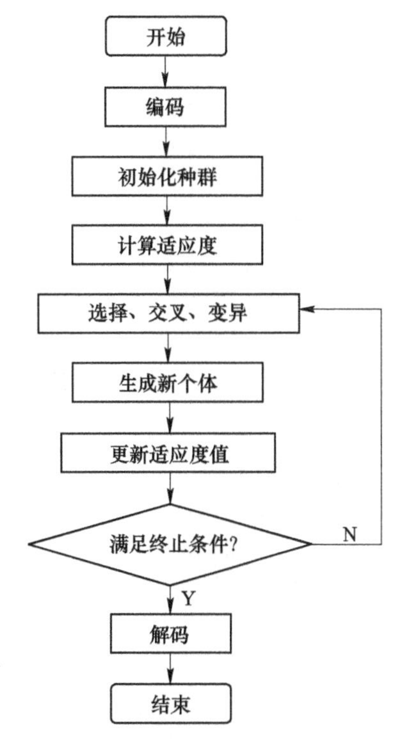

图 5.3 优化水热工艺参数的遗传算法模型

（6）解码、终止。设置迭代次数达到 2000 次终止算法，否则继续在步骤（2）~步骤(4）之间循环，直至满足要求。

使用 MATLAB 软件实现遗传算法程序的运行，当满足设定算法的终止要求后在命令窗口显示此时的最优输入参数和最优输出参数的数值，同时绘制出遗传算法寻优的适应度曲线。

经过 2000 代遗传进化，程序找到了最优的工艺参数配置下晶须的平均直径最小值和晶须平均长径比的最大值；GA 结果显示在水热反应温度为 122.6℃，反应时间为 57.4min，H_2SO_4 浓度为 0.99mmol/L，$CuCl_2$ 用量为 1.4%时，获得晶须的平均直径为 0.89μm，晶须的平均长径比为 173.5。遗传算法获得的优化工艺参数与初步优化的工艺参数对比结果如表 5.4 所示。对比实验获得的初步优化参数：GA 寻优获得最优输入参数的反应温度、H_2SO_4 浓度均有所提高，反应时间、$CuCl_2$ 用量略有下降。其中，H_2SO_4 浓度变化较大，这可能是由于实验时反应溶液中 H_2SO_4 浓度是以溶液的 pH 值衡量的，加入的 H_2SO_4 的量是以 10 的倍数增长的，因此该参数的改变率较大；GA 寻优获得最优输出参数的晶须平均直径减少 17.6%，晶须平均长径比增大 6.4%。

表 5.4 遗传算法优化后工艺参数与初步优化工艺参数对比

参数	反应温度 /℃	反应时间 /min	H_2SO_4 浓度 /mmol · L^{-1}	$CuCl_2$ 用量（质量分数）/%	晶须平均直径/μm	晶须平均长径比
GA 优化参数	123	53	0.99	1.4	0.89	173.5
初步优化参数	120.0	60	0.5	1.5	1.08	163.1
改变率/%	2.5	−11.7	98	−6.7	−17.6	6.4

图 5.4 为遗传算法程序绘制的寻找全局最优解过程中个体的适应度变化曲线，可以看出随着遗传进化代数的增加，个体的平均适应度和最优适应度均呈现指数型增长趋势，遗传进化代数在 1000 次时个体适应度已超过 10^8，遗传进化代数在 2000 次时个体适应度已达到 10^{13}。遗传算法在进化搜索中基本不利用外部信息，仅以适应度函数为依据利用种群每个个体的适应度来进行搜索，因此遗传算法的适应度函数的选取会直接影响遗传算法的收敛速度以及能否找到最优解，而适应度高的个体拥有较大的概率遗传到下一代，进而便于得到全局最优解。

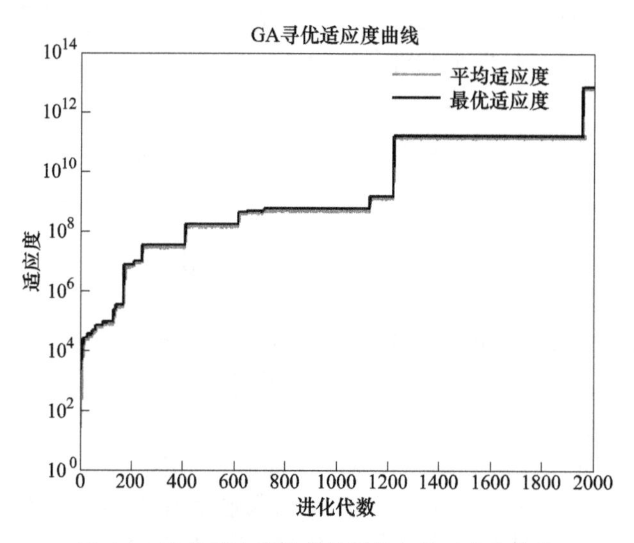

图 5.4 遗传算法寻找全局最优解的适应度曲线

5.2.2 实验验证

为了验证遗传算法用于优化水热工艺参数的可靠性，在优化的水热工艺条件下进行了一组晶须制备的验证性实验。图 5.5 为遗传算法求解得到的最优化条件下制备的晶须的 SEM 照片。可以看出，在最优化条件下制备的晶须呈较长的纤维状形貌，晶须的长度大多分布在 100～300μm 之间，晶须的直径分布在 0.5～

1.5μm之间，且晶须的表面光滑无明显晶体缺陷。经过测量晶须粒径后得出晶须的平均直径为0.97μm，晶须的平均长径比为167.4。实验值与遗传算法模拟得到的数值相近，晶须的平均直径误差小于9%，晶须的平均长径比误差小于4%，证实了遗传算法模型的可靠性。

图5.5 遗传算法优化水热工艺条件下制备的脱硫石膏晶须的SEM照片
（a）放大500倍；（b）放大5000倍

5.3 本章小结

（1）以24组实验数据作为训练集，以5组实验数据作为测试集，采用BP神经网络建立了输入和输出之间的非线性关系，程序计算结果显示BP网络预测的数据与实验数据整体误差低于8%，较好地体现了晶须水热环境参数与晶须品质参数之间定量关系。

（2）在已有的实验数据和建立的BP神经网络模型基础上，利用遗传算法在给定的工艺范围内寻找最优的工艺参数。遗传算法结果表明在反应温度为122.6℃，反应时间为57.4min，H_2SO_4浓度为0.99mmol/L，$CuCl_2$用量为1.4%的水热制备工艺条件下，晶须的平均直径为0.89μm，晶须的平均长径比为173.5；经过实验验证，晶须的平均直径误差小于9%，晶须的平均长径比误差小于4%。

6 脱硫石膏晶须绿色制备

以脱硫石膏为原料制备脱硫石膏晶须的整个工艺过程中，其固体废物主要是原料筛分时粒径大于 75μm 和小于 30. 8μm 的颗粒，约占原料的 10%。尽管粒径大于 75μm 的颗粒中含有较多的 $CaCO_3$，粒径小于 30. 8μm 的颗粒含有较多的粉煤灰，但在脱硫石膏制备脱硫石膏晶须过程中，并不会产生新的固体废弃物。

预处理脱硫石膏制备晶须过程中，水热反应后将产生滤液，晶须清洗后将产生清洗液。对于清洗试样后产生的清洗液，其表面吸附有一定量的 H^+、SO_4^{2-} 和添加剂阴阳离子，但由于清洗液用量相对较大，故清洗液中酸含量几乎为零（测定 pH 值仍为 7. 0），添加剂离子含量也相对较低可以直接排放，或者用于一次球磨时料浆的配置而实现循环利用。然而，在脱硫石膏晶须制备过程中，其滤液中将含有一定量的金属离子、有机试剂、硫酸等，如不加处理直接排放，将污染环境；处理则会增加其生产成本。若能够对滤液进行循环利用，不仅可以降低生产成本，还可以保护环境，这对脱硫石膏晶须的绿色生产具有重要意义。

已有研究表明，以脱硫石膏为原料，以 NaCl、$CuCl_2$ 为添加剂时，可以较好地改善脱硫石膏晶须的结晶，提高其长径比。因此，分别以 NaCl、$CuCl_2$ 为添加剂，以 H_2SO_4 调节反应溶液的 pH 值，研究无试剂补偿条件下，滤液循环次数对晶须结晶和溶液 pH 值与 Na^+/Cu^{2+}浓度的影响，获得溶液 pH 值与 Na^+/Cu^{2+}浓度随滤液循环次数变化的规律。在此基础上，以 H_2SO_4 和 $NaCl/CuCl_2$ 对滤液中试剂损失进行补偿制备脱硫石膏晶须，直至水热产物结晶状况明显恶化，重点研究试剂补偿条件下，滤液循环次数对晶须结晶形貌、物相、品质等的影响，以确定适宜的滤液循环次数，从而为脱硫石膏水热制备脱硫石膏晶须的工业化生产打下基础。

为简化表述，用“N_0”表示初次反应后产生的滤液，“$N_{r\text{-}i}$”表示试剂补偿条件下循环第 i 次的滤液。Na^+/Cu^{2+}浓度损失以 Y 表示，由式（6. 1）计算获得：

$$Y = \frac{w_0 - w_i}{w_0} \times 100\% \tag{6.1}$$

式中，w_0为反应前溶液中 Na^+/Cu^{2+} 浓度；w_i 为滤液循环第“i”次反应后 Na^+/Cu^{2+}浓度。

6.1 H_2SO_4-NaCl-H_2O 体系下脱硫石膏晶须绿色制备

在脱硫石膏为原料水热法制备脱硫石膏晶须的过程中，当反应温度、保温时间一定的情况下，反应溶液 pH 值和添加剂浓度对晶须结晶形貌、物相和长径比具有明显影响。因此，研究无试剂补偿条件下滤液循环次数对晶须结晶和溶液 pH 值与 Na^+浓度的影响，将为试剂补偿参数提供依据。

在无试剂补偿条件下，随滤液循环次数增加，滤液 pH 值逐渐升高，其变化趋势如图 6.1 所示。尽管预处理后脱硫石膏中二水硫酸钙（DH）含量已经达到 95%以上，但仍含有少量的铝硅质杂质。在水热反应过程中，这些杂质将与硫酸反应，导致反应后滤液 pH 值升高。此外，由于平行于 c 轴的晶须表面与（200）、（400）晶面化学组成相同，其 SO_4^{2-} 的数量大于 Ca^{2+}，使得平行于 c 轴的晶须表面呈负电。为保持电荷平衡，晶须表面 SO_4^{2-} 中的活性氧将吸引反应溶液中的 H^+而使溶液羟基化。两者协同作用下，使得反应后滤液 pH 值升高。

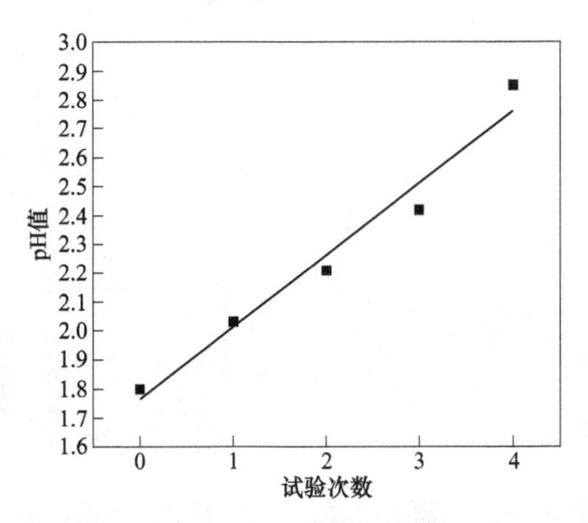

图 6.1 无试剂补偿时滤液 pH 值随循环次数的变化规律

以钠盐为添加剂，无试剂补偿时滤液中 Na^+浓度随循环次数的变化规律如图 6.2 所示。由图 6.2 可以发现，滤液中的 Na^+随循环次数的增加而逐渐降低，其浓度损失 Y 为 27.3%~34.6%。已有的研究表明，Na^+在晶须表面将发生物理吸附形成 Na_2SO_4 离子对，从而导致反应溶液中 Na^+浓度的降低，同时促进晶须沿 c 轴方向生长而提高其长径比。

根据无试剂补偿条件下滤液循环次数对反应溶液 pH 值与 Na^+浓度影响规律可以发现，滤液循环次数与滤液 pH 值及 Na^+浓度变化均大致呈线性关系。因此，在滤液循环利用过程中，采用 H_2SO_4 将 pH 值调节至初始值，并补偿初始 NaCl 用量的 30%，保持反应温度和时间不变，对不同滤液循环次数下制备的晶须试样进行 SEM 分析，其结果如图 6.3 所示。

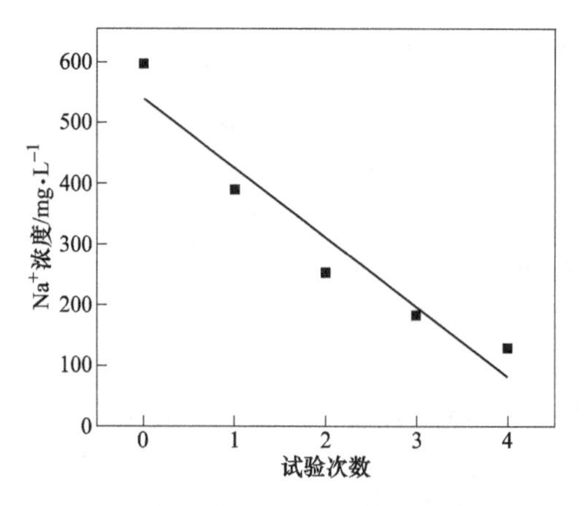

图 6.2 无试剂补偿时滤液 Na^+浓度随滤液循环次数的变化规律

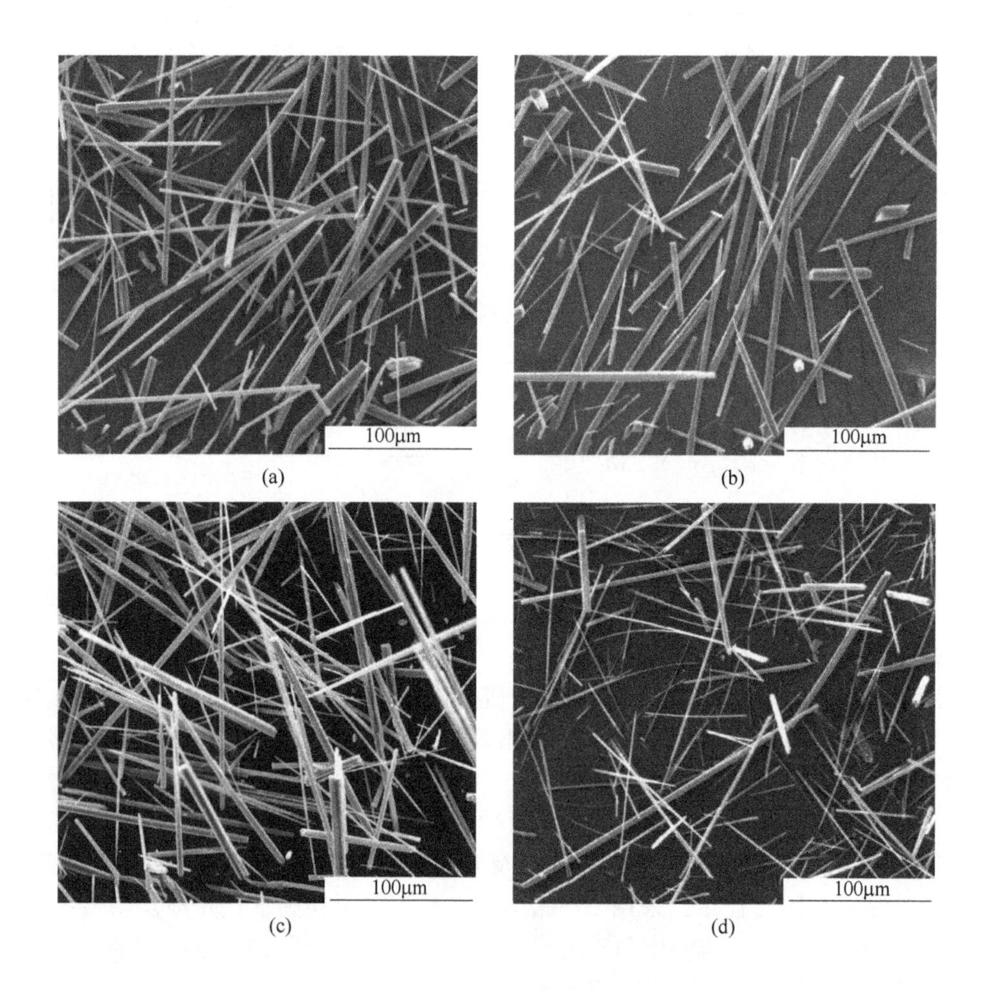

(e)

图 6.3 NaCl 补偿时不同循环次数下制备晶须的 SEM 照片

(a) N_0，(b) $N_{r\text{-}1}$，(c) $N_{r\text{-}3}$，(d) $N_{r\text{-}5}$，(e) $N_{r\text{-}8}$

由图 6.3 可知，滤液循环次数对脱硫石膏晶须的结晶形貌影响显著。在初次试验条件下，所制备的脱硫石膏晶须表面光滑，几乎全部成晶须状。滤液经 1 次循环后，晶须结晶形貌和品质无明显变化。滤液经 3 次循环后，晶须长度变化不大，但直径粗细不均，使得长径比分布不均，晶须结晶品质略有下降。随滤液循环次数增加 5 次，所得晶须长度、直径更加不均，长径比变小，晶须结晶品质下降。滤液至 8 次循环数后，所得晶须试样长度下降、直径增加，长径比和晶须结晶品质显著下降，结晶形貌趋于多样化。

由此可见，在适当次数的滤液循环过程中，硫酸和 NaCl 的补偿可以为脱硫石膏晶须的结晶提供了足够的 Ca^{2+} 与 SO_4^{2-} 结构基元，使得所制备的晶须表面光滑，长径比较高，直径分布均匀。然而，当滤液循环次数大于 5 次时，滤液中 Ca^{2+} 与 SO_4^{2-} 易于大量形核，使得成核速率大于生长速率，导致晶须的长径比减小，表面出现裂纹，结晶品质下降。

为进一步研究滤液循环次数对晶须物相组成的影响，对不同循环次数下制备的脱硫石膏晶须样品进行了 XRD 分析，其结果如图 6.4 所示。由图 6.4 可知，不同滤液循环次数条件下制备的水热产物均呈半水石膏相，未有其他物相出现，但随滤液循环次数的增加，试样特征衍射峰的强度逐渐降低，这表明随滤液循环次数的增加，所制备的晶须结晶品质逐渐下降。这与图 6.3 SEM 分析的结果是一致的。因此，XRD 和 SEM 分析结果表明，在试剂补偿条件下，滤液循环次数对脱硫石膏晶须结晶形貌和结晶品质都有一定影响。在以硫酸和 NaCl 试剂补偿下进行滤液循环利用时，为确保晶须的结晶品质，滤液循环次数不宜超过 5 次。

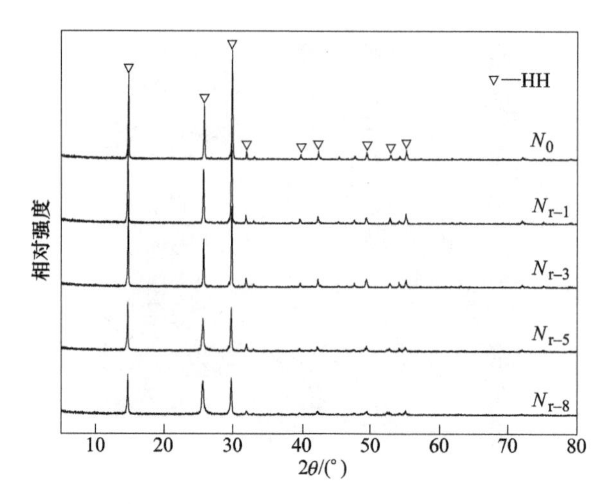

图 6.4 NaCl 补偿时不同循环次数下制备晶须的 XRD 图谱

Ca^{2+}与 SO_4^{2-} 作为晶须形核生长的结构基元，其浓度变化直接影响晶须的结晶品质。为了进一步探明有、无试剂补偿条件下滤液循环次数对晶须制备品质的影响，对两种条件下反应前后 Ca^{2+}浓度进行了测定，其结果如图 6.5 所示。

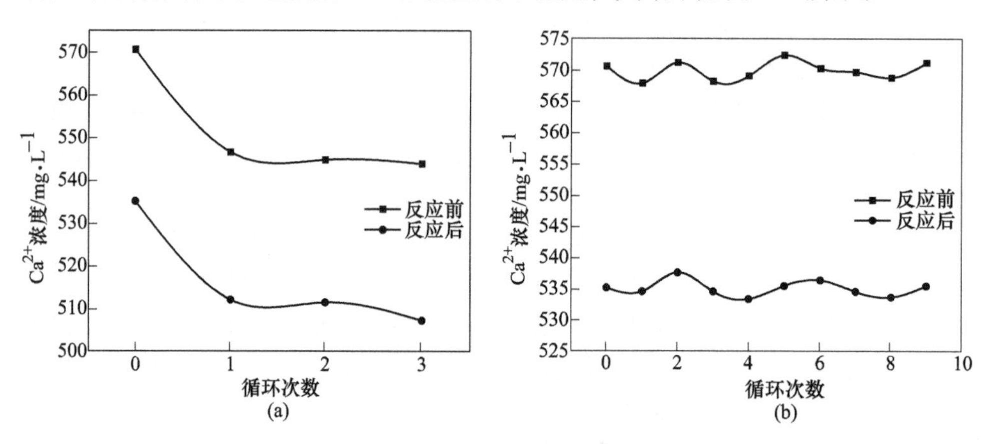

图 6.5 Ca^{2+}浓度随滤液循环次数的变化曲线

（a）无试剂补偿；（b）试剂补偿

由图 6.5 可知，无论有、无试剂补偿，随滤液循环次数的增加，反应前溶液中 Ca^{2+}浓度均高于反应后 Ca^{2+}浓度，但有试剂补偿时反应前后 Ca^{2+}浓度均高于无试剂补偿时。无试剂补偿时，由于初次试验时，pH 值较低，Na^+浓度较高，有助于脱硫石膏的溶解。滤液经循环反应后，pH 值升高，Na^+浓度降低，导致脱硫石膏溶解度下降。因此，无试剂补偿时，初次反应后滤液中 Ca^{2+}浓度明显高于循环后滤液中 Ca^{2+}浓度。随后，两种条件下滤液中 Ca^{2+}浓度波动相对较小，Ca^{2+}浓度损失也相差不大，均约 35mg/L。先前的研究表明，硫酸的加入将增加脱硫石膏的溶解度，使得反应溶液过饱和度增加，从而促进晶须的形核与生长。因此，采用试剂补偿时，滤液循环次数对反应溶液中 Ca^{2+} 浓度虽有一定影响，但影响较小，使得在一定滤液循环次数内，晶须的结晶品质不会出现显著下降，这表明滤液循环利用在晶须制备过程中是可行的。

6.2 H_2SO_4-$CuCl_2$-H_2O 体系下脱硫石膏晶须绿色制备

根据拟定的试验方案，无试剂补偿时滤液循环次数与 pH 值的变化情况如图 6.6 所示，与 Cu^{2+} 浓度变化关系如图 6.7 所示。

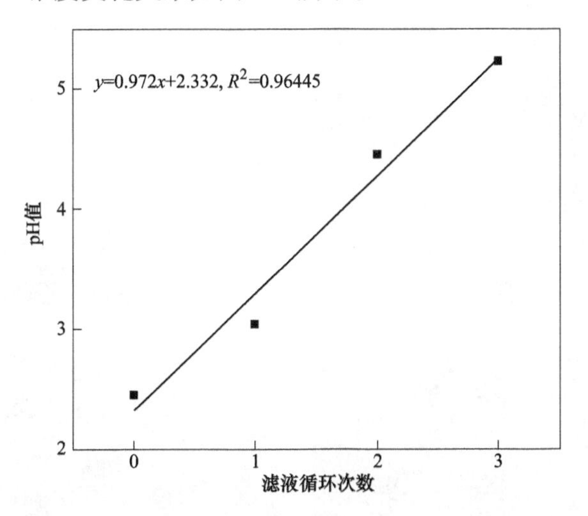

图 6.6 无试剂补偿滤液循环次数与 pH 值的关系曲线

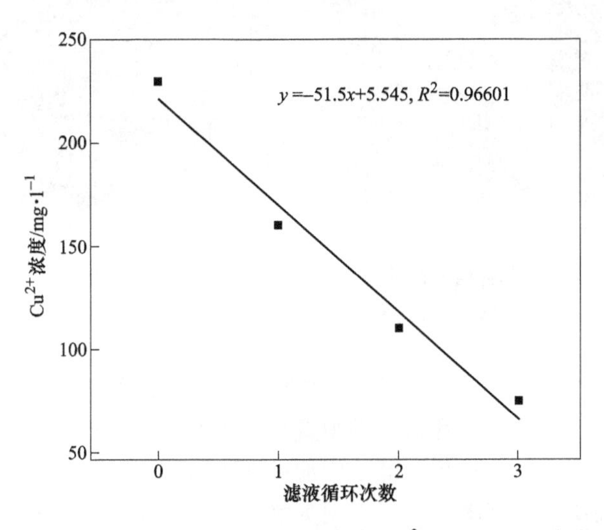

图 6.7 无试剂补偿滤液循环次数与 Cu^{2+} 浓度的关系曲线

在无试剂补偿条件下，随滤液循环次数增加，滤液 pH 值逐渐升高，而 Cu^{2+} 浓度逐渐降低；滤液循环次数与 pH 值及 Cu^{2+} 浓度变化均大致呈线性关系。如果以每次循环反应前 Cu^{2+} 浓度为基准，则滤液每循环一次，反应后其 Cu^{2+} 浓度损失 y 约为 30%。据此，采用硫酸补偿调节反应液 pH 值，采用 $CuCl_2$ 补偿调节反应液 Cu^{2+} 浓度，均至优化工艺参数制备脱硫石膏晶须，并对其进行 SEM 分析，其结果如图 6.8 所示。

图 6.8 试剂补偿不同滤液循环次数条件下制备试样的 SEM 照片
(a) N_0，(b) $N_{r\text{-}3}$，(c) $N_{r\text{-}7}$，(d) $N_{r\text{-}10}$

在试剂补偿条件下，滤液经过 3 次循环所制备的晶须，其直径、长度和长径比并无明显变化；至 7 次循环时，晶须直径出现粗化，直径、长度差异增大，长径比减小，晶须品质开始劣化；继续增加循环次数到 10 次，晶须直径明显粗化，长度减小，长径比进一步降低，并出现少量颗粒状和短柱状结晶，晶须品质明显下降，但仍满足晶须定义的要求。

为了简化对晶须转化率的分析与计算，考察不同添加剂对脱硫石膏制备脱硫石膏晶须效率的影响，对晶须回收量和原料投加量进行分析是有意义的。由于各种添加剂作用下晶须制备后的清洗与干燥工艺完全相同，可以认为回收过程中的质量损失是相同的；如果忽略回收过程中晶须的质量损失，则可以采用产率（G）大致估算不同添加剂作用下晶须制备的效率。产率可定义为式（6.2）所示：

$$G = 1.18621 \times \frac{M_1}{P \times M_0} \times 100\% \tag{6.2}$$

式中，1.18621为DH与HH的相对分子质量之比；M_0为反应时投加的脱硫石膏的质量，g；M_1为回收的晶须干燥至恒重时的质量，g；P为脱硫石膏中DH的质量分数,%，根据本研究中脱硫石膏预处理工艺，P=96%。

根据式（6.2），对不同循环次数下制备的晶须试样进行产率计算，其结果如表6.1所示。

表6.1 试剂补偿不同循环次数下制备晶须试样的产率

试样	N_0	$N_{r\text{-}1}$	$N_{r\text{-}2}$	$N_{r\text{-}3}$	$N_{r\text{-}4}$	$N_{r\text{-}5}$	$N_{r\text{-}6}$	$N_{r\text{-}7}$	$N_{r\text{-}8}$	$N_{r\text{-}9}$	$N_{r\text{-}10}$
产率/%	73.7	84.7	82.5	84.6	85.5	82.3	86.0	82.0	80.1	78.6	76.5

随着循环次数的增加，晶须的产率呈先增加，后降低的趋势，尤其是经7次循环后，晶须产率下降趋势更加明显，但即使在循环10次时，其产率也高于初次试验条件下晶须的产率。这是因为初次反应时，必然有少量原料溶解于水中，并在反应结束时达到溶解平衡，使得可以转化为晶须的原料数量相对减少，故产率相对较低；在滤液循环利用时，滤液中脱硫石膏已经达到了溶解平衡，使反应过程中可以转化为晶须的原料数量相对增加，因而产率升高。然而，随着循环次数的增加，晶须中颗粒状和短柱状结晶增加，导致过滤时试样的质量损失增加，因而产率又逐渐下降。

由此可见，通过试剂补偿，在一定的循环次数内，以脱硫石膏为原料，仍然可以制备出品质优异的脱硫石膏晶须。

6.3 本章小结

（1）H_2SO_4-NaCl-H_2O体系下，采用水热法制备脱硫石膏晶须，当无试剂补偿时，随着滤液循环次数的增加，滤液的pH值逐渐升高，Na^+浓度逐渐降低，其损失量在27.3%~34.6%。在硫酸和NaCl试剂补偿的条件下，随滤液循环次数的增加，晶须长径比逐渐减小，直径分布不均，结晶品质降低。当滤液循环次数小于5次时，获得的晶须品质相对较好。无论有、无试剂补偿，滤液循环次数对反应前后溶液中Ca^{2+}浓度变化影响不大。

（2）H_2SO_4-$CuCl_2$-H_2O 体系下，采用水热法制备脱硫石膏晶须，在无试剂补偿条件下，两次循环内晶须结晶形貌变差、品质与产率已出现大幅下降，添加剂损失率约 30%。在有试剂补偿条件下，滤液 7 次循环之内，晶须品质与产率均保持稳定。7 次循环之后，随着循环次数的增多，滤液中其他金属离子的富集程度加大，开始对晶须生长造成负面影响，滤液循环到达第 10 次，晶须品质大幅下降。

7　脱硫石膏晶须应用研究探索

脱硫石膏晶须由于优异的性能，在材料增强增韧、造纸、密封材料等应用广泛。相比于基体材料，只有在晶须作用效果明显且更经济的情况下，才有助于脱硫石膏晶须的规模化生产与广泛应用。

7.1　脱硫石膏晶须在PA66中应用

PA66又称尼龙66，其分子式为：$-\!\!\left[NH-(CH_2)_6-NH-CO-(CH_2)_4-CO \right]_n\!\!-$，是由己二酸和己二胺单体在一比一的反应条件下，或低分子量尼龙66盐通过缩聚并排出小分子副产物所得的线性长链工程塑料。分子链中的酰胺基（—NHCO—）较烷烃部分极性更高，更活泼且不稳定，基团中与氮原子相连的氢和水分子中的氢易与相邻链段的羰基形成氢键，从而使塑料整体带有一定的极性，故PA66与其他传统工程塑料相比，有着更强的吸水性。PA66用途广泛，较POM、PC等工程塑料具有更加优异的力学性能，同时具有良好的电性能，耐弱酸碱及有机溶剂性能等。然而，PA66光照下易降解老化，随着日光照射时间的延长，老化速度较快。此外，干燥状态下的PA66各项力学性能并不能达到最大值，需要吸入一定的水分，使其内部形成强氢键方能达到最大强度，但水的渗入将使其发生膨胀，形变率可达4%以上，精密制件吸水后因其体积的膨胀将无法使用。目前，PA66成型方式主要为注塑成型，其制品多用于汽车制造业、电子电器工业和机械设备等的功能性部件；另外，PA66还可制成薄膜和纤维等，用于纺织、橡胶等。

7.1.1　可行性分析

PA66作为一种老牌工程塑料，具有易加工、化学性能稳定、力学性能良好的优点，在包括军工、民用、航天等各种领域均有广泛应用。然而，随着PA66应用领域的拓展，对其性能要求也日趋提高，纯PA66制品已无法满足工程应用的需求，只有通过对PA66进行改性才能使其在新的领域中焕发活力。在PA66的增强改性研究中，增强材料的选用是研究的核心所在。在PA66中添加无机材料进行增强改性是目前该领域最常见也最成熟的技术，如利用玻纤改性PA66。玻纤不仅有良好的力学性能，而且自身稳定，对PA66改性有一定的效果，但玻纤也存在一些难以解决的问题，选择脱硫石膏晶须作为玻纤的替代则可以在一定程度上克服玻纤增强的缺点。

与晶须不同，玻纤是熔融玻璃经高速拉丝冷却而制得，其内部结构无序复杂，力学强度无法与脱硫石膏晶须这种内部结构完美的晶须材料相比。玻纤单丝直径远高于脱硫石膏晶须这类微纤材料，致使玻纤改性 PA66 过程中经常出现纤维与基体黏合不佳，致使复合材料力学性能下降。由于玻纤与 PA66 线膨胀系数存在较大差异，在温差较大的条件下使用时，玻纤/PA66 复合材料易积累热残余应力，从而影响复合材料的使用寿命并降低其冲击性能与疲劳强度。此外，玻纤刚性较高，在复杂制品的各种曲面处无法随制品基体弯折，在玻纤复合 PA66 制件曲面处常见玻纤外露现象，难以用于精密制件的制造，同时在填充加工过程中会严重磨损加工设备，大大缩短设备生命。

脱硫石膏晶须具有优良的力学性能、相容性和平滑性，再生性能好，毒性低，制造成本低，且脱硫石膏晶须本身结构纤细，具有高强度、高模量等优异的力学性能，故加入 PA66 之类的树脂之中，能够起到骨架作用，形成聚合物-纤维复合材料，晶须的存在能够改善聚合物结构，减少缺陷形成，有效地传递应力，阻止裂纹扩展。晶须因其高刚性能够起到骨架作用并降低制品收缩率，在塑料基体受力时还能够利用自身的高模量，通过形变而吸收基体受到的部分应力，从而起到消除制品内应力集中的效果。

尽管脱硫石膏晶须具有较高的力学性能，但由于其在潮湿环境下易水化而导致晶须结构的破坏，丧失增强能力。因此，若想利用晶须对 PA66 等吸水性较强的工程塑料进行增强改性，应首先对脱硫石膏晶须进行改性，以防止其水化导致结构破坏而丧失增强作用。油酸钠为长链不饱和脂肪酸盐，反应单体 9-十八烯酸为有 14 个亚甲基的线性高分子，极性较高，同时拥有亲水和疏水基团，其所含羧基可以与晶须表面的钙离子结合，能够有效防止晶须水化。偶联剂 KH-550 是一种具有两种不同性质端基的长链高分子，其一端呈现亲水性，有水环境下易水解形成可反应极性基团，另一端的烷烃长链则呈现疏水性。在与脱硫石膏晶须相互作用过程中，硅烷偶联剂水解后极性端基部分可以与脱硫石膏晶须表面的活性羟基反应连接在晶须表面，而非极性部分则覆盖在晶须表面起到表面改性作用，由于其极性端基消耗羟基，从而降低了晶须表面活性钙离子水化的概率。因此，理论上 KH-550 不仅可以对脱硫石膏晶须进行增强改性，也可以起到防水改性的作用。

鉴于此，本节采用加工温度较高的硅烷类偶联剂（KH-550）和油酸钠为改性剂对晶须进行改性，既能够封闭晶须表面的活性点而阻止钙离子向水中扩散，同时又兼顾 PA66 的加工温度，这使得将晶须加入 PA66 进行共混成为一种可能。

7.1.2 脱硫石膏晶须改性

基于上述分析，将自制脱硫石膏晶须经煅烧获得无水死烧晶须后，以油酸钠作为改性剂，辅以KH-550作为偶联剂对脱硫石膏晶须进行稳定化处理，研究其对脱硫石膏晶须改性的最佳温度、时间和改性剂用量等工艺技术，结合傅里叶红外光谱分析技术研究稳定剂对脱硫石膏晶须的改性效果，从而确定适宜的配比、稳定剂和稳定化处理技术，并从反应机理上对稳定效果进行分析。

7.1.2.1 油酸钠用量对脱硫石膏晶须活化指数的影响

图7.1为反应温度100℃、反应时间20min条件下，油酸钠用量对脱硫石膏晶须活化指数的影响曲线。从图7.1可以看出，随着油酸钠用量的增加，CSW的活化指数逐渐增大，其中当油酸钠用量为4%和6%时，CSW的活化指数分别可达到64%和94%。随着油酸钠用量的继续增加，CSW的活化指数未见明显提高。

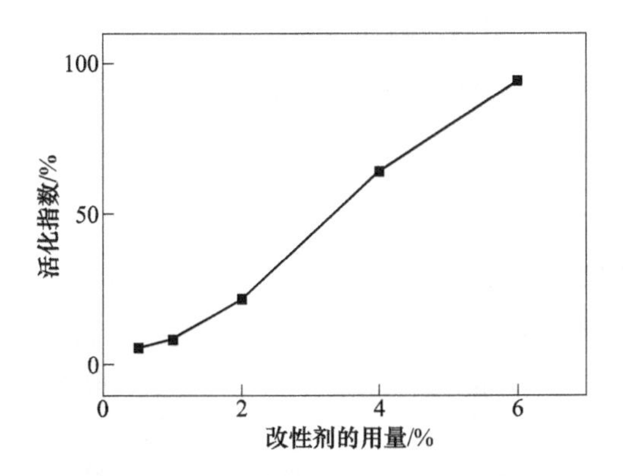

图7.1 油酸钠用量对CSW活化指数的影响

图7.2为不同用量油酸钠改性的脱硫石膏晶须FTIR谱图，从图7.2可以发现，0.5%油酸钠改性的脱硫石膏晶须在2850cm^{-1}处没有吸收峰，而2%、4%和6%油酸钠改性的脱硫石膏晶须在该处均出现了吸收峰。同时可以发现，0.5%油酸钠改性的脱硫石膏晶须在2921cm^{-1}处也没有吸收峰，而2%、4%和6%油酸钠改性的脱硫石膏晶须均在此处出现了吸收峰。2850cm^{-1}处的吸收峰为亚甲基的对称伸缩振动吸收峰，2921cm^{-1}处的吸收峰为烷烃亚甲基的反对称伸缩振动吸收峰，此处两峰也是改性剂油酸钠的特征吸收峰，因此该吸收峰可以反映出油酸钠对晶须的包覆情况。此外，所有试样均在3610cm^{-1}左右处出现液态水的伸缩振动峰，均在1619cm^{-1}处出现羧酸的反对称伸缩振动峰，均在1100cm^{-1}左右处出现硫酸根离子的反对称伸缩吸收峰。

由此可以看出，随着改性剂油酸钠用量的增加，其对脱硫石膏晶须的包覆逐渐变得更加紧密，从而得到更高的脱硫石膏晶须活化指数。但是过量油酸钠的加入对脱硫石膏晶须活化指数的提高作用有限，这是因为加入6%油酸钠后，其已在脱硫石膏晶须表面生成了一层最低限度的油酸钙单分子吸附层，继续提高油酸

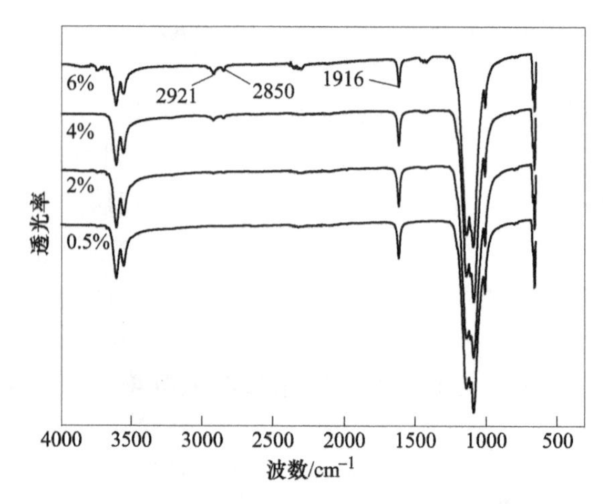

图 7.2　不同油酸钠用量处理的脱硫石膏晶须的 FTIR 谱图

钠用量则会在油酸钙单分子吸附层外形成油酸钠多分子物理吸附层，而这并不能继续有效提高脱硫石膏晶须的活化指数。因此油酸钠的适宜用量应为 4%～6%。

7.1.2.2　改性温度对脱硫石膏晶须活化指数的影响

图 7.3 为当改性剂油酸钠用量为 4%、反应时间为 20min 时，改性温度对脱硫石膏晶须活化指数的影响曲线。从图 7.3 可以看出，随着改性温度的提高，脱硫石膏晶须的活化指数显著上升，因此升高改性温度（其他条件保持不变），可以有效提高脱硫石膏晶须的活化指数。当温度升至 140℃ 时脱硫石膏晶须的活化指数已达到 96% 以上，完全可以满足应用的要求，而继续升高温度对活化指数的提升效果有限。

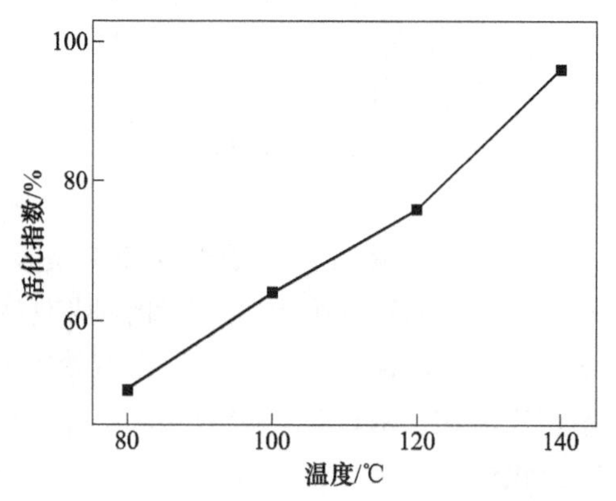

图 7.3　改性温度对脱硫石膏晶须活化指数的影响

图 7.4 为不同改性温度下处理的脱硫石膏晶须的 FTIR 谱图。由图 7.4 可以看出，在 $2921cm^{-1}$ 和 $2850cm^{-1}$ 处，140℃ 下处理的脱硫石膏晶须出现了比 100℃

和120℃时更明显的烷烃亚甲基反对称伸缩振动吸收峰和对称伸缩振动吸收峰，因此该温度下处理的脱硫石膏晶须具有最佳油酸钠包覆效果。

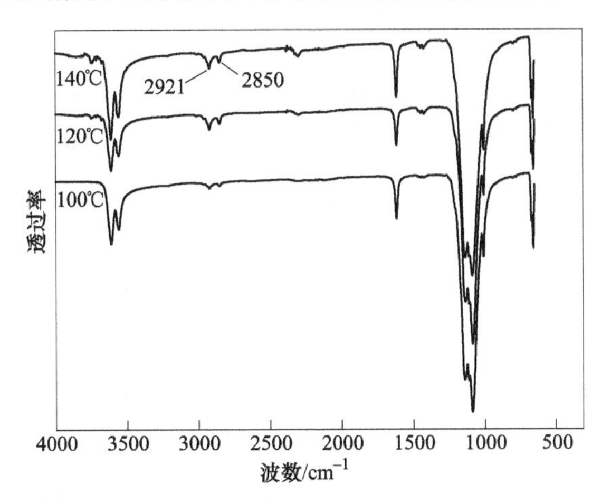

图7.4 不同改性温度处理的脱硫石膏晶须的FTIR谱图

7.1.2.3 改性时间对脱硫石膏晶须活化指数的影响

图7.5为当改性剂油酸钠用量为4%、改性温度为140℃时，改性时间（反应时间）对脱硫石膏晶须活化指数的影响曲线。由图7.5可以看出，在反应时间为20min时，脱硫石膏晶须的活化指数已达到96%，这说明20min的反应时间已足以使油酸钠与脱硫石膏晶须表面充分反应。另外随着反应时间的继续延长，脱硫石膏晶须活化指数进一步提升，但提升幅度逐渐减小，在60min时仅达到98.8%。综上可知，20min的改性时间已足以使脱硫石膏晶须的活化指数超过96%，因此在实际应用中不需要进一步延长改性时间。

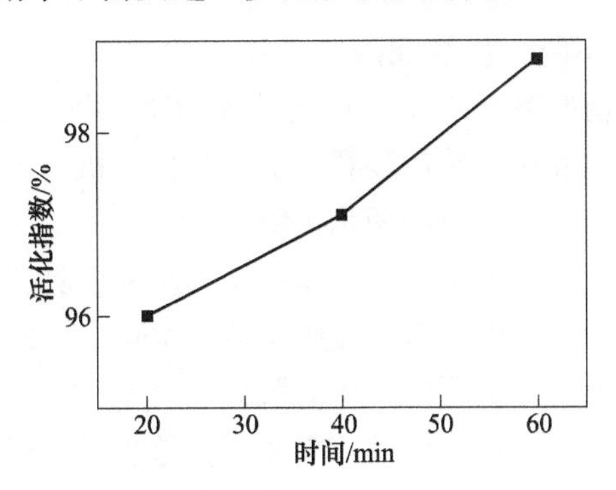

图7.5 改性时间对脱硫石膏晶须活化指数的影响

图7.6为当改性剂油酸钠用量为4%、改性温度为140℃，在不同改性时间（分别为20min和40min）条件下所获得脱硫石膏晶须试样的FTIR谱图。从

图 7.6 可以看出，两个试样在 2921cm^{-1}和 2850cm^{-1}附近均出现了明显的吸收峰，由此可见，改性时间的延长与否对脱硫石膏晶须的油酸钠包覆效果没有太大的影响。

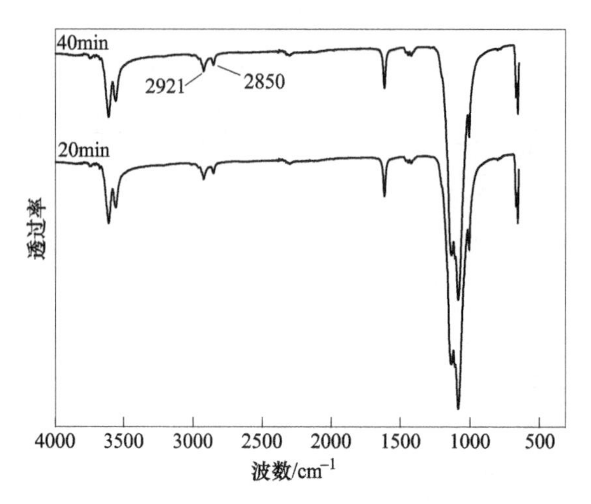

图 7.6 不同改性时间处理的脱硫石膏晶须的 FTIR 谱图

通过对改性温度、改性时间和改性剂用量等工艺参数对改性效果的影响综合评定可知，晶须的表面活化指数在改性温度、改性时间和改性剂用量分别为 100℃、20min、4%时改性效果较好。

7.1.3 脱硫石膏晶须改性 PA66 制样工艺技术

脱硫石膏晶须改性 PA66 制样系统由挤出机和注塑机组成。脱硫石膏晶须与 PA66 的共混在双螺杆挤出机中进行，样条的制备在注塑机中进行。双螺杆挤出机由传动系统、挤出系统、加热和冷却系统、控制系统等组成，具有混炼效果好、物料在料筒内停留时间分布窄、自清洁能力强、挤出量大、能耗低等优点。挤出系统和传动系统主要包括传动装置、加料装置、机筒、螺杆、机头和口模五部分。本节使用的双螺杆挤出机如图 7.7 所示。

注塑机的组成部分有注射系统、锁模系统和塑料模具。本节使用的注塑机如图 7.8 所示。将改性所得的脱硫石膏晶须加入 PA66 中，控制挤出温度、螺杆转速、添加剂和晶须加入量，将不同配比的脱硫石膏晶须和 PA66 树脂颗粒经恒温干燥后在搅拌机中混合均匀挤出造粒，并使用注塑机打出标准样条，从而确定适宜的 PA66/脱硫石膏晶须（简写为 PA66/FGDW）复合材料试样制备工艺技术。

由于脱硫石膏晶须在热环境下的工作温度可达 600℃，在 PA66 的常用加工温度下性质稳定，故将实验温度设定为 260~300℃。挤出过程控制包括螺杆温度的设置与调节，挤出机运行的控制，为保证粒料逐步预热，充分熔融，挤出机各

图 7.7 HT-30 型双螺杆挤出机

图 7.8 PL860 型注塑机

段温度采取先低后高再低的策略，既可保证物料充分熔融，又可保证挤出时物料不会因温度过高发生降解。进料段的温度设置较 PA66 的熔点低 10~15℃，熔融段的温度较 PA66 的熔点高 10~15℃，而均化段与熔融段相近或高 5~10℃，模头温度比 PA66 熔点高 15℃左右。

7.1.4 改性脱硫石膏晶须用量对 PA66/FGDW 复合材料力学性能的影响

图 7.9 为改性脱硫石膏晶须用量对 PA66/FGDW 复合材料拉伸强度和缺口冲击强度的影响。随着脱硫石膏晶须用量的增加，复合材料的拉伸强度和缺口冲击强度均先增大后减小，其中当脱硫石膏晶须用量为 10%时，复合材料的缺口冲击强度达到最大值 29.408kJ/m^2，较纯 PA66 提高了 52%，拉伸强度达到最大值 51.66MPa，较纯 PA66 提高了 12%。这可能是由于当改性脱硫石膏晶须用量超过 10%后，其易在树脂基体内发生团聚，从而在 PA66 基体内产生一定的微小缺陷，导致材料拉伸强度下降，故改性脱硫石膏晶须的用量以 10%为宜。

7.1.5 PA66/FGDW 复合材料 SEM 分析

由图 7.10 为不同晶须添加量下 PA66/FGDW 复合材料 SEM 照片。加入 5%~

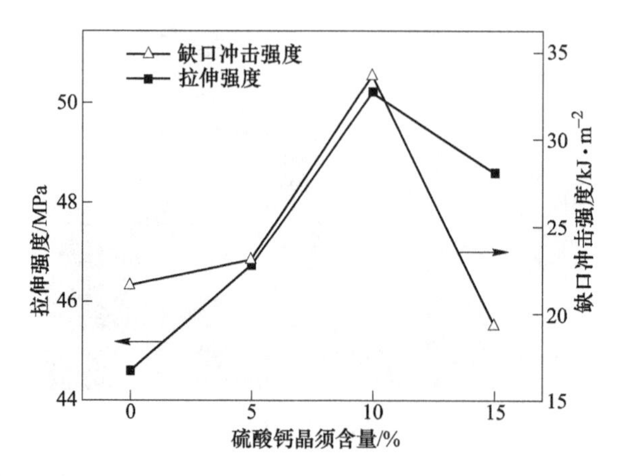

图 7.9　脱硫石膏晶须用量对 PA66/FGDW 复合材料拉伸和缺口冲击强度的影响

15%的脱硫石膏晶须时，晶须都可以均匀分散在 PA66 基体中，从而提高 PA66/FGDW 复合材料的拉伸强度和缺口冲击强度。当脱硫石膏晶须添加量为 5%时，由于添加量相对较低，拉伸强度和缺口冲击强度提升并不明显；加入 10%时拉伸强度和缺口冲击强度增加，但继续增加晶须添加量，拉伸强度和缺口冲击强度则明显下降。这可能是随晶须加入量增加，其在 PA66 基体中均匀分散的程度下降，晶须分散不均处将成为应力集中点而导致力学性能下降；同时晶须添加量过高还会引起 PA66/FGDW 复合材料挤出困难。因此，适宜的晶须添加量可以改善 PA66/FGDW 复合材料的力学性能与微观结构。

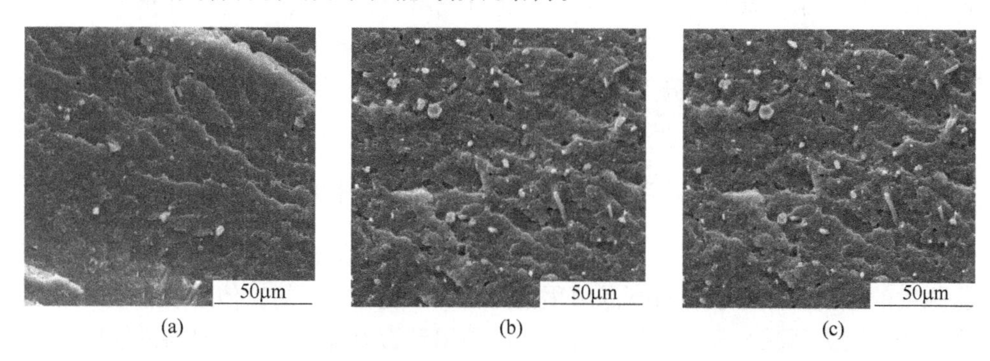

图 7.10　PA66/FGDW 复合材料 SEM 照片
(a) 5%；(b) 10%；(c) 15%

为深入研究 PA66/FGDW 复合材料破坏机制，对其冲击断面进行了 SEM 分析（改性脱硫石膏晶须用量为 10%），其结果图 7.11 所示。由图 7.11 可知，改性脱硫石膏晶须可以均匀分布在 PA66 基体中，并且两者之间具有良好的黏结效果。因此，脱硫石膏晶须的添加能够对 PA66 起到很好的增强增韧效果。还可发现 PA66/FGDW 复合材料的断面很不平整，出现了脱硫石膏晶须因受力而从基体中被拔出以及由此产生的“空穴”现象，这可能是 PA66/FGDW 复合材料脆性增加所致。

图 7.11 PA66/FGDW 复合材料断面 SEM 照片

7.2 脱硫石膏晶须增强 SiO_2 气凝胶隔热材料

保温材料主要有机保温隔热材料、无机保温隔热材料和复合保温隔热材料三种。有机保温材料生产工艺流程比较成熟，并具有密度小、导热率低、吸水率低等优点，但其变形系数大，在使用过程存在易发生形变、成本高、寿命短、污染环境、工艺程序十分复杂等缺点。无机保温材料目前仍处于发展阶段，具有防火性好、阻燃性强、变形系数小、抗老化能力强、性能稳定等优势，但也存在保温性能相对较差、占地面积大、抗撞击、受压强度差和吸湿性大等缺点。目前，复合保温隔热材料性能相对较好，但也存在材料成本较高、涂料层容易老化、使用寿命短等缺点，从而制约着复合保温隔热材料的发展。

SiO_2 气凝胶具有特殊的纳米孔网络结构，使其具有其他诸多材料所不能比拟的优异性能，一般选用正硅酸乙酯为硅源采用溶胶-凝胶法制备，且产品性能优异，但原材料昂贵，生产成本极高，不适合作为保温、隔热材料在建筑领域应用。利用水玻璃制备 SiO_2 气凝胶虽然可以降低气凝胶的制备成本，但其韧性较差、极易开裂，导致其力学性能难以满足墙体保温材料的使用要求。因此，以脱硫石膏晶须为增强材料，利用水玻璃制备 SiO_2 气凝胶增强复合材料，探索满足建筑墙体材料保温需求的脱硫石膏晶须增强 SiO_2 气凝胶隔热材料，具有良好的工程应用前景。

7.2.1 不同水玻璃模数对材料力学性能和隔热性能的影响

图 7.12 为水玻璃模数对所制备的二氧化硅气凝胶复合脱硫石膏晶须墙体保

温材料抗折强度（a）及抗压强度（b）的影响曲线。从图 7. 12 可以看出所制备墙体保温材料的抗压强度在水玻璃模数为 2. 4 时，抗压强度为 1. 07MPa，后随着水玻璃模数升高到 2. 7，抗压强度达到最大值为 1. 76MPa，水玻璃模数继续增加到 2. 9、3. 1 时，抗压强度变为 1. 57MPa 和 1. 54MPa，水玻璃模数的继续增加到 3. 2 时，抗压强度则下降到了 1. 13MPa。所制备墙体保温材料的抗折强度也呈现出了与抗压强度类似的变化趋势，在水玻璃模数为 2. 4 时，抗折强度为 0. 63MPa，随着水玻璃模数的增大，抗折强度先是增大后下降，在水玻璃模数增大到 2. 9 时，抗折强度达到最大值 1. 05MPa，在水玻璃模数继续增大至 3. 2 时，抗折强度则降低到 0. 68MPa。导致这种现象的原因是：水玻璃的模数越大，水玻璃中所含硅元素的量越多，所含碱性液体量越少。当模数过小（小于 2. 5）时，水玻璃中硅元素百分含量就过少，将导致水玻璃在缩聚、干燥后生成的二氧化硅百分含量偏少，制备的墙体保温材料内部会产生过多和过大的孔洞，材料内部较多的空洞缺陷降低了材料的抗压强度；当模数过大（超过 3. 1）时，硅元素含量较多，液相含量较少，导致水玻璃的黏度增大，脱硫石膏晶须在水玻璃中的分散性变差而容易产生团聚现象，在墙体保温材料内部难以均匀贯穿在纳米级微粒构成的基质材料中而形成网络骨架，从而降低了脱硫石膏晶须增强增韧效果，导致墙体保温材料强度下降。因此，水玻璃的模数在 2. 5 ~ 3. 1 之间时，所制备墙体保温材料的抗压强度及抗折强度能分别维持在 1. 2MPa 和 0. 7MPa 以上。

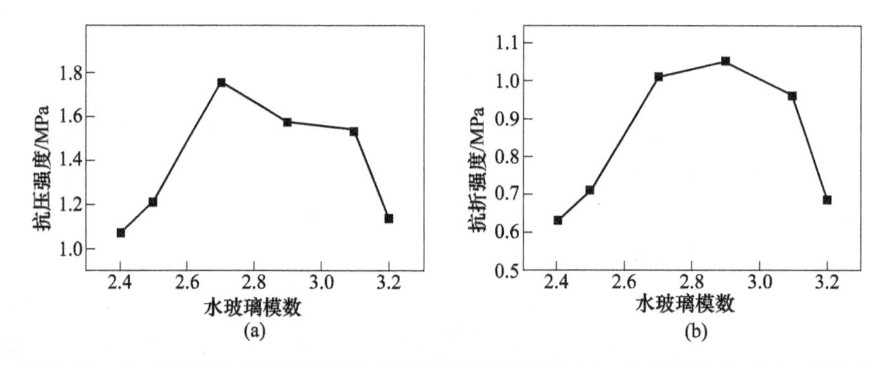

图 7. 12 水玻璃模数对所制备墙体保温材料抗压强度（a）及抗折强度（b）的影响

图 7. 13 为水玻璃模数对所制备的二氧化硅气凝胶复合脱硫石膏晶须墙体保温材料导热性能的影响曲线。从图 7. 13 可以看出，所制备墙体保温材料的导热系数在水玻璃模数为 2. 4 时，导热系数为 0. 041W/(m · K)，随着水玻璃模数升高到 2. 9，导热系数达到最小值为 0. 021W/(m · K)，水玻璃模数的继续增加到 3. 1、3. 2 时，导热系数增大到 0. 028W/(m · K) 和 0. 053W/(m · K)。

随水玻璃模数的增大，所制备墙体保温材料的导热系数呈现出先减小后增大

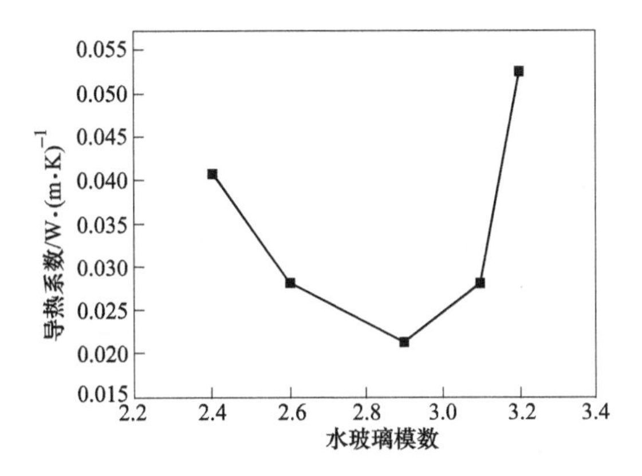

图 7.13 水玻璃模数对所制备墙体保温材料导热系数的影响

趋势。当水玻璃模数（小于 2.5）较小时，水玻璃中液相含量相对较多，制备的墙体保温材料内部将产生过多、过大的孔洞，使得空气对流加强而加快了热量传递，导致墙体保温材料的隔热性能变差；当水玻璃模数较大时（超过 3.1），水玻璃的黏度增大，脱硫石膏晶须在水玻璃中的分散性变差而容易产生团聚现象，导致所制备的保温材料内部二氧化硅网络骨架极不均匀，出现晶须局部聚集和二氧化硅网络骨架空洞现象同时发生。在晶须局部集聚的部位，热传导能力增大，而在二氧化硅网络骨架空洞部位热对流的能力增大。热的传导和对流能力的增加，都使保温材料的导热系数增大。

7.2.2 脱硫石膏晶须长径比对材料力学性能和隔热性能的影响

为了提高墙体保温材料的力学性能及隔热性能，分别将长径比 50~100、100~150、150~200 的脱硫石膏晶须掺入保温材料中，以探讨脱硫石膏晶须长径比对保温材料力学性能和隔热性能的影响，其结果分别如图 7.14、图 7.15 所示。

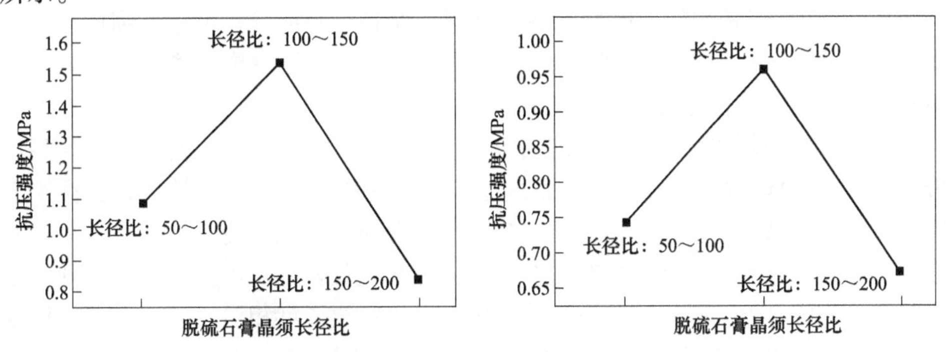

图 7.14 脱硫石膏晶须长径比对墙体保温材料力学性能的影响

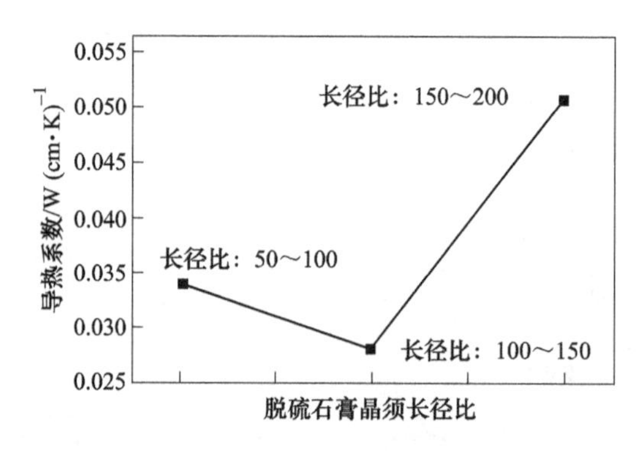

图 7.15 脱硫石膏晶须长径比对墙体保温材料导热系数的影响

由图 7.14 可以发现，当长径比为 50~100、100~150 和 150~200 时所制备的墙体保温材料抗压强度分别为 1.08MPa、1.54MPa 和 0.83MPa 抗折强度为 0.74MPa、0.96MPa 和 0.67MPa。在脱硫石膏晶须长径比为 100~150 时，所制备的墙体保温材料力学性能相对较好。当脱硫石膏晶须长径比过小（小于 100）时，脱硫石膏晶须作为短切纤维长度相对较短，混合搅拌时在水玻璃中分散性较好，但在制备的墙体保温材料内部很难与纳米级微粒基质材料所形成的网络骨架相互交织而形成立体网状结构，导致墙体保温材料的强度下降，难以达到增强增韧的预期效果；当脱硫石膏晶须的长径比过大（大于 150）时，脱硫石膏晶须作为短切纤维长度相对较长，脱硫石膏晶须在水玻璃中的分散性变差，很难均匀分布于墙体保温材料内部而与基质材料一起形成立体网状结构，反而降低了脱硫石膏晶须增强增韧的效果，导致墙体保温材料的强度下降。

图 7.15 为不同脱硫石膏晶须长径比下所制备的二氧化硅气凝胶复合脱硫石膏晶须墙体保温材料导热性能影响曲线。图 7.15 表明，在脱硫石膏晶须长径比为 100~150 时，所制备墙体保温材料的导热系数为 0.028W/(m·K)；在长径比为 50~100 和 150~200 时，其导热系数分别为 0.034W/(m·K) 和 0.051W/(m·K)，均大于采用长径比为 100~150 时所制备材料的导热系数，因此，在脱硫石膏晶须长径比为 100~150 时制备的墙体保温材料的隔热性能相对较好。这与脱硫石膏晶须长径比对保温材料力学性能的影响是一致的。

脱硫石膏晶须作为增强体需均匀贯穿于基质材料中。当脱硫石膏晶须长径比较小（50~100）时，很难与纳米级微粒基质材料所形成的网络骨架相互交织而形成立体网状结构，从而作为二氧化硅网络骨架的有效补充起到“补网”作用，进而有效的降低孔洞中空气的热对流，因而导热系数较高。当脱硫石膏晶须长径比较大（150~200）时，脱硫石膏晶须作为短切纤维长度相对较长，在混合搅拌时容易打结缠绕，其团聚进一步降低了对二氧化硅网络骨架空洞的“补网”作用，从而使墙体保温材料的导热系数增大。

图7.16为不同脱硫石膏晶须长径比所制备的二氧化硅气凝胶复合脱硫石膏晶须墙体保温材料的微观形貌照片。在脱硫石膏晶须长径比为50~100时制备的墙体保温材料，因晶须长径比较小而没有起到连接孔洞的作用，且孔洞较大；在脱硫石膏晶须长径比为100~150时制备的保温材料，晶须分布相对均匀，孔洞较小；而在脱硫石膏晶须长径比为150~200时制备的保温材料，局部晶须的聚集和没有晶须连接的孔洞同时出现。综合上述分析可知，晶须在水玻璃凝胶中的均匀分散以及适宜的晶须长径比对所制备的墙体保温隔热材料性能具有重要影响。

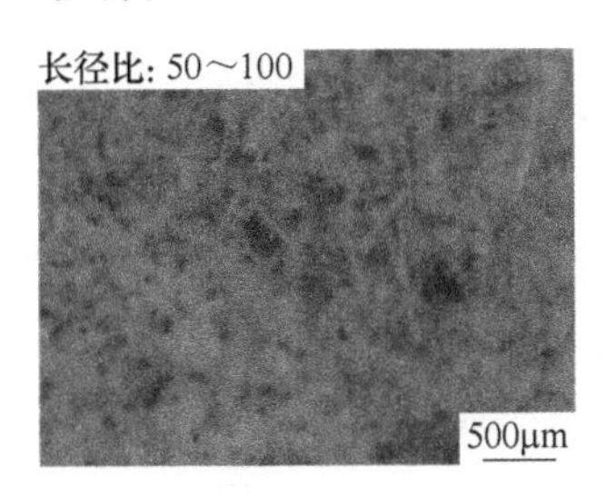

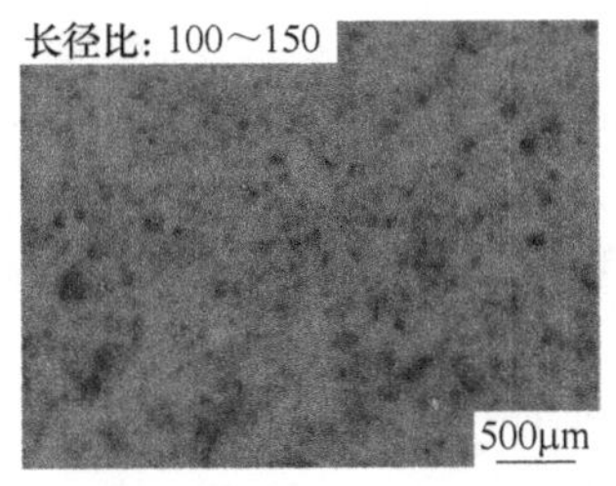

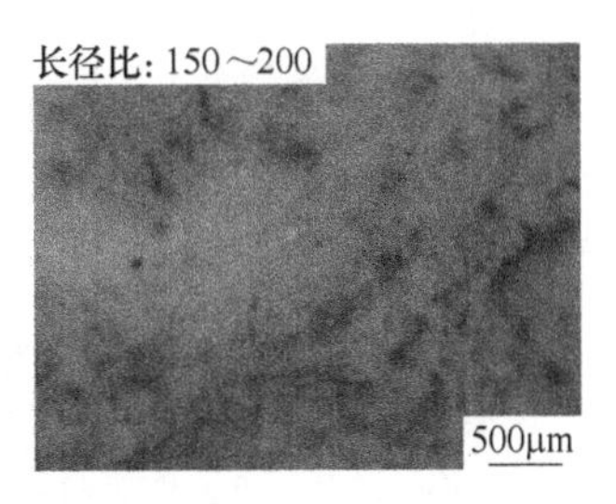

图7.16 不同脱硫石膏晶须长径比下制备的二氧化硅气凝胶复合脱硫石膏晶须墙体保温材料微观形貌照片

7.3 本章小结

（1）由油酸钠改性的脱硫石膏晶须，其表面活化指数普遍超过90%，油酸钠用量、反应温度、反应时间都可以提高晶须的表面活化指数，但反应温度和油酸钠用量对晶须活化程度的影响较大。改性后的晶须可以均匀分散在PA66基体中，随其用量的增加，PA66/FGDW复合材料的力学性能呈先升后降趋势，在晶须用量为10%时，复合材料的力学性能相对较优，其缺口冲击强度和拉伸强度分别较纯PA66提高了52%和12%。

（2）脱硫石膏晶须增强二氧化硅气凝胶复合墙体保温材料需要适宜的水玻璃模数及晶须长径比与之匹配。当水玻璃模数为2.5~3.1，脱硫石膏晶须长径比为100~150时，可以制备出热传导系数小于0.03W/(m·K)，抗折强度为0.7~1.1MPa，耐压强度为1.2~1.8MPa，适用于建筑内墙的保温材料。

参考文献

[1] 宏观经济研究院国地所资源环境形势分析课题组．促进我国资源综合利用对策研究 [J]．宏观经济管理，2011，(3)：39~41.

[2] 徐卓越，汪潇，高国防，等．激发剂对脱硫石膏-粉煤灰砖的性能影响 [J]，非金属矿，2019，42 (4)：31~33.

[3] 杨萌，罗世凯，邓昭平，等．晶须在聚合物复合材料中的应用 [J]．材料导报，2014，28 (3)：51~55.

[4] 邓琨．固体废弃物综合利用技术的现状分析—对粉煤灰、煤矸石、尾矿、脱硫石膏和秸秆综合利用技术专业化的探析 [J]．中国资源综合利用，2011，29 (1)：33~42.

[5] Siagi Z, Mbarawa M. Dissolution rate of South African calcium-based materials at constant pH [J]. Journal of Hazardous Materials, 2009, 163: 678~682.

[6] 陈燕，岳文海，董若兰．石膏建筑材料 [M]．北京：中国建材工业出版社，2003.

[7] Hesse C, Goetz-Neunhoeffer F, Neubauer J. A new approach in quantitative in-situ XRD of cement pastes: correlation of heat flow curves with early hydration reactions [J]. Cement Concrete Research. 2011, 41 (1): 123~128.

[8] Brad B. FGD gypsum issues [J]. Power Engineering, 2007, 111 (11): 112~116.

[9] Zdravkov B, Pelovski Y. Thermal behavior of gypsum based composites [J]. Journal of Thermal Analysis & Calorimetry, 2007, 88 (1): 99~102.

[10] Guan B H, Ye Q Q, Zhang J L, et al. Interaction between α-calcium sulfate hemihydrate and superplasticizer from the point of adsorption characteristics, hydration and hardening process [J]. Cement & Concrete Research, 2010, (40): 253~259.

[11] Guan B H, Fu H L, Yu J. Direct transformation of calcium sulfite to α-calcium sulfate hemihydrate in a concentrated Ca-Mg-Mn chloride solution under atmospheric pressure [J]. Fuel, 2011, 90 (1): 36~41.

[12] Ye Q Q, Guan B H, Lou W B, et al. Effect of particle size distribution on the hydration and compressive strength development of α-calcium sulfate hemihydrate paste [J]. Powder Technology, 2011, 20 (7): 208~209.

[13] 王泽红，韩跃新，袁致涛，等．$CaSO_4$ 晶须制备技术及应用研究 [J]．矿冶，2005，14 (6)：38~41.

[14] Wang J C, Pan X C, Xue Y, et al. Studies on the application properties of calcium sulfate whisker in silicone rubber composites [J]. Journal of Elastomers & Plastics, 2011, 44 (1): 55~66.

[15] 杨海，张宁，卢翔，等．硫酸钙晶须/PBS 共混物等温结晶动力学研究 [J]．塑料科技，2013，41 (5)：48~52.

[16] 王晓丽，朱一民，韩跃新．表面处理剂对硫酸钙晶须/聚丙烯复合材料的增韧 (I) [J]．东北大学学报（自然科学版），2008，29 (10)：1494~1497.

[17] 韩跃新，于福家，杨洪毅．硫酸钙晶须增强 EP-热塑性弹性体研究 [J]．非金属矿，1997，(6)：28~30.

[18] 沈惠玲．硫酸钙晶须对 PP 性能影响的研究：[D]．天津：天津轻工业学院，2000.

[19] 马继红．硫酸钙晶须的制备及其在道路沥青改性中的应用研究：[D]．青岛：山东科技大学，2005.

[20] 董欣烨，李娜．硫酸钙晶须在阻燃沥青研发中的应用 [J]．交通标准化，2014，42 (2)：24~26.

[21] Zhu Z C, Xu L, Chen G A. Effect of different whiskers on the physical and tribological properties of non-metallic friction materials [J]. Materials & Design, 2011, (32): 54~61.

[22] Liu, J Y, Reni, L, Wei Q, et al. Fabrication and characterization of polycaprolactone/calcium sulfate whisker composites [J]. Express Polymer Letters, 2011, (5): 742~752.

[23] Dumazer G, Smith A, Lemarchand A. Master equation approach to gypsum needle crystallization [J]. Journal of Physics & Chemistry Part C, 2010, 114: 3830~3836.

[24] 杨淼，陈月辉，陆铁寅．改性硫酸钙晶须改善 SBS 胶粘剂粘接性能 [J]．非金属矿，2010，33 (2)：18~20.

[25] 于福家，王泽红，韩跃新，等．硫酸钙晶须改性环氧胶粘剂的研究 [J]．金属矿山，2007，(3)：35~36.

[26] 杨双春，刘玲，张洪林．硫酸钙晶须对镉镍铅离子的吸附性能 [J]．水处理技术，2005，31 (10)：8~10.

[27] 刘玲，杨双春，张洪林．硫酸钙晶须去除废水中乳化油的研究 [J]．工业水处理，2005，25 (11)：34~36.

[28] 袁致涛，王晓丽，韩跃新，等．水热法合成超细硫酸钙晶须 [J]．东北大学学报（自然科学版），2008，29 (4)：573~576.

[29] 王力，马继红，郭增维，等．水热法制备硫酸钙晶须及其结晶形态的研究 [J]．材料科学与工艺，2006，14 (6)：626~629.

[30] Hand R J. Calcium sulphate hydrate: a review [J]. British Ceramic Transactions, 1997, 96 (3): 116~120.

[31] Imahashi M. Miyoshi T. Transformations of gypsum to calcium sulfate hemihydrate and hemihydrate to gypsum in NaCl solutions [J]. Bulletin of the Chemical Society of Japan, 1994, 67 (7): 1961~1964.

[32] Marinković S, Kostić-Pulek A, Durić S, et al. Products of hydrothermal treatment of selenite in potassium chloride solution [J]. Journal of Thermal Analysis & Calorimetry, 1999, 57 (2): 559~567.

[33] Öner M, Doğan Ö, Öner G. The influence of polyelectrolyte architecture on calcium sulfate dihydrate growth retardation [J]. Joumal of Crystal Growth, 1998, 186: 427~437.

[34] 袁致涛，王泽红，韩跃新，等．用石膏合成超细硫酸钙晶须的研究 [J]．中国矿冶，2005，14 (11)：30~33.

[35] 田立朋，王丽君，王力．硫酸钙晶须制备过程中的关键技术研究 [J]．化学工程师，2006，(8)：12~14.

[36] 吴晓琴，裘建军．常压盐溶液法从烟气脱硫石膏制备硫酸钙晶须研究 [J]．武汉科技大学学报，2011，34 (2)：104~110.

[37] 臧月龙．硫酸钙制备工艺研究［D］．成都：成都理工大学，2010.
[38] 李淮．离子交换法制备硫酸钙晶须及其改性［D］．吉林：大连交通大学，2009.
[39] 韩跃新，于福家，王泽红．以生石膏为原料合成的硫酸钙晶须及其应用研究［J］．国外金属矿选矿，1996，(4)：50~52.
[40] 韩跃新，王宇斌，袁致涛，等．半水硫酸钙晶须水化过程［J］．东北大学学报（自然科学版），2008，29（10）：1490~1493.
[41] 李胜利，张志宏，靳治良，等．硫酸钙晶须的制备［J］．盐湖研究，2004，12（4）：53~57.
[42] Jalota S, Bhaduri S B, Tas A C, et al. In vitro testing of calcium phosphate (HA, TCP, and biphasic HA-TCP) [J]. Joumal of Biomedical Materials Research Part A, 2006, 78 (3): 481~490.
[43] Tas A C. Molten salt synthesis of calcium hydroxyapatite whiskers [J]. Journal of American Ceramic Society, 2001, 84 (2): 295~300.
[44] Aizawa M, Porter A E, Best S M, et al. Ultrastrctural observation of single-crystal apatite fibers [J]. Biomaterials, 2005, 26 (6): 3427~3433.
[45] Abdel-Aal E A. Crystallization of phosphogypsum in continueous phosphoric acid industrial plant [J]. Crystal Research & Technology, 2004, 39 (2): 123~130.
[46] Abdel-Aal E A, Rashad M M, EI-Shall H. Crystallization of calcium sulfate dehydrate at different supersaturation ratios and different free sulfate concentrations [J]. Crystal Research & Technology, 2004, 39 (4): 313~321.
[47] Rashad M M, Mahmoud M H H, Ibrahim I A, et al. Effect of citric acid and 1, 2-dihydroxybenzene 3, 5-disulfonic acid on crystallization of calcium sulfate dehydrate under simulated conditions of phosphoric acid production [J]. Crystal Research & Technology, 2005, 40 (8): 741~747.
[48] EI-Shall H, Rashad M M, Abdel-Aal E A. Effect of cetyl pyridinium chloride additive on crystallization of gypsum in phosphoric and sulfuric acids medium [J]. Crystal Research & Technology, 2005, 40 (9): 860~866.
[49] 邱亮，蔡芳昌，周勤，等．氯化钙对尼龙6/硫酸钙晶须增强材料结构与力学性能的影响研究［J］．胶体与聚合物，2010，28（2）：81~84.
[50] 葛铁军，杨洪毅，韩跃新．硫酸钙晶须复合增强聚丙烯性能研究［J］．塑料科技，1997，(1)：16~19.
[51] 闵敏，高勇，戴厚益．PPS/CaSO4 晶须/GF 复合材料的研究［J］．塑料工业，2009，37（9）：13~16.
[52] 马继红，冯传清．硫酸钙晶须在道路改性沥青中的应用研究（I）［J］．石油沥青，2005，19（6）：21~25.
[53] 史培阳，邓志银，袁义义，等．利用脱硫石膏水热合成硫酸钙晶须［J］．东北大学学报（自然科学版），2010，31（1）：76~79.
[54] 邓志银，袁义义，孙骏，等．pH 值对脱硫石膏晶须生长行为的影响［J］．过程工程学报，2009，19（6）：1142~1146.

[55] 马天玲．利用脱硫石膏制备硫酸钙晶须的研究［D］．沈阳：东北大学，2008.

[56] Hosaka M, Taki S. Ramam spectral studies of SiO_2-NaOH-H_2O system solution under hydrothermal conditions［J］. Journal of Crystal Growth, 1990, 100: 343~346.

[57] Yang L S, Wang X, Zhu X F, et al. Preparation of calcium sulfate whisker by hydrothermal method from flue gas desulfurization（FGD）gypsum［J］. Applied Mechanics & Materials, 2012, 268~270: 823~826.

[58] Gomba M. Technical description of parameters influencing the pH value of suspension absorbent used in flue gas desulfurization systems［J］. Journal of the Air & Waste Management Association, 2010, 60: 1009~1016.

[59] Villanueva Perales A L, Ollero P, Gutie'rrez Ortiz F J, et al. Dynamic analysis and identification of a wet limestone flue gas desulfurization pilot plant［J］. Industrial & Engineering Chemistry Research, 2008, 47（21）: 8263~8272.

[60] 冯小平，张正文，赵涛涛，等．晶型控制剂对碳酸钙晶须合成的影响［J］．武汉理工大学学报，2011，33（5）：37~40.

[61] 彭家惠，瞿金东，张建新，等．EDTA 吸附特性及其对 α-半水脱硫石膏晶形的影响［J］．材料研究学报，2011，25（6）：1679~1685.

[62] 彭家惠，张建新，瞿金东，等．有机酸对 α-半水脱硫石膏晶体生长习性的影响与调晶机理［J］．硅酸盐学报，2011，39（10）：339~352.

[63] Zhang H Q, Darvell B W. Synthesis and characterization of hydroxyapatite whiskers by hydrothermal homogeneous precipitation using acetamide［J］. Acta Biomaterialia, 2010, 6（8）: 3216~3222.

[64] Everett P. Partridge, Alfred H. White. The solubility of calcium sulfate from 0 to 200℃［J］, Journal of the American Chemical Society, 1929, 51（2）: 360~370.

[65] G Azimi, V G Papangelakis, J E Dutrizac. Modelling of calcium sulphate solubility in concentrated multi-component sulphate solution［J］, Fluid phase Equilibia, 2007, 260: 300~315.

[66] G Azimi, V G Papangelakis. Thermodynamic modeling and experimental measurement of calcium sulfate in complex aqueous solution［J］. Fluid Phase Equilibria, 2010, 290: 88~94.

[67] Xu A Y, Li H P, Luo K B, et al. Formation of calcium sulfate whiskers from $CaCO_3$-bearing desulfurization gypsum［J］. Research on Chemical Intermediates, 2011, 37: 449~455.

[68] 史培阳，邓志银，袁义义，等．利用脱硫石膏水热合成硫酸钙晶须［J］．东北大学学报（自然科学版），2010，31（1）：76~79.

[69] 吴晓琴，裘建军．常压盐溶液法从烟气脱硫石膏制备硫酸钙晶须研究［J］．武汉科技大学学报，2011，34（2）：104~110.

[70] Luo K B, Li C M, Xiang L, et al. Influence of the temperature and solution composition on the formation of calcium sulfates［J］. Particuology, 2010,（8）: 240~244.

[71] 王宇斌．硫酸钙晶须晶型稳定化研究［D］．沈阳：东北大学，2008.

[72] Hamdona S K, Al Hadad U A. Crystallization of calcium sulfate dihydrate in the presence of some metal ions［J］. Journal Crystal Growth, 2007, 299: 146~151.

[73] Sargut S T, Sayan P, Kiran B. Gypsum Crystallization in the Presence of Cr^{3+} and Citric Acid

[J]. Chemical Engineering Technology. 2010, 33 (5): 804~811.

[74] Guan B H, Yang L C, Wu Z B. Effect of Mg^{2+} ions on the nucleation kinetics of calcium sulfate in concentrated calcium chloride solution [J]. Industrial Engineering Chemistry & Research, 2010, 49: 5569~5574.

[75] 徐宏建，潘卫国，郭瑞堂，等．石灰石/石膏湿法脱硫中温度和金属离子对石膏结晶特性的影响 [J]. 中国电机工程学报，2010, 30 (26): 29~34.

[76] 徐春华，李英峰，胡松青．硝酸钾电解质溶液的结构和热力学性质的计算机分子模拟 [J]. 中国石油大学学报（自然科学版），2006 (2): 101~105, 132.

[77] Guan Q J, Sun W, Hu Y H et al. Synthesis of α-$CaSO_4$ · 0.5H_2O from flue gas desulfurization gypsum regulated by $C_4H_4O_4Na_2$ · 6H_2O and NaCl in glycerol-water solution [J]. RSC Advances, 2017, 7: 27807~27815.

[78] 辜晓芸．硫酸钙晶须制备新工艺与应用研究 [D]. 成都：成都理工大学，2012.

[79] 张连红．硫酸钙晶须制备及其应用研究 [D]. 沈阳：东北大学，2010.

[80] 殷陶刚．硫酸钙晶须的制备工艺与表征研究 [D]. 成都：成都理工大学，2011.

[81] Wang X, Jin B, Yang L S, et al. Effect of $CuCl_2$ on hydrothermal crystallization of calcium sulfate whiskers prepared from FGD gypsum [J]. Crystal Research and Technology, 2015, 50 (8): 633~640.

[82] Guan B H, Shen Z X, Wu Z B, et al. Effect of pH on the Preparation of α-calcium sulfate hemihydrate from FGD gypsum with the hydrothermal method [J]. Journal of the American Ceramic Society, 2008, 91 (12): 3835~3840.

[83] Fu H L, Huang J S, Yin L W, et al. Retarding effect of impurities on the transformation kinetics of FGD gypsum to α-calcium sulfate hemihydrate under atmospheric and hydrothermal conditions [J]. Fuel, 2017, 203 (1): 445~451.

[84] Guan Q J, Sun W, Hu Y H, et al. A facile method of transforming FGD gypsum to α-$CaSO_4$ · 0.5H_2O whiskers with cetyltrimethylammol/Lonium bromide (CTAB) and KCl in glycerol-water solution [J]. Scientific reports, 2018, 7: 1~11.

[85] 王忠睿，苗恺，朱伟军，等．基于立体光固化 3D 打印的一体化石膏铸型的高温力学性能研究 [J]. 机械工程学报，2019, 55 (23): 1~7.

[86] Sandhya S, Sureshbabu S, Varma H K, et al. Nucleation kinetics of the formation of low dimensional calcium sulfate dihydrate crystals in isopropyl alcohol medium [J]. Crystal Research and Technology, 2012, 47 (7): 780~792.

[87] Feldmann T, Demopoulos G P. The crystal growth kinetics of alpha calcium sulfate hemihydrate in concentrated $CaCl_2$-HCl solutions [J]. Joumal of Crystal Growth, 2012, 351 (1): 9~18.

[88] Farrah H E, Lawrance G A, Wanless E J. Gypsum-anhydrite transformation in hot acidic manganese sulfate solution. A comparative kinetic study employing several analytical methods [J]. Hydrometallurgy, 2004, 75 (1~4): 91~98.

[89] Azimi G, Papangelakis V G. Mechanism and kinetics of gypsum-anhydrite transformation in aqueous electrolyte solutions [J]. Hydrometallurgy, 2011, 108 (1~2): 122~129.

[90] Feldmann T, Demopoulos G P. Phase transformation kinetics of calcium sulfate phases in strong

$CaCl_2$-HCl solutions [J]. Hydrometallurgy, 2012, 129~130: 126~134.

[91] Fu H L, Jiang G M, Wang H, et al. Solution-mediated transformation kinetics of calcium sulfate dihydrate to α-calcium sulfate hemihydrate in $CaCl_2$ solutions at elevated temperature [J]. Industrial & Engineering Chemistry Research, 2013, 52 (48): 17134~17139.

[92] Fu H L, Guan B H, Wu Z B. Transformation pathways from calcium sulfite to α-calcium sulfate hemihydrate in concentrated $CaCl_2$ solutions [J]. Fuel, 2015, 150: 602~608.

[93] 汪潇，马晓晓，金彪，等. H_2SO_4-H_2O 中硝酸铜对脱硫石膏晶须生长的影响 [J]. 人工晶体学报, 2021, 50 (12): 2316~2322.

[94] 李帅，王宇斌，何廷树，等. 硫酸铁对硫酸钙晶须形貌影响研究 [J]. 矿产保护与利用, 2017, (2): 96~100.

[95] Miao M, Feng X, Wang G L, et al. Direct transformation of FGD gypsum to calcium sulfate hemihydrate whiskers: Preparation, simulations, and process analysis [J]. Particuology, 2015, 19: 53~59.

[96] Yuan R X, Min P, Ming C X, et al. A study on the characteristics of surface pattern and chemical composition variations of fly ash in the solid-phase reaction with H_2SO_4 [J]. Journal of Instrumental Analysis, 2006, 25 (2): 100~102.

[97] Tang Y, Gao J. Investigation of the effects of sodium dicarboxylates on the crystal habit of calcium sulfate α-hemihydrate [J]. Langmuir, 2017, 33 (38): 9637~9644.

[98] Guan Q J, Sun W, Liu R Q, et al. Preparation of α-calcium sulfate hemihydrate whiskers with high aspect ratios in presence of a minor amount of $CuCl_2 \cdot 2H_2O$ [J]. Journal of Central South University, 2018, 25 (3): 526~533.

[99] Dirksen J A, Ring T A. Fundamentals of crystallization: Kinetic effects on particle size distributions and morphology [J]. Chemical Engineering Science, 1991, 46 (10): 2389~2427.

[100] 杨晨. 多晶相水合碳酸镁结晶生长过程调控研究 [D]. 上海: 华东理工大学, 2013.

[101] Polat S, Sayan P. Effects of tricarballylic acid on phase transformation of calcium sulfate hemihydrate to the dihydrate form [J]. Crystal Research and Technology, 2017, 52 (5): 1600395.

[102] Hou S C, Wang J, Wang X X, et al. Effect of Mg^{2+} on hydrothermal formation of α-$CaSO_4 \cdot 0.5H_2O$ whiskers with high aspect ratios [J]. Langmuir, 2014, 30 (32): 9804~9810.

[103] Fu H L, Huang J S, Shen L M, et al. Role and fate of the lead during the conversion of calcium sulfate dehydrate to α-hemihydrate whiskers in ethylene glycol-water solutions [J]. Chemical Engineering Journal, 2019, 372: 74~81.

[104] Fan H, Song X F, Liu T J, et al. Effect of Al^{3+} on crystal morphology and size of calcium sulfate hemihydrate: Experimental and molecular dynamics simulation study [J]. Joumal of Crystal Growth, 2018, 495: 29~36.

[105] Hou S C, Wang J, Xue T Y, et al. Supersaturation-induced hydrothermal formation of α-$CaSO_4 \cdot 0.5H_2O$ whiskers [J]. CrystEngComm, 2015, 17 (10): 2141~2146.

[106] Sohnel O, Mullin J W. Interpretation of crystallization induction periods [J]. Journal of colloid and interface science, 1988, 123 (1): 43~50.

[107] Yang L C, Wu Z B, Guan B H, et al. Growth rate of α-calcium sulfate hemihydrate in K-Ca-Mg-Cl-H_2O systems at elevated temperature [J]. Joumal of Crystal Growth, 2009, 311 (20): 4518~4524.

[108] Sungagawa. Crystals: Growth, Morphology, and Perfeetion [M]. Cambridge: Cambridge University Press, 2005: 98~101.

[109] Rubbo M, Bruno M, Francesco Roberto Massaro. The Five Twin Laws of Gypsum($CaSO_4$ · $2H_2O$): A Theoretical Comparison of the Interfaces of the Contact twins [J]. Crystal Growth & Design, 2012, 12 (1): 264~270.

[110] 王玉珑，覃盛涛，詹怀宇，等．硫酸钙晶须溶解抑制改性及其性能表征 [J]. 非金属矿，2013, 36 (1): 42~45.

[111] 罗康碧．硫酸钙晶须的水热制备工艺及定向生长机理研究 [D]. 昆明：昆明理工大学，2010.

[112] Singh N B, Middendor B. Calcium Sulphate Hemihydrate Hydration Leading to Gypsum Crystallization [J]. Progress in Crystal Growth and Characterization of Materials, 2007, 53 (1): 57~77.

[113] 张小婷，宋强，汪潇，等．脱硫石膏晶须对水泥基材增强行为的研究 [J]. 硅酸盐通报 2017, 36 (4): 1298~1302.

[114] Imahashi K. Transformations of gypsum to calcium sulfate hemihydrate to gypsum in NaCl solutions [J]. Bulletin Chemical Society of Japan, 1994, 67 (7): 1961~1965.

[115] Freyer D, Voigt W. Crystallization and phase stability of $CaSO_4$ and $CaSO_4$ based salts [J]. Chemical Monthly, 2003, 134: 693~719.

[116] Follner S. The setting behavior of α and β$CaSO_4$ · 0.5H_2O as a function of crystal structure and morphology [J]. Crystal Research and Technology, 2002, 37 (10): 1075~1087.

[117] 邹广慧，王晓华．无水硫酸钙晶型转变动力学研究 [J]. 成都科技大学学报，1993, (4): 17~22.

[118] 袁致涛，王宇斌，韩跃新等．半水硫酸钙晶须稳定化研究 [J]. 无机化学学报，2008, 24 (7): 1062~1067.

[119] 李兴田，邵佳敏．尼龙 6 的双螺杆反应挤出工艺 [J]. 化学工业与工程技术，2000, 21 (5): 16~17.

[120] 马里诺·赞索斯．反应挤出原理与实践 [M]，北京：化学工业出版社，1999.

[121] 福本．聚酰胺树脂手册 [M]. 北京：中国石化出版社，1994.

[122] 杨序纲．复合材料界面 [M]. 北京：化学工业出版社，2010.

[123] 白杨，李东旭．用脱硫石膏制备高强石膏粉的转晶剂 [J]. 硅酸盐学报，2009, 37 (7): 1142~1146.

[124] 邓召，杨昌，炎余洋，等．高强石膏的制备工艺研究 [J]，武汉工程大学学报，2017, 39 (5): 415~419, 426

[125] 何春清，戴益群，张少平，等．互穿网络集合物的自由体积特征 [J]. 武汉大学学报（自然科学版），2000, (1): 63~66.

[126] 葛铁军，张红霞，刘义．反应挤出制备尼龙 66/弹性体/玻璃纤维三元复合材料 [J].

石化技术与应用，2007，25（2）：112~115.

[127] 张士华，陈光，崔崇，等．偶联剂处理对玻璃纤维/尼龙复合材料力学性能的影响[J]. 复合材料学报，2006，23（3）：31~36.

[128] 金培鹏，周文胜，丁雨田，等．晶须在复合材料中的应用及其作用机理［J］. 盐湖研究，2005，13（2）：1~6.

[129] 师存杰，张兴儒，郭祖鹏，等．硫酸钙晶须的制备及其应用进展［J］. 当代化工，2010，39（4）：436~441.

[130] 杨萌，罗世凯，邓昭平，等．晶须在聚合物复合材料中的应用［J］. 材料导报，2014，28（3）：51~55.

[131] 崔小明，金栋．无机晶须材料的研究和应用进展［J］. 塑料制造，2012，(7)：32~34.

[132] 谭艳霞，李沪萍，罗康碧，等．工业副产石膏制硫酸钙晶须的现状及应用［J］. 化工科技，2007，15（3）：46~50.

[133] 周健．硫酸盐晶须改性 ABS 复合材料的性能与微观结构［J］. 化工学报，2010，61（1）：243~248.

[134] 胡晓兰，余某发．硫酸钙晶须改性双马来酰亚胺树脂摩擦磨损性能的研究［J］. 化工学报，2006，(5)：686~691.

[135] 贺金瑞，宁荣昌．高含量连续玻璃纤维增强尼龙 6 复合材料成型工艺的研究［J］. 玻璃钢/复合材料，2005，(5)：29~32.

[136] 王宇斌，韩跃新，袁致涛，等．油酸钠对半水硫酸钙晶须的稳定化机理［J］. 金属矿山，2008，(2)：74~77.

[137] 陈蔚萍，高青雨，米常焕，等．尼龙 66 的改性研究进展［J］. 河南大学学报（自然科学版），2000，30（2）：71~73.

[138] 焦剑．高聚物结构、性能与测试［M］. 北京：化学工业出版社，2003.

[139] 苏勤，叶玲，周学东，等．纳米羟磷灰石/聚酰胺 66 作为盖髓材料的体外抗菌作用[J]. 华西口腔医学杂志，2007，25（1）：26~28.

[140] 王慧芳，张立平，安鸿，等．膨胀阻燃剂在尼龙 66 中的应用［J］. 中国塑料，2001，(9)：63~65.

[141] 樊孝玉，孟大维，吴秀玲，等．工程塑料尼龙 66 的增韧改性研究状况［J］. 广州化工，2004，32（4）：46~48.

[142] 张彩荣．功能共聚物的合成及其在聚烯烃/尼龙 66 共混体系中的应用［D］. 北京：北京化工大学，2008.

[143] 靳艳英．池窑法玻纤填强 PA66 工艺原理及技术的研究［D］. 北京：北京化工大学，2006.

[144] 赵清香，王玉东．尼龙 66 纤维与丙烯酸的接枝共聚反应研究［J］. 高分子材料科学与工程，1998，(4)：46~49.

[145] 刘民英，杨亚楠，付鹏，等. PA66/12I、PA66/12T 共聚物的合成及阻湿性研究［C］//全国高分子学术论文报告会，2011.

[146] 张士华，陈光，崔崇，等．玻璃纤维增强 MC 尼龙复合材料的摩擦磨损性能研究［J］. 摩擦学报，2006，26（5）：452~455.

[147] Yuan W J. A novel surface modification for calcium sulfate whisker used for reinforcement of poly (vinyl chloride) [J]. polymer research, 2015, 22: 173.

[148] 张振涛，刘学习，张大陆，等．纳米硫酸钡增强增韧尼龙 66 [J]. 塑料工业，2007, 35 (S1): 150~151.

[149] 彭树文．碳纤维增强尼龙 66 的研究 [J]. 工程塑料应用，1998, (9): 5~7.

[150] Wang K L, Orndorff W, Cao Y, et al. Mercury transportation in soil via using gypsum from flue gas desulfurization unit in coal-fired power plant [J]. Journal of Environmental Sciences, 2013, 9: 144~150.

[151] Kairies C L, Schroeder K T, Cardone C R. Mercury in gypsum prouced from flue gas desulfurization [J]. Fuel, 2006, 85 (17~18): 2530~2536.

[152] Alva A K. Possible utilization of fuel-gas desulfurization gypsum and fly ash for citrus production [J]. Waste Manage, 1994, 14 (7): 621~627.

[153] Chen L, Dick W A, Nelson S. Flue gas desulfurization by-products additions to acid soil: alfalfa productivity and environmental quality [J]. Environmental Pollution, 2001, 114 (2): 161~168.

[154] Clark R B, Zeto S K, Ritchey K D, et al. Growth of forages on acid soil amended with flue gas desulfurization by-products [J]. Fuel, 1997, 76 (8): 771~775.

[155] Valimbe P S, Malhotra V M. Effects of water content and temperature on the crystallization behavior of FGD scrubber sludge [J]. Fuel, 2002, 81 (10): 1297~1304.

[156] Shen Z X, Guan B H, Fu H L, et al. Effect of potassium sodium tartrate and sodium citrate on the preparation of α-calcium sulfate hemihydrate from flue gas desulfurization gypsum in a concentrated electrolyte solution [J]. Journal of the American Ceramic Society, 2010, 92 (12): 2894~2899.

[157] Jiang G M, Wang H, Chen Q S, et al. Preparation of alpha-calcium sulfate hemihydrate from FGD gypsum in chloride-free Ca $(NO_3)_2$ solution under mild conditions [J]. Fuel, 2016, 174: 235~241.

[158] Liu C J, Zhao Q, Wang Y G, et al. Hydrothermal synthesis of calcium sulfate whisker from flue gas desulfurization gypsum [J]. Chinese journal of chemical engineering, 2016, 24 (11): 1552~1560.

[159] Wang X, Yang L S, Zhu X F, et al. Preparation of calcium sulfate whiskers from FGD gypsum via hydrothermal crystallization in the H_2SO_4-NaCl-H_2O system [J]. Particuology, 2014, 29: 623~630.

[160] Annalize K, Walter W F, Zola K, et al. Effect of ionic impurities on the crystallization of gypsum in wet-process phosphoric acid [J]. Industrial & Engineering Chemistry Research, 2001, 40 (5): 1364~1369.

[161] Wang Y Q, Li Y C, Yuan A, et al. Preparation of calcium sulfate whiskers by carbide slag through hydrothermal method [J]. Crystal Research and Technology, 2014, 49 (10): 800~807.

[162] Wang H G, Mu B, Ren J F, et al. Mechanical and tribological behaviors of PA66/PVDF

blends filled with calcium sulphate whiskers [J]. Polymer composites, 2009, 30 (9): 1326~1332.

[163] Wang J C, Pan X C, Xue Y, et al. Studies on the application properties of calcium sulfate whisker in silicone rubber composites [J]. Journal of Elastomers & Plastics, 2012, 44 (1): 55~66.

[164] Zhu Z, Xu L, Chen G. Effect of different whiskers on the physical and tribological properties of non-metallic friction materials [J]. Materials & design, 2011, 32 (1): 54~61.

[165] Feng X, Zhang Y, Wang G L, et al. Dual-surface modification of calcium sulfate whisker with sodium hexametaphosphate/silica and use as new water-resistant reinforcing fillers in papermaking [J]. Powder Technol, 2015, 271: 1~6.

[166] Tang M L, Li X R, Shen Y S. et al. Kinetic model for calcium sulfate α-hemihydrate produced hydrothermally from gypsum formed by flue gas desulfurization [J]. Journal of Applied Crystallography, 2015, 48: 827~835.

[167] 中国建筑材料科学研究总院 . GB/T 5484—2012. 石膏化学分析方法 [S]. 北京: 中国标准出版社, 2012.

[168] Tang M L, Li X R, Shen Y S. et al. Kinetic model for calcium sulfate α-hemihydrate produced hydrothermally from gypsum formed by flue gas desulfurization [J]. Journal of Applied Crystallography, 2015, 48: 827~835.

[169] Fu H L, Guan B H, Jiang G M, et al. Effect of supersaturation on competitive nucleation of $CaSO_4$ phases in a concentrated $CaCl_2$ solution [J]. Crystal Growth & Design, 2017, 12 (3): 1388~1394.

[170] O' Mahony M A, Maher A, Croker D M, et al. Examining solution and solid state composition for the solution-mediated polymorphic transformation of carbamazepine and piracetam [J]. Crystal Growth & Design, 2012, 12: 1925~1932.

[171] Qu H, Louhi-Kultanen M, Rantanen J, et al. Solvent-mediated phase transformation kinetics of an anhydrate/hydrate system [J]. Crystal Growth & Design, 2006, 6 (9): 2053~2060.

[172] Thirunahari S, Chow P S, Tan R B H. Quality by design(QbD)-based crystallization process development for the polymorphic drug tolbutamide [J]. Crystal Growth & Design, 2011, 11 (7): 3027~3038.

[173] Maher A, Croker D M, Rasmuson Å C, et al. Solution mediated polymorphic transformation: form Ⅱ to form Ⅲ piracetam in ethanol [J] Crystal Growth & Design, 2012, 12: 6151~6157.

[174] Magallanes-Rivera R X, Escalante-Garcia J I, Gorokhovsky A. Hydration reactions and microstructural characteristics of hemihydrate with citric and malic acid [J]. Construction and Building Materials, 2009, 23 (3): 1298~1305.

[175] 吕鹏飞, 费德君, 党亚固 . Fe^{3+}对水热合成硫酸钙晶须性能的影响 [J]. 化工进展, 2014, 33 (1): 165~168

[176] Chen H Y, Wang J, Hou S C, et al. Influence of NH_4Cl on hydrothermal formation of α-$CaSO_4 \cdot 0.5H_2O$ whiskers [J]. Journal of Nanomaterials, 2015, 7 (1): 1~6.

[177] 米阳，陈德玉，王舒州，等．复配型晶体调控剂对硫酸钙晶须生长的影响 [J]．西南科技大学学报，2018，33 (3)：13~17.

[178] 王微，刘代俊，陈建钧．杂质对石膏晶须制备的影响 [J]．无机盐工业，2016，48 (4)：31~34.

[179] 王宝川，彭同江，杨梦娜．溶液中杂质离子对石膏晶须生长的影响 [J]．人工晶体学报，2016，45 (6)：1560~1566.

[180] 郝海青，袁致涛，李丽匣，等．油酸钠控制硫酸钙晶须晶面生长的机制研究 [J]．无机材料学报，2016，31 (11)：1184~1190.

[181] 彭家惠，陈明凤，张建新，等．有机酸结构对 α 半水脱硫石膏晶体形貌的影响及其调晶机制 [J]．四川大学学报（工程科学版），2012，44 (1)：166~172.

[182] Liu X F, Peng J H, Zhang J X. Effect of organic diacid carbon chain length on crystal morphology of α-calcium sulfate hemihydrate in preparation from flue gas desulphurization gypsum [J]. Appl Mech Mater, 2013, 12 (13): 542~545.

[183] Mao X L, Song X F, Lu G M, et al. Effects of metal ions on crystal morphology and size of calcium sulfate whiskers in aqueous HCl solutions [J]. Industrial & Engineering Chemistry Research, 2014, 53: 17625~17635.

[184] Liu T J, Fan H, Xu Y A, et al. Effects of metal ions on the morphology of calcium sulfate hemihydrate whiskers by hydrothermal method [J]. Frontiers of Chemical Science and Engineering, 2017, 11 (4): 545~553.

[185] Fu H L, Huang J S, Shen L M, et al. Sodium cation-mediated crystallization of α-hemihydrate whiskers from gypsum in ethylene glycol-water solutions [J]. Crystal Growth & Design, 2018, 18: 6694~6701.

[186] Taher R, Tomasz M S, David J. M, et al. The effects of inorganic additives on the nucleation and growth kinetics of calcium sulfate dihydrate crystals [J]. Crystal Growth & Design, 2017, 17: 582~589.

[187] Xin Y, Xiang L. Adsorption and substitution effects of Mg on the growth of calcium sulfate hemihydrate: An ab initio DFT study [J]. Applied Surface Science, 2015, 357: 1552~1557.

[188] Van Driessche A E S, Benning L G, Rodriguez-Blanco J D, et al. The role and implications of bassanite as a stable precursor phase to gypsum precipitation [J]. Science, 2012, 336 (6077): 69~72.

[189] Liu X, Huettner S, Rong Z, et al. Solvent additive control of morphology and crystallization in semiconducting polymer blends [J]. Advanced Materials, 2012, 24 (5): 669~674.

[190] Jones F, Ogden M. Controlling crystal growth with modifiers [J]. CrystEngComm, 2010, 12 (4): 1016~1023.

[191] Engstrom D S, Porter B, Pacios M, et al. Additive nanomanufacturing - A review [J]. Journal of Materials Research, 2014, 29 (17): 1792~1816.

[192] Hamdona S K, Hadad O A A. Influence of additives on the precipitation of gypsum in sodium chloride solutions [J]. Desalination, 2008, 228 (1~3): 277~286.

[193] He H, Dong F P, He P, et al. Effect of glycerol on the preparation of phosphogypsum-based

$CaSO_4 \cdot 0.5H_2O$ whiskers [J]. Journal of Materials Science, 2014, 49 (5): 1957~1963.

[194] Mao X L, Song X F, Lu G M, et al. Control of crystal morphology and size of calcium sulfate whiskers in aqueous HCl solutions by additives: Experimental and molecular dynamics simulation studies [J]. Industrial & Engineering Chemistry Research, 2015, 54 (17): 4781~4787.

[195] 杨娜, 肖汉宁, 郭文明. 添加剂辅助水热法制备硫酸钙晶须及生长机理研究 [J]. 硅酸盐学报, 2014, 42 (4): 539~544.

[196] Mao X L, Song X F, Lu G M, et al. Effect of additives on the morphology of calcium sulfate hemihydrate: Experimental and molecular dynamics simulation studies [J]. Chemical Engineering Journal, 2015, 278: 320~327.

[197] Mao J, Jiang G M, Chen Q, et al. Influences of citric acid on the metastability of α-calcium sulfate hemihydrate in $CaCl_2$ solution [J]. Colloids and Surfaces A: Physicochemical and Engineering Aspects, 2014, 443: 265~271.

[198] Suwanprateeb J, Suvannapruk W, Wasoontararat K. Low temperature preparation of calcium phosphate structure via phosphorization of 3D-printed calcium sulfate hemihydrate based material [J]. Journal of Materials Science-Materials in Medicine, 2010, 21 (2): 419~429.

[199] 汪潇, 杨留栓, 朱新峰, 等. K_2SO_4/KCl 添加剂对脱硫石膏晶须结晶的影响 [J]. 人工晶体学报, 2013, 42 (12): 2661~2668.

[200] 姚京君, 薛建军, 邱美连, 等. 硫酸钙处理含磷废水特性研究 [J]. 水处理技术, 2009, 35 (10): 44~46.

[201] Faraco IM Jr, Holland R. Response of the pulp of dogs to caping with mineral trioxide aggregate or a calcium hydroxide cement [J]. Dent Traumatol, 2001, 17 (4): 163~166.

[202] Cox C F, Subay R K, Suzuki S, et al. BiocoMPatibility of various dental materials: Pulp healing with a surface seal [J]. International Journal of Periodontics & Restorative Dentistry, 1996, 16 (3): 240~251.

[203] 苏艳群, 王成海, 刘金刚. 工业副产品石膏在造纸行业中的应用研究 [J]. 中国非金属矿工业导刊, 2011, (6): 13~15.

[204] 刘焱, 于钢. 石膏晶须用作纸张增强材料 [J]. 纸和造纸, 2010, 29 (1): 49~52.

[205] 王宇斌, 文堪, 王森, 等. 基于外加剂对石膏砌块后期强度的正交试验研究 [J], 硅酸盐通报, 2018, 37 (12): 3996~4000, 4017.

[206] Gao D Y, Zhang Z Q, Meng Y, et al. Effect of flue gas desulfurization gypsum on the properties of calcium sulfoaluminate cement blended with ground granulated blast furnace slag [J]. Materials, 2021, 14 (2): 1~15.

[207] 孟令佳, 吉忠海, 陈津. 工业副产石膏热分解脱硫的研究进展 [J]. 化工进展, 2017, 36 (2): 626~633.

[208] 马文静, 陈学青, 郜丽丽, 等. 脱硫石膏制备 γ-$CaSO_4$ 晶须及Ⅱ-$CaSO_4$ 晶须 [J]. 高校化学工程学报, 2021, 35 (3): 520~528.

[209] Zhang X T, Ran L W, Wang X, et al. Structural characteristic and formation mechanism of hemihydrate calcium sulfate whiskers prepared using FGD gypsum [J]. Particuology, 2022,

62 (53): 98~103.

[210] Liu T J, Fan H, Xu Y X, et al. Effects of metal ions on the morphology of calcium sulfate hemihydrate whiskers by hydrothermal method [J]. Frontiers of Chemical Science and Engineering, 2017, 11 (4): 545~553.

[211] Fan H, Song X F, Liu T J, et al. Effect of Al^{3+} on crystal morphology and size of calcium sulfate hemihydrate: Experimental and molecular dynamics simulation study [J]. Journal of Crystal Growth, 2018, 495: 29~36.

[212] 方羊，窦焰，孙祥斌，等．Al^{3+}对水热法制备 α-$CaSO_4\cdot 0.5H_2O$ 晶须的影响 [J]. 高校化学工程学报，2017，31 (2): 413~419.

[213] Mao X L, Song X F, Lu G M, et al. Effects of Metal ions on crystal morphology and size of calcium sulfate whiskers in aqueous HCl solutions [J]. Industrial & Engineering Chemistry Research, 2014, 53 (45): 17625~17635.

[214] Rabizadeh T, Stawski T M, Morgan D J, et al. The Effects of inorganic additives on the nucleation and growth kinetics of calcium sulfate dihydrate crystals [J]. Crystal Growth & Design, 2017, 17 (2): 582~589.

[215] Luo K B, Li H P, Tan Y X. Study on the preparation of calcium sulfate whisker by hydrothermal method [J]. Advanced Materials Research, 2013, 602~604: 1369~1372.

[216] Zhi Z Z, Huang J, Guo Y F, et al. Effect of chemical admixtures on setting time, fluidity and mechanical properties of phosphorus gypsum based self-leveling mortar [J]. KSCE Journal of Civil Engineering, 2017, 21 (5): 1836~1843.

[217] Ahmed S B, Tlili M M, Amami M, et al. Gypsum precipitation kinetics and solubility in the NaCl-$MgCl_2$-$CaSO_4$-H_2O system [J]. Industrial & Engineering Chemistry Research, 2014, 53 (23): 9554~9560.

[218] Prisciandaro M, Lancia A, Musmarra D. Calcium sulfate dihydrate nucleation in the presence of calcium and sodium chloride salts [J]. Industrial & Engineering Chemistry Research, 2001, 40 (10): 2335~2339.

[219] Hou S C, Wang J, Wang X X, et al. Effect of Mg^{2+} on Hydrothermal Formation of α-$CaSO_4\cdot 0.5H_2O$ Whiskers with High Aspect Ratios [J]. Langmuir, 2014, 30: 9804~9810.

[220] Guan Q J, Sun W, Liu R Q, et al. Preparation of α-calcium sulfate hemihydrate whiskers with high aspect ratios in presence of a minor amount of $CuCl_2\cdot 2H_2O$ [J]. Journal of Central South University, 2018, 25 (3): 526~533.

[221] Fu H L, Huang J S, Shen L M, et al. Sodium Cation-Mediated Crystallization of α-Hemihydrate Whiskers from Gypsum in Ethylene Glycol-Water Solutions [J]. Crystal Growth & Design, 2018, 18 (11): 6694~6701.

[222] 王宇斌，汪潇，杨留栓．低温煅烧硫酸钙晶须的水化性能 [J]. 河南科技大学学报（自然科学版），2010，31 (4): 5~8.

[223] 杨留栓，汪潇，杜玲枝，等．脱硫石膏制备硫酸钙晶须的工艺及硫酸钙晶须 [P]. 中国：ZL201210112510.9，2014.

[224] 汪潇，金彪，张小婷，等．$MgSO_4/MgCl_2$ 对脱硫石膏溶解度及其晶须结晶的影响 [J].

河南科技大学学报（自然科学版），2018，39（2）：6~10，24.

[225] 王宇斌，刘福玲，汪潇，等．柠檬酸钠对半水硫酸钙晶须形貌的影响［J］．化工矿物与加工，2010（7）：8~10.

[226] Yang L S, Wang X, Zhu X F, et al. Preparation of calcium sulfate whisker by hydrothermal method from flue gas desulfurization (FGD) gypsum [J]. Applied Mechanics and Materials, 2012, 268~270: 823~826.

[227] Wang X, Jin B, Yang L S, et al. Effect of $CuCl_2$ on hydrothermal crystallization of calcium sulfate whiskers prepared from FGD gypsum [J]. Crystal Research and Technology, 2015, 50 (8): 633~640.

[228] Cao B L, Wang X, Zhang X T, et al. A readily monitored and controllable hydrothermal system for the facile, cost-effective transformation of FGD gypsum to calcium sulfate hemihydrate whiskers [J]. Particuology, 2021, 54 (2): 173~180.

[229] Jia C, Chen Q, Zhou X, et al. Trace NaCl and Na_2EDTA Mediated Synthesis of α-Calcium Sulfate Hemihydrate in Glycerol-Water Solution [J]. Industrial & Engineering Chemistry Research, 2016, 55 (34): 9189~9194.

[230] Zhao W P, Gao C H, Zhang G Y, et al. Controlling the morphology of calcium sulfate hemihydrate using aluminum chloride as a habit modifier [J]. New Journal of Chemistry, 2016, 40 (4): 3104~3108.

[231] 王宇斌，文堪，王森，等．同离子效应对半水硫酸钙形貌的调控机理［J］．高校化学工程学报，2018，32（6）：1444~1449.

[232] 汪潇，金彪，王宇斌，等．阴离子在脱硫石膏晶须水热结晶中的作用机理［J］．高等学校化学学报，2020，41（3）：473~480.

[233] Li Z, Demopoulos G P. Effect of NaCl, $MgCl_2$, $FeCl_2$, $FeCl_3$, and $AlCl_3$ on solubility of $CaSO_4$ phases in aqueous HCl or HCl + $CaCl_2$ solutions at 298 to 353K [J]. Journal of Chemical & Engineering Data, 2006, 51 (51): 569~576.

[234] 汪潇，杨留栓，朱新峰．等．湿法脱硫石膏颗粒特性与杂质赋存状况分析［J］．环境科学与技术，2013，36（9）：135~138.

[235] 汪潇，杨留栓，王宇斌，等．脱硫石膏的提纯工艺及其提纯出的石膏原料［P］．中国：ZL201210112513.2，2014.

[236] Mahan G D. Ionic polarization [C]// Williamsburg Conference on Ferroelectrics. Presented at the 2nd Williamsburg Conference on Ferroelectrics, Williamsburg, 1992: 3~4.

[237] 汪潇，曹博伦，金彪，等．添加剂调控半水石膏结晶生长研究进展［J］．硅酸盐学报，2020，48（1）：94~102.

[238] 郅真真．高强石膏 3D 打印材料流变特性与结构成型调控研究［D］．武汉：武汉理工大学，2018.

[239] 汪潇，金彪，张小婷，等．氯盐体系下阳离子对脱硫石膏晶须水热结晶的影响及其机理［J/OL］．化工进展，2022［2022-03-25］．http://kns.cnki.net/kcms/detail/11.1954.tq.20220323.1743.005.html.